Springer-Lehrbuch

Herbert Oertel Jr., Martin Böhle

Übungsbuch
Strömungsmechanik

Mit 97 Abbildungen

Springer-Verlag
Berlin Heidelberg New York
London Paris Tokyo
Hong Kong Barcelona Budapest

Professor Dr.-Ing. habil. Herbert Oertel Jr.
Dipl.-Ing. Martin Böhle

Institut für Strömungsmechanik
Technische Universität Braunschweig
Bienroder Weg 3, 3300 Braunschweig

ISBN 3-540-55739-3 Springer-Verlag Berlin Heidelberg New York

Die Deutsche Bibliothek - CIP-Einheitsaufnahme
Oertel, Herbert: Übungsbuch Strömungsmechanik / Herbert Oertel jr.; Martin Böhle.-
Berlin; Heidelberg; New Jork; London; Paris; Tokyo; Hong Kong; Barcelona; Budapest:
Springer, 1993
(Springer-Lehrbuch)
ISBN 3-540-55739-3
NE: Böhle, Martin

Dieses Werk ist urheberrechtlich geschützt. Die dadurch begründeten Rechte, insbesondere die der Übersetzung, des Nachdrucks, des Vortrags, der Entnahme von Abbildungen und Tabellen, der Funksendung, der Mikroverfilmung oder der Vervielfältigung auf anderen Wegen und der Speicherung in Datenverarbeitungsanlagen, bleiben, auch bei nur auszugsweiser Verwertung, vorbehalten. Eine Vervielfältigung dieses Werkes oder von Teilen dieses Werkes ist auch im Einzelfall nur in den Grenzen der gesetzlichen Bestimmungen des Urheberrechtsgesetzes der Bundesrepublik Deutschland vom 9. September 1965 in der jeweils geltenden Fassung zulässig. Sie ist grundsätzlich vergütungspflichtig. Zuwiderhandlungen unterliegen den Strafbestimmungen des Urheberrechtsgesetzes.

© Springer-Verlag Berlin Heidelberg 1993
Printed in Germany

Die Wiedergabe von Gebrauchsnamen, Handelsnamen, Warenbezeichnungen usw. in diesem Buch berechtigt auch ohne besondere Kennzeichnung nicht zu der Annahme, daß solche Namen im Sinne der Warenzeichen- und Markenschutz-Gesetzgebung als frei zu betrachten wären und daher von jedermann benutzt werden dürften.

Sollte in diesem Werk direkt oder indirekt auf Gesetze, Vorschriften oder Richtlinien (z. B. DIN, VDI, VDE) Bezug genommen oder aus Ihnen zitiert worden sein, so kann der Verlag keine Gewähr für Richtigkeit, Vollständigkeit oder Aktualität übernehmen. Es empfiehlt sich, gegebenenfalls für die eigenen Arbeiten die vollständigen Vorschriften oder Richtlinien in der jeweils gültigen Fassung hinzuzuziehen.

Satz: Reproduktionsfertige Vorlage vom Autor
Druck: Color-Druck, Dorfi GmbH, Berlin; Bindearbeiten: Lüderitz & Bauer, Berlin
68/3020 - 5 4 3 2 1 0   Gedruckt auf säurefreiem Papier

1 Vorwort

Mit den Übungsaufgaben zur Strömungsmechanik kommen wir einem oft geäußerten Wunsch unserer Studenten nach, neben den Vorlesungen und Übungen im großen Hörsaal, eine Grundlage für die eigenständige Klausurvorbereitung zu schaffen. Die Übungsaufgaben ergänzen den Vorlesungsstoff des Braunschweiger Maschinenbau- und Wirtschaftsingenieursstudiums, das im dritten Semester die Grundbegriffe der Strömungsmechanik und die eindimensionale Stromfadentheorie vermittelt. Im vierten Semester werden vor dem Vordiplom die allgemeinen Grundgleichungen der Strömungsmechanik und deren analytische und numerische Lösungsmethoden in einem ersten Ansatz behandelt. Diesen Kapiteln wurde im Übungsbuch absichtlich eine besondere Bedeutung zugeordnet, da der Ingenieur in der Praxis zunehmend mit der Nutzung numerischer Methoden auf Großrechenanlagen für seine Entwurfs- und Optimierungsaufgaben konfrontiert wird. Die Übungsaufgaben ergänzen die Lehrbücher der Strömungsmechanik von ZIEREP und OERTEL jr., BÖHLE, die als Leitfaden der Strömungsmechanik I und II Vorlesungen an der Technischen Universität Braunschweig dienen.

Für den Studenten der heute üblichen Massenvorlesungen ist es unerläßlich, den Lehrstoff, angeleitet von den Übungsaufgaben und detailliert beschriebenen Lösungswegen, selbst nachzuvollziehen. Das Erlernen der Fähigkeit, strömungsmechanische Probleme mathematisch zu formulieren und für ausgewählte Anwendungsbeispiele analytisch und numerisch zu lösen, ist ein wesentliches Ausbildungsziel, das die aktive Mitarbeit der Studenten erfordert. Dafür soll das Übungsbuch Anregungen geben.

Die Übungsaufgaben sind von meinem langjährigen Assistenten M. Böhle entsprechend der Vorlesungskapitel zusammengestellt worden. Sie sind in unterschiedliche Schwierigkeitsgrade eingeteilt, sodaß der Student sich entsprechend seines Wissensstandes den Lehrstoff an meist praktischen strömungsmechanischen Übungsbeispielen erarbeiten kann. Die Übungsaufgaben sind mehrfach in den Übungen im Hörsaal vorgerechnet und die Lösungswege mit den Studenten überarbeitet worden. Die Auswahl der Übungsaufgaben ist zwangsläufig ein Kompromiß und orientiert sich am Studienplan des Maschinenbaus vor dem Vordiplom an der Technischen Universität Braunschweig. Es werden aber auch die Studenten höherer Semester an den anderen deutschsprachigen Universitäten zahlreiche Anregungen finden und die schwierigen Übungsaufgaben als Prüfstein ihres strömungsmechanischen Wissens empfinden können.

Unseren Mitarbeitern H. Schmidt und M. Galle gilt besonderer Dank für die Überarbeitung der Aufgabenstellungen und Lösungswege. Frau S.Bellack und Herr U.Schade haben mit viel Engagement und in bewährter Weise das Manuskript angefertigt. Wir danken dem Springer-Verlag für die erfreulich gute Zusammenarbeit und die ausgezeichnete Drucklegung.

Braunschweig, Dezember 1992   Herbert Oertel jr.

Inhaltsverzeichnis

1. **EINFÜHRUNG** — 1

2. **GRUNDLAGEN DER STRÖMUNGSMECHANIK** — 3
   - 2.1. **Hydro- und Aerostatik** — 3
     - 2.1.1. Hydrostatik — 3
     - 2.1.2. Aerostatik — 17
   - 2.2. **Hydro- und Aerodynamik, Stromfadentheorie** — 26
     - 2.2.1. Kinematische Grundbegriffe — 26
     - 2.2.2. Inkompressible Strömungen — 28
     - 2.2.3. Kompressible Strömungen — 38
   - 2.3. **Berechnung von technischen Strömungen** — 51
     - 2.3.1. Impulssatz — 51
     - 2.3.2. Drehimpulssatz — 64
     - 2.3.3. Rohrhydraulik — 69
     - 2.3.4. Umströmungsprobleme — 86
     - 2.3.5. Turbulente Strömungen — 93

3. **GRUNDGLEICHUNGEN DER STRÖMUNGSMECHANIK** — 95
   - 3.1 **Navier-Stokes Gleichungen** — 95
     - 3.1.1. Inkompressible laminare Strömungen — 95
     - 3.1.2. Reynolds-Gleichung für turbulente Strömungen — 109
   - 3.2. **Grenzschichtgleichung** — 114
     - 3.2.1. Inkompressible Strömungen — 114
   - 3.3. **Potentialgleichungen** — 119
     - 3.3.1. Potentialgleichung für kompressible Strömungen — 119
     - 3.3.2. Linearisierte Potenialgleichung — 121
     - 3.3.3. Potentialgleichung für inkompressible Strömungen — 128

4. **METHODEN DER STRÖMUNGSMECHANIK** — 143
   - 4.1 **Analytische Methoden** — 143
     - 4.1.1. Dimensionsanalyse — 143
     - 4.1.2. Linearisierung — 151
     - 4.1.3. Separationsmethode — 157
   - 4.2. **Numerische Methoden** — 167
     - 4.2.1. Galerkin-Verfahren — 167
     - 4.2.2. Differenzenverfahren — 176

5. **ANHANG** — 182
   - 5.1 Übersicht über die Aufgaben — 182
   - 5.2 Nikuradse-Diagramm — 186

SACHWORTVERZEICHNIS — 187

1 Einleitung

Mit dem vorliegenden Buch möchten wir den Studenten und Studentinnen eine Möglichkeit bieten, den Vorlesungsstoff durch das Rechnen von Beispielaufgaben zu vertiefen und die technischen Anwendungen des Lehrstoffes kennenzulernen. Der Vorlesungsstoff, der auf den Lehrbüchern von ZIEREP und OERTEL jr., BÖHLE basiert, ist zum Teil abstrakt und für Studierende sind die technischen Anwendungen nicht unmittelbar erkennbar. Man muß sich oftmals zuerst sehr viel theoretisches Wissen aneignen, um anschließend technische Strömungsprobleme lösen zu können. Mit dieser Aufgabensammlung möchten wir dazu beitragen, daß der Lehrstoff für die Studierenden nicht nur abstraktes Wissen bleibt, sondern daß sie den Zweck des Erlernens des Vorlesungsstoffes erkennen und damit auch Spaß an der Lösung strömungsmechanischer Probleme gewinnen.

Die Beispielaufgaben besitzen einen unterschiedlichen Schwierigkeitsgrad. Die meisten Kapitel dieses Buches sind so aufgebaut, daß die am Anfang des jeweiligen Kapitels stehenden Aufgaben leicht und mit wenig Aufwand zu lösen sind. Der Schwierigkeitsgrad nimmt dann bis zum Ende des Kapitels zu. Mit dem Rechnen der einfachen Aufgaben können sich die Studierenden allmählich mit den in der Vorlesung behandelten Problemen vertraut machen. Die schwierigen Aufgaben sollen der Prüfungsvorbereitung dienen.

Darüber hinaus enthält das Buch auch Aufgaben, die als Prüfungsaufgaben zu schwierig sind. In diesen Aufgaben werden Strömungsprobleme vorgestellt, die entweder als Einführung in ein umfangreiches neues Thema oder als Anleitung zur selbstständigen Lösung von ausgewählten schwierigen technischen Problemen angesehen werden können. Dieses trifft insbesondere für die Kapitel " Grundgleichungen der Strömungsmechanik" und "Methoden der Strömungsmechanik" zu. Eine Übersicht über den Schwierigkeitsgrad der einzelnen Aufgaben gibt eine entsprechende Tabelle im Anhang dieses Buches. Allerdings muß dazu gesagt werden, daß der Schwierigkeitsgrad einer Aufgabe nur subjektiv eingeschätzt werden kann. Für den einen ist eine Aufgabe schwer zu lösen, die von einem anderen wiederum als leicht eingestuft wird. Insofern gibt die Tabelle im Anhang dieses Buches den Studentinnen und Studenten die Möglichkeit, den erlernten Wissensstand zu überprüfen.

Obwohl einige Aufgaben als sehr schwierig eingeschätzt werden können, empfehlen wir den Studierenden jede Aufgabe selbst zu rechnen und sich dabei nicht an den vorgerechneten Lösungen zu orientieren. Die Lösungen sind sehr ausführlich beschrieben und sollten nur zur Kontrolle dienen oder ggf. über Verständnisschwierigkeiten hinweg helfen. Nur so hat man sicherlich den größten Nutzen von dem vorliegenden Übungsbuch.

Nachfolgend sollen die einzelnen Kapitel vorgestellt werden. Im ersten Kapitel "Grundlagen der Strömungsmechanik" werden Beispielaufgaben vorgestellt, die mit den Grundkenntnissen der Strömungsmechanik zu lösen sind. Es werden Aufgaben zu ruhenden Fluiden und zur eindimensionalen Stromfadentheorie vorgerechnet, wobei das Verhalten von inkompressiblen und kompressiblen Fluiden betrachtet wird. Im Kapitel "Berechnung von technischen Strömungen" werden Beispiele gezeigt, die größtenteils Auslegungsrechnungen für Rohrleitungssysteme mit und ohne Strömungsmaschinen sowie einfache Rechnungen für den Entwurf von technischen Geräten beinhalten.

Im Kapitel "Grundgleichungen der Strömungsmechanik" werden Beispiele zu den wichtigsten Grundgleichungen der Strömungsmechanik behandelt. Mit den Beispielen soll dem Lernenden gezeigt werden, daß die umfangreichen Navier-Stokes Gleichungen, Strömungen in bzw. um technische Geräte beschreiben, und daß sie für das jeweils betrachtete Problem angepaßt werden müssen. Insbesondere soll dabei auch gezeigt werden, daß die vereinfachten Gleichungen (Grenzschicht- bzw. Potentialgleichungen) in der Technik ihre Anwendung finden.

Das letzte übergeordnete Kapitel "Methoden der Strömungsmechanik" beinhaltet Beispielaufgaben, die zeigen, wie mit analytischen und/oder numerischen Methoden die im Kapitel "Grundgleichungen der Strömungsmechanik" angewendeten Gleichungen gelöst werden können. Bevor eine numerische oder analytische Rechnung durchgeführt wird, sollte zunächst das strömungsmechanische Problem mit einer Dimensionsanalyse behandelt werden und, falls möglich, sollten die das Problem bestimmenden Gleichungen linearisiert werden. Beispielaufgaben dazu sind in den entsprechenden Kapiteln "Dimensionsanalyse" und "Linearisierung" enthalten. Mit den einfachen numerischen Beispielaufgaben soll deutlich werden, daß Ingenieursprobleme zum Teil mit PCs, Workstations oder sogar Großrechnern gelöst werden. Es soll in diesen Kapiteln nur ein erster Einstieg in das sehr umfangreiche Thema "Numerische Strömungsmechanik" gegeben werden, das in einem gesonderten Lehrbuch behandelt wird.

Die vorgestellten Beispielaufgaben sollen auch dazu dienen, daß sich die Studenten und Studentinnen auch nach dem Vorexamen weiterhin gerne mit der Strömungsmechanik beschäftigen werden. Sollte dieses nur teilweise erreicht werden, hat das Buch bereits einen großen Teil seines Zwecks erfüllt.

2 Grundlagen der Strömungsmechanik

2.1 Hydro- und Aerostatik

2.1.1 Hydrostatik

Aufgabe H1

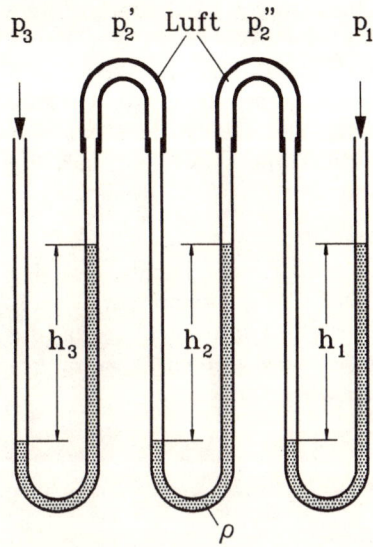

Abb. H1: zusammengeschaltete U-Rohre

Drei gleiche U-Rohre sind hintereinandergeschaltet. In den U-Rohren befindet sich jeweils eine Flüssigkeit mit der Dichte ρ. Die Flüssigkeitsspiegel weisen die Höhendifferenz h_1, h_2 und h_3 auf (s. Abb. H1). Wie groß ist der Druckunterschied $\Delta p = p_1 - p_3$ zwischen den freien Enden des ersten und dritten Rohres?

Lösung:

gegeben: h_1, h_2, h_3, ρ, g
gesucht: $\Delta p = p_1 - p_3$

Zur Lösung der Aufgabe führen wir die Drücke p_2' und p_2'' ein (s. Abb. H1). Zunächst betrachten wir das linke U-Rohr in Abb. H1. Unmittelbar auf der Wasseroberfläche im linken Schenkel des genannten U-Rohrs herrscht der Druck p_3. Der gleiche Druck existiert in der Flüssigkeit in dem rechten Schenkel auf der gleichen Niveauhöhe x-x (s. Abb. H1), so daß nach dem hydrostatischen Grundgesetz folgender Zusammenhang gilt:

$$p_3 = p_2' + \rho g h_3. \tag{1}$$

Analoge Überlegungen gelten für die Drücke in dem mittleren und rechten U-Rohr, so daß gilt:

$$p_2' = p_2'' + \rho g h_2 \tag{2}$$
$$p_2'' = p_1 + \rho g h_1. \tag{3}$$

p_2'' gemäß Gleichung (3) in Gleichung (2) eingesetzt, ergibt:

$$p_2' = p_1 + \rho g h_1 + \rho g h_2. \tag{4}$$

Gleichung (4) wiederum in Gleichung (1) eingesetzt, ergibt nach einer Umformung das gesuchte Ergebnis:

$$\underline{\Delta p = p_1 - p_3 = -\rho g(h_1 + h_2 + h_3).}$$

Aufgabe H2

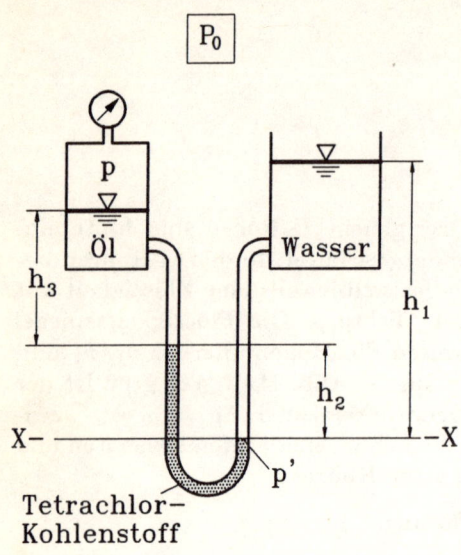

Abb. H2: CCl_4 - Füllung in U-Rohr

Ein offener Wasserbehälter und ein durch ein Manometer gegen die Atmosphäre abgeschlossenes, mit Öl gefülltes Gefäß sind durch ein U-Rohr verbunden (s. Abb.H2), in dessen unterem Teil sich eine Tetrachlorkohlenstoff-Füllung ($C\,Cl_4$) befindet. Die Höhe der Wassersäule (Dichte des Wassers: $\rho_w = 1000 kg/m^3$) beträgt $h_1 = 0.4m$, die Ölsäule (Dichte des Öls: $\rho_{öl} = 950 kg/m^3$) hat die Höhe $h_3 = 0.13m$, und die Höhe der $C\,Cl_4$-Säule ist $h_2 = 0.1m$.

Wie groß ist die Dichte ρ_{Tck} der $C\,Cl_4$-Füllung, wenn am Manometer ein Überdruck gegen die Atmosphäre von $1200 N/m^2$ abgelesen wird?

Lösung:

gegeben: $h_1 = 0.4m$, $h_2 = 0.1m$, $h_3 = 0.13m$, $\rho_w = 1000 kg/m^3$, $\rho_{öl} = 950 kg/m^3$, $p - p_0 = 1200 N/m^2$

gesucht: ρ_{Tck}

Auf der Niveauhöhe x-x (s. Abb. H2) sind die Drücke in dem Tetrachlorkohlenstoff in dem linken und rechten U-Rohrschenkel gleich. Mittels des hydrostatischen Grundgesetzes berechnet sich der Druck p' in der Flüssigkeit auf der Niveaulinie x-x in dem linken U-Rohrschenkel zu:

$$p' = p + \rho_{öl}\, g h_3 + \rho_{Tck}\, g h_2. \qquad (1)$$

Für den Druck auf der Höhe x-x in dem rechten U-Rohrschenkel gilt entsprechend:

$$p' = p_0 + \rho_w\, g h_1. \qquad (2)$$

Durch Gleichsetzen der Gleichungen (1) und (2) erhält man die Bestimmungsgleichung für ρ_{Tck}, die nach Auflösung nach ρ_{Tck} der folgenden Ergebnisformel der Aufgabe entspricht:

$$\rho_{Tck} = \rho_w \frac{h_1}{h_2} - \rho_{öl} \frac{h_3}{h_2} - \frac{p - p_0}{g h_2}.$$

Mit den angegebenen Zahlenwerten berechnet sich ρ_{Tck} zu:

$$\underline{\rho_{Tck} = 1541.76\ kg/m^3}.$$

Aufgabe H3

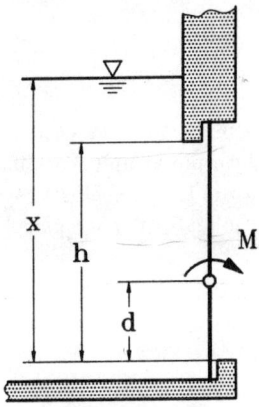

Eine in einen Wasserbehälter eingebaute rechteckige Klappe von der Höhe h und der Breite b ist im Punkt M um eine horizontale Achse drehbar gelagert (s. Abb. H3).

a) Wie groß ist die resultierende Druckkraft F auf die Klappe in Abhängigkeit von der Höhe x des Wasserspiegels?

b) Bei welcher Höhe x_0 des Wasserspiegels öffnet sich die Klappe durch die Druckkraft selbsttätig?

Zahlenwerte: h=1m, d=0.45 m

Abb. H3: exzentrisch gelagerte Klappe

Lösung:

gegeben: h, d, b, ρ
gesucht: a) **Druckkraft** $F = f(x)$, b) x_o**-kleinste Höhe des Wasserspiegels, bei dem sich die Klappe öffnet**

a) Die resultierende Druckkraft kann direkt mit der Berechnungsformel für Wasserlasten auf ebene und geneigte Wände angegeben werden. (s. dazu z.B. Lehrbuch: J. Zierep, Grundzüge der Strömungslehre, S.36/37)

$$F = \rho g z_s A$$

(A-Größe der Fläche, ρ-Dichte der Flüssigkeit, z_s-Abstand zwischen Wasseroberfläche und Schwerpunkt der Fläche)

In dieser Aufgabe sind $A = hb$ und $z_s = x - h/2$, so daß sich F mit der nachfolgenden Formel in Abhängigkeit von x angeben läßt:

$$F = \rho g \left(x - \frac{h}{2}\right) h b \qquad (1)$$

b) Die in Abb. H3 dargestellte Klappe öffnet sich selbständig, wenn der Angriffspunkt der resultierenden Druckkraft über der Drehachse der Klappe liegt. Der Abstand zwischen dem Schwerpunkt der Klappe und dem Angriffspunkt der Druckkraft kann in dieser Aufgabe mit der Formel (s. dazu wieder das o.g. Lehrbuch von J. Zierep)

$$z_m - z_s = \frac{J_s}{A\, z_s} \qquad (2)$$

berechnet werden (J_s-Trägheitsmoment der Klappenfläche bezüglich der Schwerpunktachse parallel zur Drehachse, z_m-Strecke zwischen Wasseroberfläche und Angriffspunkt der resultierenden Druckkraft).

Das Trägheitsmoment um die genannte Schwerpunktachse berechnet sich für die rechteckige Fläche der Klappe mit

$$J_s = \frac{h^3 b}{12} \quad .$$

J_s, A und z_s gemäß der entsprechenden Gleichungen in Gleichung (2) eingesetzt, ergibt eine Berechnungsformel für den Abstand zwischen Schwerpunkt und Angriffspunkt der Klappe. Wird er kleiner als $h/2 - d$, dann öffnet die Klappe selbsttätig. Die Bestimmungsgleichung zur Berechnung der gesuchten Höhe des Wasserspiegels lautet also:

$$\frac{h}{2} - d = \frac{h^3 b}{12\, h\, b\, (x_0 - h/2)} \quad .$$

Diese Gleichung nach x_0 aufgelöst, ergibt das gesuchte Ergebnis:

$$x_0 = \frac{h^2}{12(h/2 - d)} + \frac{h}{2} \quad . \tag{3}$$

Zahlenwerte eingesetzt: $\underline{x_0 = 2.17 m}$

Aufgabe H4

Der in Abb. H4 abgebildete Behälter ist bis zur Höhe h mit Wasser gefüllt. Über dem Wasser befindet sich Benzol. Die untere, mit Wasser benetzte Stirnfläche 2 hat die Höhe h und die Breite b. Die gleichen Abmaße hat die Stirnfläche 1, die mit Benzol benetzt ist. Über dem Behälter befindet sich ein Einfüllstutzen, der bis zur Höhe l mit Benzol gefüllt ist (s. Abb. H4).

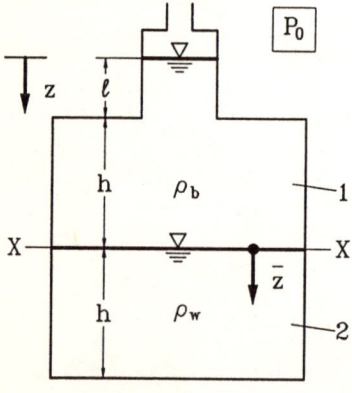

Nachfolgend sollen berechnet werden:
a) die resultierenden Druckkräfte F_1 und F_2 auf die Stirnflächen 1 bzw. 2,
b) die Koordinaten z_{m1} und z_{m2} der Angriffspunkte der unter a) berechneten Kräfte.
Dabei sind die Dichte des Wassers ρ_w und des Benzols ρ_b, sowie die Abmaße h, l und b als bekannt vorauszusetzen.

Abb. H4: Behälter gefüllt mit Wasser und Benzol

2.1 Hydro- und Aerostatik

Lösung:
gegeben: h, b, l, ρ_w, ρ_b
gesucht: F_1, F_2, z_{m1}, z_{m2}

a) Die Berechnung der Druckkraft auf die Stirnfläche 1 erfolgt gemäß der in der vorherigen Aufgabe H3 erläuterten Lehrbuchformel (s. J.Zierep, S.36/37):

$$F_1 = \rho_b \, g \, (l + \frac{h}{2}) \, h \, b \qquad . \tag{1}$$

Die Berechnung der Druckkraft auf die Stirnfläche 2 hingegen kann nicht mittels der zuletzt benutzten Formel berechnet werden, da in diesem Fall die Dichte der beiden Medien verschieden ist. Die resultierende Druckkraft ermittelt man deshalb zweckmäßig durch die Integration der Druckverteilung auf der Stirnfläche 2:

$$F_2 = \int_A (p - p_0) \, dA \qquad . \tag{2}$$

Der Druck p in Gleichung (2) berechnet sich in Abhängigkeit von $\bar{z}$ (bzgl. $\bar{z}$ s. Abb. H4) mit dem hydrostatischen Grundgesetz zu:

$$p = p_0 + \rho_b \, g \, (h + l) + \rho_w \, g \, \bar{z} \qquad . \tag{3}$$

In Gleichung (1) p gemäß Gleichung (3) eingesetzt und dA ersetzt durch $dA = b \, d\bar{z}$, ergibt:

$$F_2 = \int_O^h (\rho_b \, g \, (h + l) + \rho_w \, g \, \bar{z}) \, b \, d\bar{z} \qquad . \tag{4}$$

Die Lösung des Integrals ergibt die resultierende Druckkraft auf die Stirnwand 2:

$$F_2 = \rho_b \, g \, (l + h) \, b \, h + \rho_w \, g \, b \, \frac{h^2}{2} \tag{5}$$

b) Der Angriffspunkt für die resultierende Druckkraft F_1 berechnet sich gemäß der bereits in Aufgabe H3 angewendeten Lehrbuchformel (s. Zierep S. 36/37):

$$z_m - z_s = \frac{J_s}{A \, z_s} \tag{6}$$

$$J_s = \frac{h^3 b}{12} \qquad A = h \, b \qquad z_s = l + \frac{h}{2}.$$

Die entsprechenden Größen eingesetzt, ergibt:

$$z_m = \frac{3l(l + h) + h^2}{3(l + h/2)} \tag{7}$$

Zur Berechnung des Angriffspunktes der resultierenden Druckkraft F_2 wird eine Momentenbilanz um die Linie x-x (s. Abb. H4) durchgeführt.

$$F_2 \cdot \bar{z}_m = \int_A (p - p_0) \cdot \bar{z} \, dA \tag{8}$$

In Gleichung (8) den Druck p gemäß Gleichung (3), die Kraft F_2 gemäß Gleichung (5) und für dA die Größe $dA = b\,d\bar{z}$ eingesetzt, ergibt die Bestimmungsgleichung für $\bar{z}_m$:

$$(\rho_b \cdot g \cdot (l+h) \cdot b \cdot h + \rho_w \cdot g \cdot b \cdot \frac{h^2}{2}) \cdot \bar{z}_m = \int_0^h [\rho_b \cdot g \cdot (h+l) + \rho_w \cdot g \cdot \bar{z}] \cdot \bar{z} \cdot b \cdot d\bar{z}. \quad (9)$$

Mit der Lösung des Integrals und der sich anschließenden Auflösung der Gleichung nach $\bar{z}_m$ erhält man das gesuchte Ergebnis:

$$\bar{z}_m = \frac{\rho_b \cdot (h+l) \cdot h/2 + \rho_w \cdot h^2/3}{\rho_b \cdot (l+h) + \rho_w \cdot h/2}$$

Aufgabe H5

In Abb. H5a ist ein bis zur Höhe $H = 0.5m$ mit Wasser (Dichte ρ_w des Wassers beträgt $\rho_w = 1000 kg/m^3$) gefüllter Behälter dargestellt, dessen Bodenöffnung durch ein Kegelventil (Dichte ρ_k des Kegelmaterials beträgt $\rho_k = 3910 kg/m^3$) abgedichtet ist. Der Durchmesser $2r$ der Grundfläche des Kegelventils und dessen Höhe h betragen jeweils $2r = h = 0.25m$ (vgl. Abb. H5a). Welche Kraft F ist zum Anheben des Ventils nötig ?

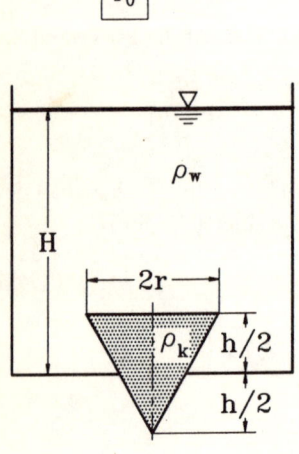
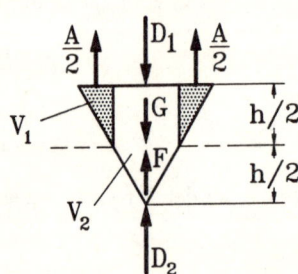

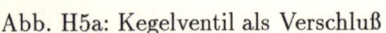

Abb. H5a: Kegelventil als Verschluß   Abb. H5b: Kräfte an Kegelventil

2.1 Hydro- und Aerostatik

Lösung:

gegeben: $H = 0.5m$, $r = 0.125m$, $h = 0.25m$, $\rho_w = 1000 kg/m^3$, $\rho_k = 3910 kg/m^3$
gesucht: F

In Abb. H5b sind die Kräfte eingetragen, die auf das Kegelventil wirken. Zusätzlich ist das Ventil in zwei Volumenanteile V_1 und V_2 zerlegt worden. Das Volumen V_1 erfährt durch das es umgebende Wasser eine Auftriebskraft A. Auf das Volumen V_2 wirken die Wasserlast D_1 und die Kraft D_2, die aus dem Atmosphärendruck p_0 herrührt. Die Gewichtskraft G und die gesuchte Kraft F wirken auf das gesamte Ventil.

Die gesuchte Kraft F ergibt sich durch ein Kräftegleichgewicht am Kegel.

$$F + A - G - D_1 + D_2 = 0 \tag{1}$$

Die Auftriebskraft A berechnet sich gemäß der im Lehrbuch von J.Zierep (s. S.39) angegebenen Auftriebsformel:

$$A = \rho_w \cdot g \cdot V_1 \qquad V_1 = \pi \frac{h \cdot r^2}{6}$$
$$A = \rho_w \cdot g \cdot \pi \frac{h \cdot r^2}{6} \tag{2}$$

Die Wasserlast D_1 läßt sich mit dem hydrostatischen Grundgesetz ermitteln:

$$D_1 = p \cdot \pi \cdot r^2 / 4$$
$$p = p_0 + \rho_w \cdot g \cdot (H - h/2)$$
$$D_1 = [p_0 + \rho_w \cdot g \cdot (H - h/2)] \cdot \pi \cdot r^2 / 4 \tag{3}$$

Auf das Kegelventil wirkt von unten der Luftdruck p_0. Er ist die Ursache für die Kraft D_2. Die Kraft D_2 berechnet sich zu:

$$D_2 = p_0 \cdot \pi \cdot r^2 / 4 \tag{4}$$

Die Gewichtskraft G ergibt sich aus der nachfolgenden Rechnung:

$$G = \rho_k \cdot g \cdot V_k$$
$$V_k = \pi \cdot r^2 \cdot h / 3$$
$$G = \rho_k \cdot g \cdot \pi \cdot r^2 \cdot h / 3 \tag{5}$$

Gleichungen (2), (3), (4) und (5) in Gleichung (1) eingesetzt, ergibt nach einer Umformung nach F das gewünschte Ergebnis:

$$F = \rho_w \cdot g \cdot \pi \cdot r^2 \cdot h \cdot \left(\frac{1}{3}\frac{\rho_k}{\rho_w} + \frac{1}{4}\frac{H}{h} - \frac{7}{24}\right).$$

Zahlenwerte eingesetzt, ergibt: $\underline{F = 181.98 N}$.

Aufgabe H6

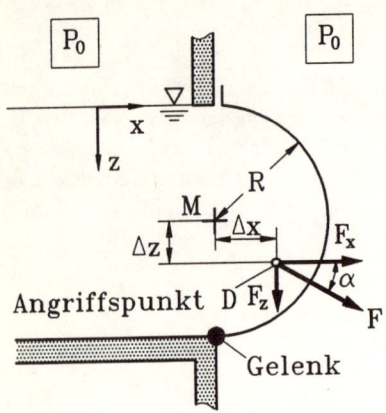

Abb. H6a: Behälter mit halbzylindrischer Klappe

Ein Behälter (Breite b senkrecht zur Zeichenebene) ist in der dargestellten Weise (vgl. Abb. H6a) mit einer Klappe in Form eines Halbzylinders verschlossen. Die Klappe besitzt den Radius R und ist um ein Gelenk drehbar gelagert. Der Behälter ist bis zur Höhe 2R mit einer Flüssigkeit der Dichte ρ gefüllt. Außerhalb des Behälters sowie oberhalb der Flüssigkeitsoberfläche herrscht der Umgebungsdruck p_0. Nacheinander sollen folgende Größen ermittelt werden:

a) die Horizontalkomponente F_x der resultierenden Wasserlast F und die relative Lage Δz des Kraftangriffspunktes D zum Mittelpunkt M (s. Abb. H6a).

b) die Vertikalkomponente F_z der resultierenden Wasserlast F und die relative Lage Δx des Kraftangriffspunktes D zum Mittelpunkt M (s. Abb. H6a)

c) der Betrag und die Richtung (Winkel α) der resultierenden Wasserlast F. Weiterhin soll gezeigt werden, daß die Wirkungslinie der resultierenden Wasserlast F durch den Mittelpunkt M geht.

Lösung:
gegeben: ρ, R, b
gesucht: F_x, Δz, F_z, Δx, F, α

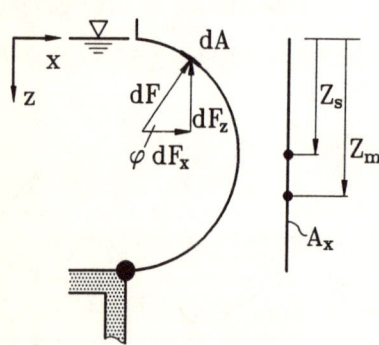

Abb. H6b: wirkende Kräfte auf die Klappe

a) In Abb. H6b sind die Kraftkomponenten dF_x und dF_z der Kraft dF wirkend auf das Flächenelement dA dargestellt. Die Kraft F_x ergibt sich folglich aus der Integration der Kraftkomponenten dF_x:

$$F_x = \int_{F_x} dF_x \quad . \qquad (1)$$

Die Kraft dF, die auf dA wirkt und ihre Kraftkomonente dF_x berechnen sich mit dem hydrostatischen Grundgesetz, wie folgt:

$$dF = p_0 \cdot dA + \rho \cdot g \cdot z \cdot dA - p_0 \cdot dA$$
$$dF_x = \rho \cdot g \cdot z \cdot \cos\varphi \cdot dA \quad . \qquad (2)$$

2.1 Hydro- und Aerostatik

In Gleichung (2) entspricht $\cos\varphi \cdot dA$ der in x-Richtung projizierten Fläche dA_x (vgl. Abb. H6b). Damit lautet Gleichung (2):

$$dF_x = \rho \cdot g \cdot z \cdot dA_x \quad . \tag{3}$$

Gleichung (3) in Gleichung (1) eingesetzt, ergibt:

$$F_x = \int_{A_x} \rho \cdot g \cdot z \cdot dA_x \qquad F_x = \rho \cdot g \int_{A_x} z \cdot dA_x \quad . \tag{4}$$

Für das Integral $\int_{A_x} z \cdot dA_x$ in Gleichung (4) gilt:

$$\int_{A_x} z \cdot dA_x = z_s \cdot A_x \quad . \tag{5}$$

(z_s ist die Schwerpunktskoordinate der projizierten Fläche A_x)

Für den Betrag der Kraft F_x ergibt sich also mit $z_s = R$ und $A_x = 2 \cdot R \cdot b$ folgendes Ergebnis:

$$\underline{F_x = \rho \cdot g \cdot z_s \cdot A_x = 2 \cdot \rho \cdot g \cdot R^2 \cdot b} \quad . \tag{6}$$

Die Koordinate z_m des Kraftangriffspunktes der Kraft F_x berechnet sich mittels der nachfolgend gezeigten Momentenbilanz um den Ursprung des in Abb. H6b eingezeichneten Koordinatensystems:

$$F_x \cdot z_m = \int_{A_x} (p - p_0) \cdot z \cdot dA_x \quad . \tag{7}$$

Die Druckdifferenz $p - p_0$ in Gleichung (7) ergibt sich mittels des hydrostatischen Grundgesetzes zu $p - p_0 = \rho \cdot g \cdot z$, und das Flächenelement dA_x entspricht $dA_x = b \cdot dz$. Diese Größen und die Kraft F_x gemäß der Gleichung (6) in Gleichung (7) eingesetzt, ergibt die folgende Bestimmungsgleichung für z_m:

$$2 \cdot \rho \cdot g \cdot R^2 \cdot b \cdot z_m = \int_0^{2R} \rho \cdot g \cdot z^2 \cdot b \cdot dz$$

Mit der Lösung des Integrals dieser Gleichung und der sich anschließenden Umformung erhält man für z_m:

$$z_m = \frac{4}{3} R \quad .$$

Die relative Lage Δz beträgt also: $\underline{\Delta z = \frac{4}{3}R - R = \frac{1}{3}R}$.

b) Die Kraft F_z ergibt sich aus der folgenden Integration:

$$F_z = \int_{F_z} dF_z \tag{8}$$

mit (s. Abb. H6b)

$$dF_z = \rho \cdot g \cdot z \cdot \sin\varphi \cdot dA = \rho \cdot g \cdot z \cdot dA_z \tag{9}$$

Gleichung (9) in Gleichung (8) eingesetzt, ergibt mit $z \cdot dA_z = dV$ (s. Abb. H6c):

$$F_z = \int_V \rho \cdot g \cdot dV = \rho \cdot g \int_V dV \quad . \tag{10}$$

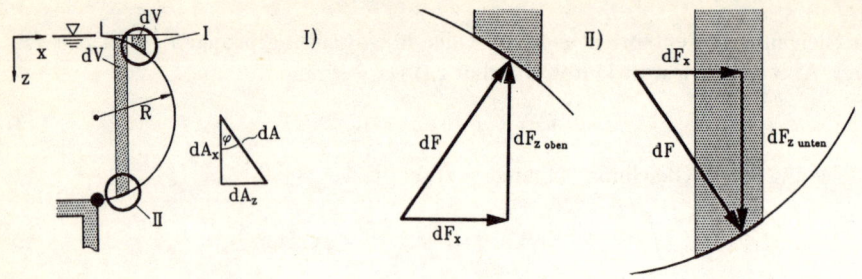

Abb. H6c: betrachtete Volumina

Die Auswertung des Integrals $\int_V dV$ in Gleichung (10) erfordert eine gesonderte Betrachtung. Im Bereich $0 < z < R$ zeigen die Kräfte dF_z in negative z-Richtung; hingegen wirken im Bereich $R < z < 2R$ die zuletzt genannten Kräfte in positive z-Richtung. Deshalb ist es zweckmäßig, die Kraft F_z in zwei Anteile F_{z1} und F_{z2} zu zerlegen:

- der erste Anteil resultiert aus den Kräften dF_z, die im Bereich $0 < z < R$ angreifen. Ihre resultierende Kraft F_{z1} wirkt in negative z-Richtung und berechnet sich mit der Gleichung (10), wobei das Integral $\int_V dV = V_1$ ist (s. dazu Abb. H6c).

- der zweite Anteil resultiert aus den Kräften dF_z, die im Bereich $R < z < 2R$ angreifen. Ihre resultiernde Kraft F_{z2} wirkt in positive z-Richtung und berechnet sich mit der Gleichung (10), wobei das Integral $\int_V dV = V_2$ ist (s. dazu Abb. H6c).

Die Kraft F_z ergibt sich folglich aus der Differenz $F_z = F_{z2} - F_{z1}$. Im einzelnen ist also folgende Rechnung durchzuführen:

$$V_1 = b \cdot (R^2 - \frac{\pi \cdot R^2}{4}) \qquad V_2 = b \cdot (R^2 + \frac{\pi \cdot R^2}{4})$$

$$F_{z1} = \rho \cdot g \cdot b \cdot (R^2 - \frac{\pi \cdot R^2}{4}) \qquad F_{z2} = \rho \cdot g \cdot b \cdot (R^2 + \frac{\pi \cdot R^2}{4})$$

Das Ergebnis für F_z lautet also:

$$F_z = F_{z2} - F_{z1} = \rho \cdot g \cdot b \cdot \frac{\pi \cdot R^2}{2} \quad . \tag{11}$$

Zur Berechnung der relativen Lage Δx wird die Momentenbilanz um den Mittelpunkt M betrachtet. Dabei ist es wieder zweckmäßig, die Klappe, wie bei der Berechnung des Betrages der Kraft F_z, in zwei Bereiche aufzuteilen. Der obere Bereich erstreckt sich von $z = 0$ bis $z = R$; der untere Bereich von $z = R$ bis $z = 2R$. Die Momentenbilanz lautet dann:

$$-F_z \cdot \Delta x + \int_{F_z^{oben}} x \cdot dF_z^{oben} - \int_{F_z^{unten}} x \cdot dF_z^{unten} = 0 \quad . \tag{12}$$

2.1 Hydro- und Aerostatik

(Momente im Uhrzeigersinn sind negativ, der Index 'oben' kennzeichnet jeweils den Bezug zum oberen Teil der Klappe, der Index 'unten' den Bezug zum unteren Teil.)

In Gleichung (12) F_z und dF_z gemäß der Gleichung (11) bzw. der Gleichung (9) eingesetzt und dA_x durch $dA_x = b \cdot dx$ ersetzt, ergibt:

$$-\frac{1}{2} \cdot \rho \cdot g \cdot b \cdot \pi \cdot R^2 \cdot \Delta x + \int_0^R \rho \cdot g \cdot z^{oben} \cdot x \cdot b \cdot dx$$
$$- \int_0^R \rho \cdot g \cdot z^{unten} \cdot x \cdot b \cdot dx = 0 \quad . \tag{13}$$

z^{oben} bzw. z^{unten} ergeben sich mit den nachfolgenden Formeln. Sie geben die z-Koordinaten der oberen bzw. unteren Klappenkontur in Abhängigkeit von x an:

$$z^{oben} = -R + \sqrt{R^2 - x^2} \quad z^{unten} = -R - \sqrt{R^2 - x^2} \quad . \tag{14}$$

z^{oben} und z^{unten} gemäß den Formeln (14) in die Gleichung (13) eingesetzt, ergibt nach einer weiteren einfachen Rechnung die folgende Bestimmungsgleichung für Δx:

$$\frac{1}{4} \cdot \pi \cdot R^2 \cdot \Delta x = \int_0^R \left(\sqrt{R^2 - x^2} \right) \cdot x \cdot dx \quad .$$

Die Lösung des Integrals mit der anschließenden Auflösung nach Δx ergibt für die relative Lage des Kraftangriffspunktes der Kraft F_z die gesuchte Lösung:

$$\Delta x = \frac{4 \cdot R}{3 \cdot \pi} \quad . \tag{15}$$

c) Der Betrag der resultierenden Wasserlast F berechnet sich zu

$$F = \sqrt{F_x^2 + F_z^2} = \rho \cdot g \cdot R^2 \cdot b \cdot \sqrt{4 + \pi^2/4} \tag{16}$$

und der Winkel α zu

$$tan\alpha = \frac{F_z}{F_x} = \frac{\pi}{4} \Longrightarrow \underline{\alpha = 38.15 \quad grad} \quad . \tag{17}$$

Die Wirkungslinie der resultierenden Wasserlast F verläuft durch den Mittelpunkt M, wenn der Winkel $\alpha' = tan(\Delta z / \Delta x)$ gleich dem Winkel α ist. Setzt man die berechneten Ausdrücke in die Gleichung ein, so erhält man: $tan\alpha' = \pi/4$, woraus folgt, daß $\alpha = \alpha'$ ist.

Aufgabe H7

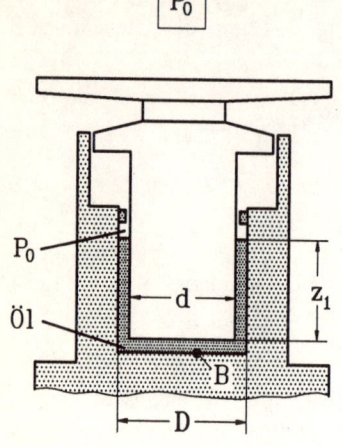

Abb. H7: Drehtisch

Ein rotationssymmetrischer Drehtisch hat ein zylindrisches, schwimmendes Axiallager (s. Abb. H7). Der Zapfendurchmesser ist $d = 2m$. Die Lagerhülse besitzt einen Durchmesser von $D = 2.2m$ und ist mit $m_{Öl} = 1500 kg$ Öl der Dichte $\rho_{Öl} = 900 kg/m^3$ gefüllt.

a) Wie groß ist der Tiefgang z_1 des Zapfens, wenn die Drehkörpermasse $m_D = 5t$ beträgt?

b) Wie groß ist der Druckunterschied $p_B - p_0$ zwischen dem Öldruck p_B am Boden des Lagers und dem Umgebungsdruck p_0 nach dem Eintauchen des Zapfens?

c) Mit welcher Masse $m_{L,max}$ kann der Tisch beladen werden, bis der Zapfen aufsetzt?

Lösung:

gegeben: $d = 2m$, $D = 2.2m$, $\rho_{Öl} = 900 kg/m^3$, $m_{Öl} = 1500 kg$, $m_D = 5t$
gesucht: z_1, $p_B - p_0$, $m_{L,max}$

a) Die Bestimmungsgleichung für die Eintauchtiefe z_1 erhält man durch das nachfolgende Kräftegleichgewicht (Auftriebskraft=Gewichtskraft):

$$F_A = G_D \quad . \tag{1}$$

(F_A-Auftriebskraft, die vom Fluid auf den Drehtisch wirkt, G_D-Gewichtskraft des Drehtisches) Die beiden Kräfte bestimmen sich mit der folgenden Rechnung:

$$G_D = g \cdot m_D \qquad F_A = \rho_{Öl} \cdot g \cdot V_{zyl} \tag{2}$$

$$V_{zyl} = \frac{\pi \cdot d^2}{4} z_1 \tag{3}$$

Gleichung (3) in Gleichung (2) eingesetzt und die so erhaltene Formel für F_A zusammen mit der Formel für die Gewichtskraft in Gleichung (1) eingesetzt, ergibt die gesuchte Bestimmungsgleichung für z_1:

$$g \cdot m_D = \rho_{Öl} \cdot g \cdot \frac{\pi \cdot d^2}{4} \cdot z_1 \quad .$$

Diese Gleichung nach z_1 aufgelöst und die gegebenen Zahlenwerte eingesetzt, ergibt die gesuchte Eintauchtiefe z_1 zu:

$$z_1 = \frac{4 \cdot m_D}{\rho_{Öl} \cdot \pi \cdot d^2} = 1.77 m \quad . \tag{4}$$

2.1 Hydro- und Aerostatik

b) Der Druckunterschied $p_B - p_0$ ergibt sich mit dem hydrostatischen Grundgesetz zu:

$$p_B - p_0 = \rho_{\ddot{O}l} \cdot g \cdot \bar{z} \quad . \tag{5}$$

($\bar{z}$ ist der Abstand zwischen der Öloberfläche und dem Boden der Lagerhülse, s. Abb. H7)

Zur Auswertung der Gleichung (5) muß zunächst die Länge $\bar{z}$ ermittelt werden. Dazu soll ausgenutzt werden, daß das Flüssigkeitsvolumen $V_{\ddot{O}l} = m_{\ddot{O}l}/\rho_{\ddot{O}l}$ in der Lagerhülse bekannt ist. Die Länge $\bar{z}$ setzt sich aus der bereits bekannten Länge z_1 und dem Abstand z_2 zusammen, also: $\bar{z} = z_1 + z_2$. (z_2 ist der Abstand zwischen dem Axiallager und dem Boden der Lagerhülse.)

Mit den eingeführten Größen kann das Flüssigkeitsvolumen wie folgt ausgedrückt werden:

$$V_{\ddot{O}l} = \frac{m_{\ddot{O}l}}{\rho_{\ddot{O}l}} = \frac{\pi \cdot D^2}{4} \cdot z_2 + \frac{\pi}{4} \cdot z_1 \cdot (D^2 - d^2) \quad . \tag{6}$$

Gleichung (6) nach z_2 aufgelöst und die entsprechenden Zahlenwerte eingesetzt, ergibt die Länge z_2 zu:

$$z_2 = \frac{4 \cdot m_{\ddot{O}l}}{\pi \cdot \rho_{\ddot{O}l} \cdot D^2} - z_1 \cdot (1 - \frac{d^2}{D^2}) = 0.1313 m$$

und $\bar{z}$ zu $\bar{z} = z_1 + z_2 = 1.9 m$. Mit der Gleichung (5) und der ermittelten Länge $\bar{z}$ erhält man den gesuchten Druckunterschied: $\underline{p_B - p_0 = 16775,1 N/m^2}$.

c) Zur Berechnung der maximalen Traglast wird das Kräftegleichgewicht am Drehtisch in dem Zustand betrachtet, in dem das Axiallager nahezu den Boden der Lagerhülse berührt. Die Auftriebskraft ist für den genannten Fall wieder gleich der Gewichtskraft. Die Gewichtskraft setzt sich aus der Gewichtskraft des Drehtisches und der Masse $m_{L,max}$ zusammen. Es ergibt sich also folgende Gleichung:

$$F_A = G_D + G_L \quad . \tag{7}$$

(G_D-Gewichtskraft des Tisches, G_L- Gewichtskraft der Last, F_A- Auftriebskraft)

Die Auftriebskraft berechnet sich für den maximalen Ölstand $z_{\ddot{O}l,max}$. Dieser läßt sich wieder mittels des bekannten Ölvolumens bestimmen:

$$\begin{aligned} V_{\ddot{O}l} = \frac{m_{\ddot{O}l}}{\rho_{\ddot{O}}} &= z_{\ddot{O}l,max} \cdot \frac{\pi}{4} \cdot (D^2 - d^2) \\ z_{\ddot{O}l,max} &= \frac{4 \cdot m_{\ddot{O}l}}{\pi \cdot \rho_{\ddot{O}l}} \cdot \frac{1}{D^2 - d^2} \quad . \end{aligned} \tag{8}$$

Die Auftriebskraft ergibt sich also mit Gleichung (8) zu:

$$F_A = \rho_{\ddot{O}l} \cdot g \cdot \frac{\pi \cdot d^2}{4} \cdot z_{\ddot{O}l,max} = \rho_{\ddot{O}l} \cdot g \cdot \frac{m_{\ddot{O}l}}{\rho_{\ddot{O}l}} \cdot \frac{d^2}{D^2 - d^2} \quad . \tag{9}$$

Die Gewichtskräfte berechnen sich gemäß

$$G_D = g \cdot m_D \qquad G_L = g \cdot m_L \quad , \tag{10}$$

so daß sich die Bestimmungsgleichung für $m_{L,max}$ durch Einsetzen der Gleichungen (9) und (10) in Gleichung (7) wie folgt ergibt:

$$\rho_{Öl} \cdot g \cdot \frac{m_{Öl}}{\rho_{Öl}} \cdot \frac{d^2}{D^2 - d^2} = g \cdot (m_D + m_{L,max}) \quad .$$

Diese Gleichung nach $m_{L,max}$ aufgelöst, ergibt das gesuchte Ergebnis:

$$\underline{m_{L,max} = m_{Öl} \cdot \frac{d^2}{D^2 - d^2} - m_D} \quad .$$

Die Zahlenwerte eingesetzt, ergibt die Maximallast: $\underline{m_{L,max} = 2142,86 kg}$.

2.1.2 Aerostatik

Aufgabe A1

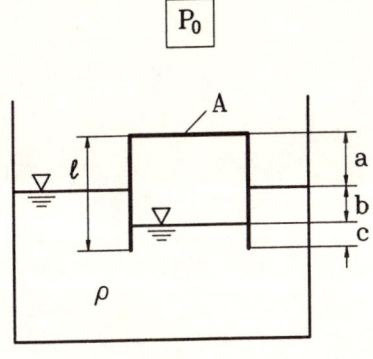

Abb. A1: Becher in Flüssigkeit

Ein Becher mit dem Gewicht G und einer vernachlässigbaren Wanddicke wird mit der Öffnung nach unten in ein Wasserbecken eingetaucht (s. Abb. A1). Der Becher hat die Höhe l und die Querschnittsfläche A. Die Atmosphäre über dem Wasserbecken besitzt die Temperatur T_0 und den Druck p_0; das Wasser im Becken hat die Dichte ρ. Wie groß sind die in Abb. A1 eingezeichneten Längen a, b und c, wenn man annimmt, daß das Gas mit der spezifischen Gaskonstante R in dem Becher beim Eintauchen isotherm komprimiert wird?

Hinweis: Die Dichte der Luft ist wesentlich kleiner als die Dichte des Wassers.

Lösung:
gegeben: p_0, R, G, l, A, ρ
gesucht: a, b, c

Da die Wand des Bechers als vernachlässigbar dünn angenommen werden kann, übt das Wasser keinen Auftrieb auf den Becher aus. Der Becher wird nur durch die Kraft, die aus dem Druckunterschied $p_i - p_0$ zwischen dem Inneren des Bechers und der Umgebung resultiert, aus dem Wasser gedrückt. Aus einem Kräftegleichgewicht am Becher resultiert also die folgende Gleichung:

$$G = (p_i - p_0) \cdot A \Longrightarrow p_i - p_0 = \frac{G}{A} \quad . \tag{1}$$

Mit dem hydrostatischen Grundgesetz kann der Druck im Inneren des Bechers ausgedrückt werden:

$$p_i = p_0 + \rho \cdot g \cdot b \quad . \tag{2}$$

Gleichung (2) nach b umgeformt und anschließend $p_i - p_0$ gemäß Gleichung (1) eingesetzt, ergibt die gesuchte Länge b:

$$b = \frac{p_i - p_0}{\rho \cdot g} = \frac{G}{A \cdot \rho \cdot g} \quad . \tag{3}$$

Als nächstes wird die Länge c berechnet. Die im Becher befindliche Luftmasse m bleibt nach dem Eintauchen unverändert. Es gilt also die folgende Gleichung:

$$m = \rho_0 \cdot A \cdot l = \rho_i \cdot A \cdot (l - c) \quad .$$

oder umgeformt:

$$\rho_i = \rho_0 \cdot \frac{l}{l-c} \qquad (4)$$

(ρ_i -Dichte der Luft im Inneren des Bechers nach dem Eintauchen)

Weiterhin gilt für das im Becher komprimierte Gas die Zustandsgleichung für ideale Gase (das Gas im Becher wird isotherm verdichtet):

$$p_i = \frac{G}{A} + p_0 = \rho_i \cdot R \cdot T_0 \quad . \qquad (5)$$

In Gleichung (5) ρ_i gemäß Gleichung (4) eingesetzt, ergibt die Bestimmungsgleichung für die Länge c:

$$\frac{G}{A} + p_0 = \rho_0 \cdot \frac{l}{l-c} \cdot R \cdot T_0 \quad .$$

Durch die Auflösung dieser Gleichung nach c erhält man:

$$c = l \cdot (1 - \frac{\rho_0 \cdot R \cdot T_0}{\frac{G}{A} + p_0}) \quad . \qquad (6)$$

Ersetzt man in Gleichung (6) den Ausdruck $\rho_0 \cdot R \cdot T_0$ entsprechend der Zustandsgleichung für ideale Gase durch p_0, erhält man das gesuchte Ergebnis:

$$c = l \cdot (1 - \frac{p_0}{\frac{G}{A} + p_0}) \quad . \qquad (7)$$

Die Länge a läßt sich nun mit der nachfolgenden einfachen geometrischen Beziehung ermitteln:

$$l = a + b + c \Longrightarrow a = l - b - c \qquad (8)$$

In Gleichung (8) die bereits ermittelten Längen b und c eingestetzt, ergibt nach einer einfachen Rechnung:

$$a = \frac{l \cdot p_0}{\frac{G}{A} + p_0} - \frac{G}{A \cdot \rho \cdot g} \quad .$$

Aufgabe A2

Der Druck p_0 und die Temperatur T_0 sind für eine Atmosphäre, bestehend aus Luft (spezielle Gaskonstante $R = 287 m^2/(s^2 \cdot K)$), für die Höhe $z = 0$ bekannt ($p_0 = 101300 N/m^2$, $T_0 = 283 K$).

a) Gemäß der Annahme, daß das Gas der Atmosphäre seinen Zustand isotherm ändert, sollen der Druck und die Dichte der Atmosphäre in Abhängigkeit von der Höhe z berechnet werden.

b) Gemäß der Annahme, daß das Gas der Atmosphäre seinen Zustand polytrop ändert, sollen der Druck und die Dichte der Atmosphäre in Abhängigkeit von der Höhe z berechnet werden. Zur Berechnung ist dazu weiterhin der Temperaturgradient $dT/dz = -0.007 K/m$ bekannt.

Lösung:
gegeben: $P_0 = 101300 N/m^2$, $T_0 = 283 K$, $R = 287 m^2/(s^2 \cdot K)$, $dT/dz = -0.007 K/m$
gesucht: a) bzw. b) $p = f(z)$, $\rho = f(z)$

a) Für die Atmosphäre ist die folgende Gleichung gültig:

$$z = -\frac{1}{g} \int_{p_0}^{p} \frac{dp}{\rho} \quad . \tag{1}$$

Da eine isotherme Atmosphäre vorausgesetzt wird, ergibt sich mittels der Zustandsgleichung für ideale Gase:

$$\frac{p}{\rho} = R \cdot T = R \cdot T_0 = const$$

$$\rho = \frac{p}{R \cdot T_0} \quad . \tag{2}$$

In Gleichung (1) ρ gemäß Gleichung (2) eingesetzt, ergibt die folgende, noch zu lösende Gleichung:

$$z = -\frac{R \cdot T_0}{g} \int_{p_0}^{p} \frac{dp}{p} \quad .$$

Mit der Lösung des in dieser Gleichung vorhandenen Integrals und einer anschließenden Umformung der Gleichung nach z, erhält man das gesuchte Ergebnis:

$$\underline{p = p_0 \cdot e^{-\frac{g}{R \cdot T_0} \cdot z} = p_0 \cdot e^{-\frac{z}{H_0}}}$$

mit

$$H_0 = \frac{R \cdot T_0}{g} \quad . \tag{3}$$

Für die Dichte ergibt sich mit dem obigen Ergebnis und der Gleichung (2) das folgende Ergebnis:

$$\underline{\rho = \rho_0 \cdot e^{-\frac{z}{H_0}}}$$

mit $\rho_0 = p_0/(R \cdot T_0)$.

b) Für die polytrope Zustandsänderung des Gases gelten für die Zustandsgrößen die nachfolgenden Gleichungen:

$$\frac{p}{p_0} = \left(\frac{\rho}{\rho_0}\right)^n = \left(\frac{T}{T_0}\right)^{\frac{n}{n-1}} . \qquad (4)$$

In Gleichung (4) ist n der Polytropenexponent. Ersetzt man in Gleichung (1) ρ gemäß Gleichung (4) durch:

$$\rho = \rho_0 \cdot \left(\frac{p}{p_0}\right)^{\frac{1}{n}} , \qquad (5)$$

so erhält man die folgende Gleichung:

$$z = -\frac{1}{g} \cdot \frac{p_0^{1/n}}{\rho_0} \int_{p_0}^{p} \frac{dp}{p^{1/n}} .$$

Mit der Lösung des in der Gleichung vorhandenen Integrals und der anschließenden Umformung nach p/p_0, ergibt sich die Gleichung

$$\frac{p}{p_0} = \left(1 - \frac{n-1}{n} \cdot \frac{z}{H_0}\right)^{\frac{n}{n-1}} . \qquad (6)$$

(H_0-gemäß Gleichung (3))

Die Gleichung (6) entspricht noch nicht der gesuchten Lösung, da der Polytropenexponent noch unbekannt ist. Da der Temperaturgradient dT/dz bekannt ist, ermittelt man zunächst eine Funktion $T = f(z, n)$ und differenziert sie anschließend nach z. Mit den Gleichungen (4) und der Gleichung (6) ergeben sich die nachfolgenden Gleichungen:

$$\frac{T}{T_0} = 1 - \frac{n-1}{n} \cdot \frac{z}{H_0} \qquad (7)$$

$$\frac{\rho}{\rho_0} = \left(1 - \frac{n-1}{n} \cdot \frac{z}{H_0}\right)^{\frac{1}{n-1}} . \qquad (8)$$

Aus der Gleichung (7) ergibt sich durch Differenzieren die nachfolgende Bestimmungsgleichung für den Polytropenexponenten n:

$$\frac{dT}{dz} = -\frac{T_0}{H_0} \cdot \frac{n-1}{n}$$

oder nach n umgeformt:

$$n = \frac{\frac{T_0}{H_0}}{\frac{dT}{dz} + \frac{T_0}{H_0}} . \qquad (9)$$

Mit den erstellten Gleichungen kann nun die Auswertung erfolgen:
$\rho_0 = 1.247 kg/m^3$ gemäß Gleichung (2)
$H_0 = 8279.41 m$ gemäß Gleichung (3)
$n = 1.258$ gemäß Gleichung (9)

2.1 Hydro- und Aerostatik

Für den Druck und die Dichte ergeben sich also in Abhängigkeit von der Höhe z die nachfolgenden Berechnungsformeln (s. dazu Abb. A2):

$$\frac{p}{p_0} = \left(1 - 0.21 \cdot \frac{z}{8279.41m}\right)^{4.88} \qquad \frac{\rho}{\rho_0} = \left(1 - 0.21 \cdot \frac{z}{8279.41m}\right)^{3.88} \quad . \tag{10}$$

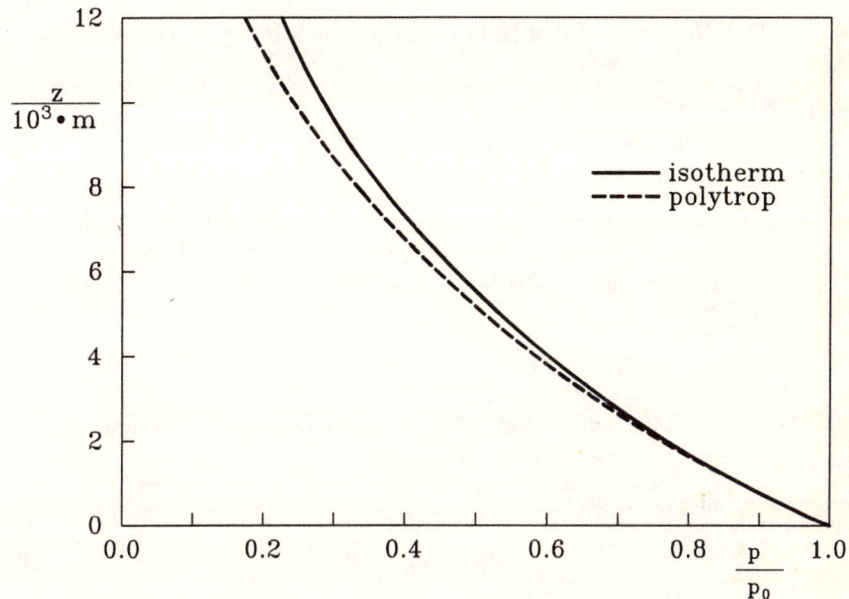

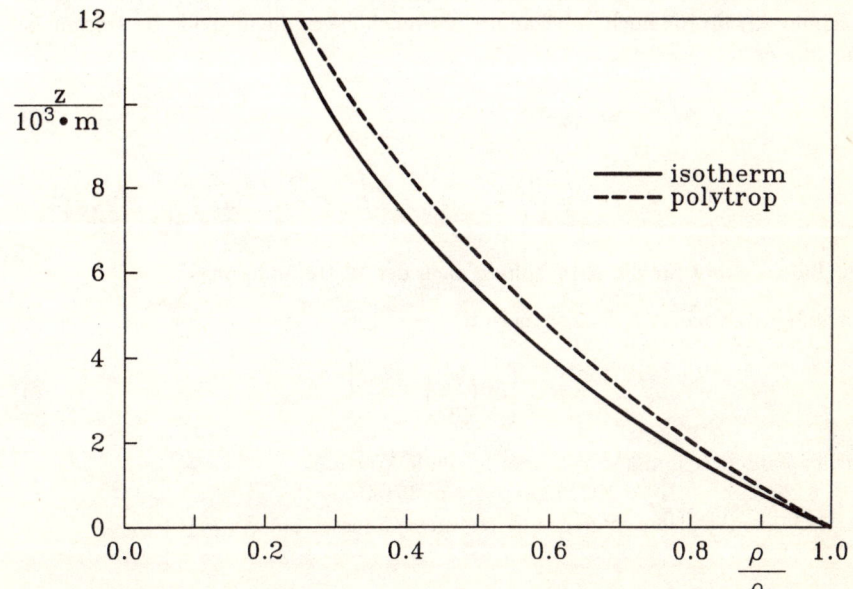

Abb. A2: Dichte und Druck in einer isothermen und polytropen Atmosphäre

Aufgabe A3

Ein Ballon schwebt in einer isothermen Atmosphäre (Luftdruck am Boden $p_0 = 1.013 bar$, Luftdichte am Boden $\rho_0 = 1.225 kg/m^3$) in der Höhe $z_0 = 2000m$. Um wieviel sinkt er ab, wenn sich die Luftdichte am Boden bei gleichbleibendem Luftdruck durch Witterungseinflüsse auf $\rho_0' = 1.0 kg/m^3$ ändert?

Hinweis: Das Volumen V des Ballons ändert sich bei dem Höhenwechsel nicht.

Lösung:
gegeben: $p_0 = 1.013 bar$, $\rho_0 = 1.225 kg/m^3$, $z_0 = 2000m$, $\rho_0' = 1.0 kg/m^3$
gesucht: Δz

Im Schwebezustand ist die Auftriebskraft F_A des Ballons gleich dem Gewicht des Ballons. Für den Schwebezustand nach der Wetteränderung bleibt die Auftriebskraft F_A des Ballons erhalten, da sich das Gewicht nicht ändert. Mit der Auftriebsformel erhält man:

$$F_A = \rho_{2000m} \cdot g \cdot V = \rho_{zx} \cdot g \cdot V \quad . \tag{1}$$

(ρ_{2000m}-Dichte in 2000m vor der Wetteränderung, ρ_{zx}-Dichte in der noch unbekannten Höhe nach der Wetteränderung)

Aus der Gleichung (1) folgt, daß

$$\rho_{2000m} = \rho_{zx} \tag{2}$$

ist. Sowohl die Dichte ρ_{2000m} als auch die Dichte ρ_{zx} können mit der Ergebnisgleichung der Aufgabe A2 a) entsprechend ausgedrückt werden, so daß sich mit der Gleichung (2) für die noch unbekannte Schwebehöhe z_x die folgende Bestimmungsgleichung ergibt:

$$\rho_0 \cdot e^{(-z_0/H_0)} = \rho_0' \cdot e^{(-z_x/H_0')} \tag{3}$$

$$H_0 = \frac{R \cdot T_0}{g} = \frac{p_0}{g \cdot \rho_0} \qquad H_0' = \frac{R \cdot T_0'}{g} = \frac{p_0}{g \cdot \rho_0'} \quad .$$

(Der Index ' steht für die Atmosphäre nach der Wetteränderung)

Gleichung (3) nach z_x aufgelöst, ergibt:

$$z_x = H_0' \cdot \left[ln\left(\frac{\rho_0'}{\rho_0}\right) + \frac{z_0}{H_0} \right] \quad . \tag{4}$$

Mit der Zahlenrechnung erhält man folgende Werte:
$H_0 = 8429.55m$, $\quad H_0' = 10326.2m$, $\quad z_x = 354.4m \quad$.
Der Ballon sinkt also infolge des Witterungseinflusses um $\underline{\Delta z = 1645.6m}$.

Aufgabe A4

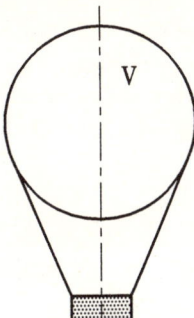

in großer Höhe

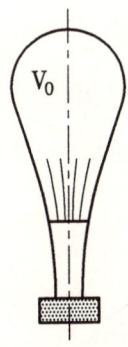

am Boden

Abb. A4: Stratosphärenballon

Ein Stratosphärenballon wird am Boden nur zum Teil mit dem Traggas Wasserstoff H_2 gefüllt. Beim Aufsteigen bläht er sich durch Volumenzunahme der Füllung auf. Dadurch wird ein zusätzlicher Auftriebsgewinn erzielt. Am Boden besitzt der Ballon ein Volumen $V_0 = 450 m^3$; sein maximales Volumen beträgt $V_1 = 1400 m^3$.

a) Wie schwer darf die zu hebende Last G_{max} höchstens sein (die Ballonhülle ist ein Teil der Last; jedoch nicht das Traggas), wenn der Stratosphärenballon eine maximale Höhe z_{max} von $z_{max} = 12 km$ in einer polytropen Atmosphäre erreichen soll ? Am Boden herrscht der Luftdruck $p_0 = 1.013 bar$ und die Luftdichte ρ_0 beträgt dort $\rho_0 = 1.234 kg/m^3$. Die Wasserstoffdichte $\rho_{H2,0}$ im Ballon besitzt am Boden den Wert $\rho_{H2,0} = 0.087 kg/m^3$. Weiterhin sind die Temperatur $T_{1km} = 280 K$ in $1 km$ Höhe und die spezifische Gaskonstante der Luft $R = 287 m^2/(s^2 \cdot K)$ bekannt.

b) In welcher Höhe z_1 hat der Ballon sein größtes Volumen $V_1 = 1400 m^3$ erreicht ?

Hinweis: Bis zum Erreichen seines maximalen Volumens besitzt der Wasserstoff des Ballons in jeder Höhe die Temperatur und den Druck der Atmosphäre.

Lösung:
gegeben: $p_0 = 1.013 bar$, $\rho_0 = 1{,}234 kg/m^3$, $R = 287 m^2/(s^2 \cdot K)$, $\rho_{H2,0} = 0.087 kg/m^3$, $T_{1km} = 280 K$, $V_0 = 450 m^3$, $V_1 = 1400 m^3$
gesucht: a) G_{max}, b) z_1

a) Zur Lösung der vorliegenden Aufgabe können die Formeln der Aufgabe A2 genutzt werden. Der Ballon schwebt in einer polytropen Atmosphäre. Um die Zustände der Atmosphäre für unterschiedliche Höhen angeben zu können, wird der Polytropenexponent benötigt. Dieser berechnet sich mit der in der Aufgabe A2 hergeleiteten Beziehung:

$$ n = \frac{\frac{T_0}{H_0}}{\frac{dT}{dz} + \frac{T_0}{H_0}} \qquad H_0 = \frac{R \cdot T_0}{g} $$

$$T_0 = \frac{p_0}{\rho_0 \cdot R} \quad . \tag{1}$$

Zur Auswertung der Gleichungen (1) sind alle Größen außer der Temperaturgradienten dT/dz gegeben. Die Temperatur nimmt in einer polytropen Atmosphäre linear ab (s. dazu Aufgabe A2), so daß sich der Temperaturgradient mit den gegebenen Temperaturen am Boden und in der Höhe $z_{1km} = 1km$ wie folgt berechnen läßt:

$$\frac{dT}{dz} = \frac{T_{1km} - T_0}{z_{1km} - 0} \quad . \tag{2}$$

Mit der Auswertung der Gleichungen (1) und (2) ergeben sich die folgenden Zahlenwerte:

$T_0 = 286K, \qquad H_0 = 8367.2m, \qquad \frac{dT}{dz} = -0.006 K/m, \qquad n = 1.21 \quad .$

Die maximal tragbare Last G_{max} ergibt sich durch ein Kräftegleichgewicht am Ballon in der Höhe $z_{max} = 12km$:

$$F_{A,12km} - G_{max} - G_{H2} = 0 \quad \Longrightarrow \quad G_{max} = F_{A,12km} - G_{H2} \quad . \tag{3}$$

($F_{A,12km}$- Auftriebskraft in 12 km Höhe, G_{H2}-Gewichtskraft des Traggases)

Die Masse m_{H2} des Traggases ändert sich während des Ballonaufstieges nicht. Ihr Gewicht berechnet sich also wie folgt:

$$G_{H2} = m_{H2} \cdot g = \rho_{H2,0} \cdot V_0 \cdot g \quad . \tag{4}$$

Die Aufriebskraft $F_{A,12km}$ berechnet sich mit der Auftriebsformel

$$F_{A,12km} = \rho_{12km} \cdot g \cdot V_1 \quad . \tag{5}$$

In der Gleichung (5) steht V_1, da sich der Ballon in der Höhe $z_{max} = 12km$ voll ausgedehnt hat. Zur Auswertung der Gleichung muß noch die Dichte ρ_{12km} der Luft in der betrachteten Höhe ermittelt werden. Sie läßt sich mit der in Aufgabe A2 bereitgestellten Formel (8) berechnen. Die Formel lautet:

$$\rho_{12km} = \rho_0 \cdot \left(1 - \frac{n-1}{n} \cdot \frac{z_{max}}{H_0}\right)^{\frac{1}{n-1}} \quad . \tag{6}$$

Die Auswertung der Gleichungen ergibt die folgenden Zahlenwerte:
$\rho_{12km} = 0.316 kg/m^3$ gemäß Gleichung (6), $F_{A,12km} = 4339.94N$ gemäß Gleichung (5), $G_{H2} = 384.1N$ gemäß Gleichung (4).

Die berechneten Werte in Gleichung (3) eingesetzt, ergibt die gesuchte Größe G_{max}: $\underline{G_{max} = 3955.8N}$.

b) Die im Ballon befindliche Masse m_{H2} bleibt während des Aufstiegs unverändert. Es gilt also:

$$m_{H2} = \rho_{H2,0} \cdot V_0 = \rho_{H2,1} \cdot V_1 \quad , \tag{7}$$

2.1 Hydro- und Aerostatik

oder umgeformt:

$$\rho_{H2,1} = \rho_{H2,0} \cdot \frac{V_0}{V_1} \quad . \tag{8}$$

(Der Index 1 steht für die Größen in der Höhe z_1.)

Weiterhin gilt für den Wasserstoff die Zustandsgleichung für ideale Gase:

$$p_{H2,1} = \rho_{H2,1} \cdot R_{H2} \cdot T_{H2,1} \implies \rho_{H2,1} = \frac{p_{H2,1}}{R_{H2} \cdot T_{H2,1}} \quad . \tag{9}$$

Der Druck und die Temperatur des Wasserstoffes sind in der betrachteten Höhe identisch mit dem Druck und der Temperatur der Atmosphäre, so daß in Gleichung (9) für den Druck $p_{H2,1}$ und die Temperatur $T_{H2,1}$ der Index 'H_2' weggelassen werden kann. Die Größen p_1 und T_1 können mit den bereitgestellten Gleichungen (6) und (7) der Aufgabe A2 ausgedrückt werden. Man erhält also:

$$\begin{aligned}
\rho_{H2,1} &= \frac{p_1}{R_{H2} \cdot T_1} \\
&= \frac{p_0 \cdot \left(1 - \frac{n-1}{n} \cdot \frac{z_1}{H_0}\right)^{\frac{n}{n-1}}}{R_{H2} \cdot T_0 \cdot \left(1 - \frac{n-1}{n} \cdot \frac{z_1}{H_0}\right)} \\
&= \frac{p_0}{R_{H2} \cdot T_0} \cdot \left(1 - \frac{n-1}{n} \cdot \frac{z_1}{H_0}\right)^{\frac{1}{n-1}} \quad .
\end{aligned} \tag{10}$$

Wird in Gleichung (10) $\rho_{H2,1}$ gemäß Gleichung (8) ersetzt und berücksichtigt man weiterhin, daß $p_0/T_0 = R \cdot \rho_0$ ist, so erhält man die folgende Gleichung:

$$\rho_{H2,0} \cdot \frac{V_0}{V_1} = \frac{R}{R_{H2}} \cdot \rho_0 \cdot \left(1 - \frac{n-1}{n} \cdot \frac{z_1}{H_0}\right)^{\frac{1}{n-1}} \quad .$$

Diese Gleichung nach z_1 aufgelöst, ergibt:

$$z_1 = H_0 \cdot \frac{n}{n-1} \cdot \left[1 - \left(\frac{R_{H2} \cdot \rho_{H2,0} \cdot V_0}{R \cdot \rho_0 \cdot V_1}\right)^{n-1}\right] \quad . \tag{11}$$

Da der Druck und die Temperatur des Wasserstoffes jeweils gleich den entsprechenden Werten der Atmosphäre sind, gilt gemäß der Zustandsgleichung für ideale Gase:

$$\frac{p_{H2,0}}{T_{H2,0}} = \frac{p_0}{T_0} = R \cdot \rho_0 = R_{H2} \cdot \rho_{H2,0} \quad , \tag{12}$$

so daß man mit der Gleichung (11) unter Berücksichtigung der Gleichung (12) die folgende Lösung für z_1 erhält:

$$\underline{z_1 = H_0 \cdot \frac{n}{n-1} \cdot \left[1 - \left(\frac{V_0}{V_1}\right)^{n-1}\right]} \quad .$$

Als Zahlenwert für z_1 ergibt sich: $\underline{z_1 = 10224.1 m}$.

2.2 Hydro- und Aerodynamik, Stromfadentheorie

2.2.1 Kinematische Grundbegriffe

Aufgabe K1

Ein zweidimensionales Strömungsfeld ist mit den Geschwindigkeitskomponenten $u = a \cdot x$ und $v = -a \cdot y$ beschrieben (a ist eine positive Konstante).

a) Es sollen die Stromlinien des Strömungsfeldes berechnet und gezeichnet werden.

b) Wie groß ist die Drehung des Strömungsfeldes ?

c) Ein Staubteilchen wird zum Zeitpunkt $t_0 = 0$ auf den Punkt (x_0, y_0) einer beliebigen Stromlinie gelegt. Wie groß ist die Zeit t_e, bis das Staubteilchen den Punkt (x_1, y_1) der Stromlinie, auf die es anfangs gelegt wurde, erreicht ? Es soll angenommen werden, daß das Staubteilchen eine sehr kleine Masse besitzt, so daß kein Schlupf zwischen ihm und der Strömung entsteht.

Lösung:
gegeben: a) und b) $u = ax$, $v = -ay$, (x_0, y_0), (x_1, y_1)
gesucht: a) Stromlinien, b) Drehung des Strömungsfeldes, c) t_e

a) Die Definitionsgleichung für eine Stromlinie lautet:

$$\frac{dy}{dx} = \frac{v}{u} \quad . \tag{1}$$

In Gleichung (1) die gegebenen Geschwindigkeitskomponenten eingesetzt, ergibt:

$$\frac{dy}{dx} = -\frac{y}{x} \quad \Longrightarrow \quad \frac{dy}{y} = -\frac{dx}{x} \quad . \tag{2}$$

Durch Integration der Gleichung (2) auf beiden Seiten erhält man die Funktionsgleichung für die Stromlinien:

$$\int \frac{dy}{y} = -\int \frac{dx}{x} \quad \Longrightarrow \quad ln(y) = -ln(x) + C \quad \Longrightarrow \quad \underline{y = \frac{C}{x}} \quad . \tag{3}$$

C ist eine Integrationskonstante. Sie besitzt für jede Stromlinie einen speziellen Wert. Die Stromlinien sind Hyperbeln (s. Abb. K1).

b) Die Drehung ist durch die folgende Gleichung definiert:

$$\omega = -\frac{1}{2} \cdot \left(\frac{\partial u}{\partial y} - \frac{\partial v}{\partial x} \right) \quad . \tag{4}$$

Die in Gleichung (4) stehenden partiellen Ableitungen sind Null, so daß das gesamte Strömungsfeld drehungsfrei ist, also:

$$\underline{\omega = 0} \quad ; \quad \forall x, y \quad .$$

c) Das Staubteilchen wird zum Zeitpunkt t_0 auf eine Stromlinie gelegt. Es bewegt sich dann entlang der Stromlinie, da es eine so kleine Masse besitzt, daß kein Schlupf zwischen ihm und der Strömung entsteht. Die Weglänge s, die es vom Punkt (x_0, y_0) bis zum Punkt (x_1, y_1) zurücklegt, entspricht der Länge der betrachteten Stromlinie zwischen den beiden genannten Punkten. Diese Länge s berechnet sich gemäß der nachfolgenden Gleichung:

$$s = \int_{x_0}^{x_1} \sqrt{1 + \left(\frac{dy}{dx}\right)^2}\, dx \quad . \tag{5}$$

In Gleichung (5) ist dy/dx die Ableitung der Funktion für die betrachtete Stromlinie nach x.

Innerhalb der Zeit dt legt das Staubteilchen den Weg ds mit der Geschwindigkeit w zurück. Dazu gilt:

$$dt = \frac{ds}{w}, \quad w = \sqrt{u^2 + v^2} \quad . \tag{6}$$

Das Weginkrement ds gemäß der Gleichung (5) in Gleichung (6) eingesetzt, ergibt:

$$dt = \sqrt{\frac{1 + \left(\frac{dy}{dx}\right)^2}{u^2 + v^2}} \cdot dx \quad . \tag{7}$$

In Gleichung (7) $u = a \cdot x$, $v = -a \cdot y$ und $dy/dx = -C/x^2$ eingesetzt, führt auf die folgende zu integrierende Gleichung:

$$dt = \sqrt{\frac{1 + \left(\frac{C}{x^2}\right)^2}{(a \cdot x)^2 + (a \cdot y)^2}} \cdot dx = \frac{1}{a} \cdot \sqrt{\frac{1 + \frac{C^2}{x^4}}{x^2 + \frac{C^2}{x^2}}} \cdot dx = \frac{1}{a} \cdot \frac{1}{x} \cdot dx \quad . \tag{8}$$

Mit der nachfolgenden Integration erhält man das gesuchte Ergebnis zu:

$$\int_0^{t_e} dt = \int_{x_0}^{x_1} \frac{1}{a} \cdot \frac{dx}{x} \quad \Longrightarrow \quad \underline{t_e = \frac{1}{a} \cdot ln\frac{x_1}{x_0}} \quad .$$

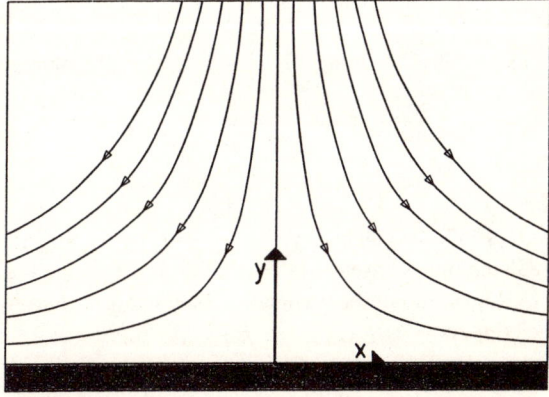

Abb. K1: Stromlinien

2.2.2 Inkompressible Strömung

Aufgabe HD1

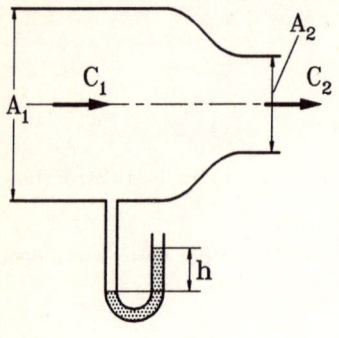

Abb. HD1: Windkanaldüse

An eine Windkanaldüse mit dem Kontraktionsverhältnis $A_1/A_2 = 4$ ist (s. Abb. HD1) vor der Verengung ein U-Rohrmanometer mit Wasserfüllung angeschlossen. Im Betrieb zeigt das Manometer eine Höhendifferenz $h = 94 mmWS$ ($mmWS$ - Millimeter Wassersäule). Wie groß ist die Austrittsgeschwindigkeit C_2 aus der Düse, wenn die Dichte ρ_W des Wassers im U-Rohr $1000 kg/m^3$ und die Dichte ρ_L der Luft $1.226 kg/m^3$ betragen?

Hinweis: Es soll eine reibungsfreie Strömung angenommen werden.

Lösung:
gegeben: $h = 94mm$, $\rho_W = 1000 kg/m^3$, $\rho_L = 1.226 kg/m^3$, $A_1/A_2 = 4$
gesucht: C_2

Zur Lösung der Aufgabe wird ein Stromfaden von der Stelle 1 zur Stelle 2 gelegt. Entlang des Stromfadens wird die Bernoulligleichung für inkompressible Strömungen angewendet. Sie lautet (in diesem Fall ohne Höhenglied):

$$\frac{\rho_L}{2} \cdot C_1^2 + p_1 = \frac{\rho_L}{2} \cdot C_2^2 + p_2 \quad . \tag{1}$$

Weiterhin gilt die Kontinuitätsgleichung:

$$C_1 \cdot A_1 = C_2 \cdot A_2 \quad , \tag{2}$$

oder umgeformt:

$$C_1 = C_2 \cdot \left(\frac{A_2}{A_1}\right) \quad . \tag{3}$$

C_1 in Gleichung (1) gemäß Gleichung (3) eingesetzt, ergibt nach einer einfachen Umformung:

$$C_2 = \sqrt{\frac{2 \cdot (p_1 - p_2)}{\rho_L \cdot \left(1 - \left[\frac{A_2}{A_1}\right]^2\right)}} \quad . \tag{4}$$

Der Druck auf die Querschnittsfläche 2 ist gleich dem Druck außerhalb der Windkanaldüse. Die in Gleichung (4) stehende Druckdifferenz $(p_1 - p_2)$, die den Höhenunterschied h im U-Rohrmanometer verursacht, läßt sich mit dem hydrostatischen Grundgesetz berechnen zu:

$$p_1 - p_2 = \rho_W \cdot g \cdot h \quad . \tag{5}$$

2.2 Hydro- und Aerodynamik, Stromfadentheorie

Die Druckdifferenz $p_1 - p_2$ gemäß Gleichung (5) in Gleichung (4) eingesetzt, ergibt das gesuchte Ergebnis:

$$C_2 = \sqrt{2 \cdot \frac{\rho_W}{\rho_L} \cdot \frac{g \cdot h}{\left(1 - \left[\frac{A_2}{A_1}\right]^2\right)}} \quad . \tag{6}$$

Als Zahlenwert erhält man für C_2 den Wert: $\underline{C_2 = 40 m/s}$.

Aufgabe HD2

Aus einem hochgelegenen Behälter fließt Wasser der Dichte ρ durch ein Rohrsystem mit zwei Ausflußstellen (s. Abb. HD2).

a) **Wie groß sind die Ausflußgeschwindigkeiten C_1 und C_2 für die Höhenunterschiede h_1 und h_2?**

b) **Wie groß muß das Querschnittsverhältnis A_1/A_2 gewählt werden, damit an beiden Ausflußstellen gleiche Mengen ausfließen?**

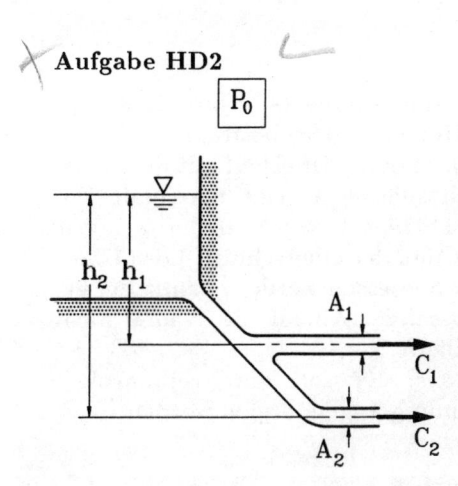

Abb. HD2: verzweigtes Ausflußrohr

Hinweis: Es soll eine reibungsfreie Strömung vorausgesetzt werden.

Lösung:
gegeben: h_1, h_2, ρ
gesucht: a) C_1, C_2 b) A_1/A_2

a) Zur Berechnung der Ausflußgeschwindigkeit C_1 wird ein Stromfaden von der Wasseroberfläche zur Austrittsöffnung gelegt. Entlang des Stromfadens wird die Bernoulligleichung für inkompressible, stationäre Strömungen angewendet. Sie lautet:

$$\frac{\rho}{2} \cdot C_0^2 + p_0 + \rho \cdot g \cdot h_1 = \frac{\rho}{2} \cdot C_1^2 + p_1 \quad . \tag{1}$$

Der Druck p_1 in der Austrittsöffnung mit der Querschnittsfläche A_1 ist gleich dem Atmosphärendruck p_0. Die Drücke p_0 und p_1 heben sich also auf beiden Seiten auf. Weiterhin ist die Absinkgeschwindigkeit des Wasserspiegels klein, so daß in Gleichung (1) die Geschwindigkeit C_0 vernachlässigt werden kann. Berücksichtigt man dies in der Gleichung (1), so erhält man nach einer einfachen Umformung:

$$\underline{C_1 = \sqrt{2 \cdot g \cdot h_1}} \quad . \tag{2}$$

Mit einer analogen Rechnung ergibt sich die Austrittsgeschwindigkeit C_2 zu:

$$\underline{C_2 = \sqrt{2 \cdot g \cdot h_2}} \quad . \tag{3}$$

b) Damit aus beiden Ausflüssen der gleiche Volumenstrom Q austritt, muß gelten:

$$Q = C_1 \cdot A_1 = C_2 \cdot A_2 \Longrightarrow \frac{A_1}{A_2} = \frac{C_2}{C_1} \quad . \tag{4}$$

Die Geschwindigkeiten C_1 und C_2 gemäß der Gleichungen (2) und (3) in Gleichung (4) eingesetzt, ergibt das gesuchte Ergebnis:

$$\frac{A_1}{A_2} = \sqrt{\frac{h_2}{h_1}} \quad .$$

Aufgabe HD3

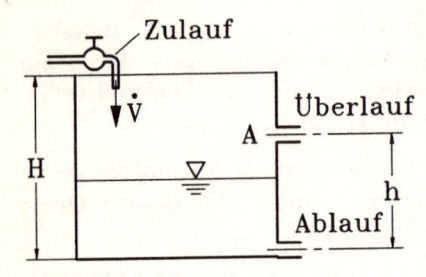

Abb. HD3: Badewanne mit Überlauf

Eine Badewanne (s. Abb. HD3) mit der Höhe $H = 0.6m$ besitzt in der Höhe $h = 0.5m$ einen Überlauf mit der Querschnittsfläche A. Der maximale Zulauf beträgt $\dot{V} = 0.5 \cdot 10^{-4} m^3/s$. Wie groß muß der Querschnitt A des Überlaufs bemessen werden, damit bei geschlossenem Ablauf die Wanne nicht überläuft?

Hinweis: Es soll eine reibungslose Strömung angenommen werden.

Lösung:
gegeben: $H = 0.6m$, $h = 0.5m$, $\dot{V} = 0.5 \cdot 10^{-4} m^3/s$
gesucht: A

Zur Dimensionierung der Überlauföffnung wird angenommen, daß die Badewanne bis zum oberen Rand gefüllt ist, und daß der Volumenstrom $\dot{V}$ zufließt. Damit die Badewanne nicht überläuft, muß der zufließende Volumenstrom $\dot{V}$ durch die Überlauföffnung abfließen können. Deshalb muß folgende Ansatzgleichung aufgestellt werden:

$$\dot{V} = C_1 \cdot A \Longrightarrow A = \frac{\dot{V}}{C_A} \quad . \tag{1}$$

Zur Berechnung der Fläche muß noch die Ausflußgeschwindigkeit C_A berechnet werden. Dazu wird die Bernoulligleichung für inkompressible Srömungen entlang eines Stromfadens von der Wasseroberfläche bis zur Überlauföffnung angewendet. Diese lautet:

$$\frac{\rho}{2} \cdot C_1^2 + p_1 + \rho \cdot g \cdot H = \frac{\rho}{2} \cdot C_A^2 + p_A + \rho \cdot g \cdot h \quad . \tag{2}$$

Da der zufließende Volumenstrom gleich dem abfließenden Volumenstrom ist, sinkt der Wasserspiegel nicht ab, so daß gilt: $C_1 = 0$. Weiterhin wirkt auf den Wasserspiegel und auf den Austritt der Überlauföffnung der Umgebungsdruck p_0, so daß in Gleichung (2) $p_1 = p_A = p_0$ ist. Berücksichtigt man dies in der Gleichung (2), so vereinfacht sie sich zu:

$$\rho \cdot g \cdot H = \frac{\rho}{2} \cdot C_A^2 + \rho \cdot g \cdot h \quad ,$$

2.2 Hydro- und Aerodynamik, Stromfadentheorie

oder umgeformt:

$$C_A = \sqrt{2 \cdot g \cdot (H-h)} \quad . \tag{3}$$

Gleichung (3) in Gleichung (1) eingesetzt, ergibt das gesuchte Ergebnis zu:

$$A = \frac{\dot{V}}{\sqrt{2 \cdot g \cdot (H-h)}} \quad . \tag{4}$$

Als Zahlenwert erhält man: $\underline{A = 3.57 \cdot 10^{-5} m^2 = 0.357 cm^2}$.

Aufgabe HD4

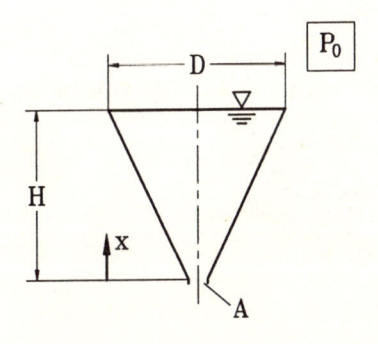

Abb. HD4: mit Wasser gefüllter Trichter

Wie lange sinkt der Wasserspiegel des in Abb. HD4 gzeigten Trichters von der Höhe $x = H$ bis zur Höhe $x = H/2$? Der Trichter besitzt die Höhe $H = 1m$ und am oberen Rand einen Durchmesser D von $D = 0.8m$. Die Ausflußöffnung hat die Querschnittsfläche $A = 3cm^2$.

Hinweis: Die Ausflußströmung soll als reibungsfrei und als quasistationär angenommen werden (d.h. die zeitliche Ableitung der Geschwindigkeit in der Bernoulligleichung für instationäre Strömungen kann vernachlässigt werden).

Lösung:
gegeben: $H = 1m$, $D = 0.8m$, $A = 3cm^2$
gesucht: T

Zur Lösung der Aufgabe wird die Lage des Wasserspiegels an einer beliebigen Stelle x zum Zeitpunkt t betrachtet. An dieser Stelle x besitzt der Trichter den Durchmesser d. Der Wasserspiegel sinkt mit der Geschwindigkeit $\bar{C}$. Es gilt die nachfolgende Kontinuitätsgleichung:

$$\frac{\pi \cdot d^2}{4} \cdot \bar{C} = A \cdot C_A \quad . \tag{1}$$

(C_A-Ausflußgeschwindigkeit durch die Ausflußöffnung)

Die Größe des Durchmessers d in Abhängigkeit von x und die Absinkgeschwindigkeit $\bar{C}$ des Wasserspiegels können wie folgt ausgedrückt werden:

$$d = \frac{D}{H} \cdot x \qquad \bar{C} = -\frac{dx}{dt} \quad . \tag{2}$$

(Mit zunehmender Zeit nimmt x ab, deshalb steht in der zweiten Gleichung vor der Absinkgeschwindigkeit ein Minuszeichen.)

Die Ausflußgeschwindigkeit C_A in Abhängigkeit von x kann mittels der Bernoulligleichung für inkompressible Strömungen ermittelt werden. Dazu wird sie entlang eines Stromfadens von der Wasseroberfläche (Stelle x) bis zur Ausflußöffnung angewendet. Sie lautet also:

$$\frac{\rho}{2} \cdot \bar{C}^2 + p_x + \rho \cdot g \cdot x = \frac{\rho}{2} \cdot C_A^2 + p_A \quad . \tag{3}$$

Die Drücke p_x und p_A an der Stelle x bzw. in der Ausflußöffnung entsprechen dem Umgebungsdruck p_0. Sie heben sich also in Gleichung (3) auf beiden Seiten auf. Die Absinkgeschwindigkeit $\bar{C}$ ist klein, so daß der Ausdruck $\bar{C}^2$ vernachlässigt werden kann. Wird dies in der Gleichung (3) berücksichtigt, so ergibt sich für C_A nach einer einfachen Umformung:

$$C_A = \sqrt{2 \cdot g \cdot x} \quad . \tag{4}$$

Setzt man in Gleichung (1) für d, $\bar{C}$ und C_A die entsprechenden Ausdrücke der Gleichungen (2) und (4) ein, so erhält man:

$$\frac{\pi}{4} \cdot \left(\frac{D}{H}\right)^2 \cdot x^2 \cdot \left(-\frac{dx}{dt}\right) = A \cdot \sqrt{2 \cdot g \cdot x} \quad ,$$

oder umgeformt:

$$-x^{3/2} \, dx = \sqrt{2 \cdot g} \cdot \frac{4 \cdot A}{\pi} \cdot \left(\frac{H}{D}\right)^2 \, dt \quad . \tag{5}$$

Mittels der nachfolgenden Integration erhält man:

$$-\int_H^{H/2} x^{3/2} \, dx = \sqrt{2 \cdot g} \cdot \frac{4 \cdot A}{\pi} \cdot \left(\frac{H}{D}\right)^2 \int_0^T dt \quad .$$

(Auf der linken Seite ist die untere Integralgrenze H, da zum Zeitpunkt $t = 0$ der Wasserspiegel an der Stelle $x = H$ steht; T ist die gesuchte Zeit.)

Die Lösung der Integrale dieser Gleichung und eine anschließende Auflösung nach T, liefert das Ergebnis:

$$T = \frac{4 \cdot \sqrt{2} - 1}{80} \cdot \frac{\pi \cdot D^2}{A} \cdot \sqrt{\frac{H}{g}} \quad .$$

Als Zahlenwert erhält man: $\underline{T = 124.6 sec}$.

2.2 Hydro- und Aerodynamik, Stromfadentheorie

Aufgabe HD5

Ein großer Behälter ist bis zur Höhe H mit Wasser gefüllt (vgl. Abb. HD5a). An den Behälter ist ein langes Rohr der Länge l angeschlossen. Zum Zeitpunkt $t = 0$ ist das Rohr an der Stelle 2 (vgl. Abb. HD5a) verschlossen. Für $t > 0$ wird das Rohr an der Stelle 2 schlagartig geöffnet, so daß das Wasser ausfließen kann. Nachfolgend soll folgendes berechnet werden:

a) die stationäre Ausflußgeschwindigkeit C_{2e} an der Stelle 2, also $C_2(t)$ für $t \to \infty$.

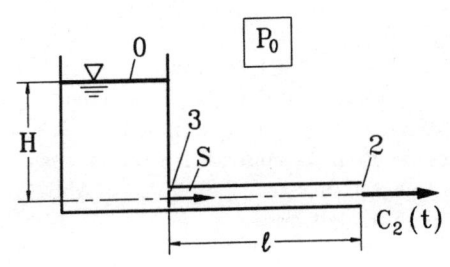

Abb. HD5a: instationärer Ausfluß

b) die Ausflußgeschwindigkeit $C_2(t)$ für $t > 0$.

Hinweis: Es soll eine reibungslose Strömung vorausgesetzt werden.

Lösung:
gegeben: l, H
gesucht: a) C_{2e}, b) $C_2(t)$

a) Zur Berechnung der stationären Ausflußgeschwindigkeit wird ein Stromfaden von der Wasseroberfläche (Stelle 0) bis zur Stelle 2 gelegt. Entlang des Stromfadens wird die Bernoulligleichung für stationäre und inkompressible Strömungen angewendet. Sie lautet:

$$\frac{\rho}{2} \cdot C_0^2 + p_0 + \rho \cdot g \cdot H = \frac{\rho}{2} \cdot C_{2e}^2 + p_2 \quad . \tag{1}$$

Der Druck p_2 in Gleichung (1) ist gleich dem Druck p_0 auf der Wasseroberfläche. Weiterhin ist die Absinkgeschwindigkeit des Wasserspiegels klein, so daß der Ausdruck C_0^2 in der Gleichung (1) vernachlässigt werden kann. Mit $p_2 = p_0$ und $C_0^2 \approx 0$ ergibt sich mittels einer einfachen Auflösung der Gleichung (1) die Geschwindigkeit C_{2e} zu:

$$\underline{C_{2e} = \sqrt{2 \cdot g \cdot H}} \quad . \tag{2}$$

b) Zur Berechnung der Austrittsgeschwindigkeit $C_2(t)$ wird die Bernoulligleichung für inkompressible und instationäre Strömungen entlang eines Stromfadens von der Wasseroberfläche (Stelle 0) bis zur Stelle 2 angewendet. Sie lautet:

$$\frac{\rho}{2} \cdot C_0^2 + p_0 + \rho \cdot g \cdot H = \frac{\rho}{2} \cdot C_2^2(t) + p_2 + \rho \cdot \int_0^L \frac{\partial C(s,t)}{\partial t} ds \quad . \tag{3}$$

Die obere Integralgrenze L entspricht der Länge des definierten Stromfadens. Es gelten, wie in Aufgabenteil a), wieder die Identität $p_2 = p_0$ und die Vereinfachung

$C_0^2 \approx 0$, so daß sich die Gleichung (3) zur folgenden Gleichung vereinfacht:

$$g \cdot H = \frac{C_2^2(t)}{2} + \int_0^L \frac{\partial C(s,t)}{\partial t} ds \quad . \tag{4}$$

Bevor Gleichung (4) weiter behandelt wird, soll das in ihr vorhandene Integral vereinfacht werden. Da die Strömungsgeschwindigkeiten in dem Behälter nahezu Null sind, ist auch die Größe $\partial C(s,t)/\partial t$ entlang des Stromfadens im Behälter sehr klein. Der Integrand ist also nur entlang des im Rohr verlaufenden Stromfadens wesentlich von Null verschieden, so daß die Integration von der Stelle 3 (s. Abb. HD5a) bis zur Stelle 2 durchgeführt werden muß. Es gilt also:

$$\int_0^L \frac{\partial C(s,t)}{\partial t} ds = \int_0^l \frac{\partial C(s,t)}{\partial t} ds \quad . \tag{5}$$

In der Gleichung (5) steht, daß C abhängig von s und t ist. Da das Rohr überall den gleichen Durchmesser besitzt, gilt gemäß der Kontinuitätsgleichung: $C \neq f(s)$. Die partielle Ableitung $\partial C/\partial t$ wird deshalb in der nachfolgenden Gleichung (6) durch die gewöhnliche Ableitung dC/dt ersetzt. Da diese auch keine Funktion von s ist, ergibt sich für das Integral in Gleichung (5) die folgende Rechnung:

$$\int_0^l \frac{\partial C(s,t)}{\partial t} ds = \int_0^l \frac{dC(t)}{dt} ds = \frac{dC(t)}{dt} \int_0^l ds = \frac{dC(t)}{dt} \cdot l \quad . \tag{6}$$

Gleichung (6) in Gleichung (4) eingesetzt, ergibt die folgende Differentialgleichung für $C_2(t)$:

$$g \cdot H = \frac{C_2^2(t)}{2} + \frac{dC_2}{dt} \cdot l \quad . \tag{7}$$

(da $C \neq f(s)$ ist, kann an C der Index "2" geschrieben werden)

Durch eine Umformung der Gleichung (7) erhält man:

$$dt = \frac{l}{g \cdot H - \frac{C_2^2(t)}{2}} \cdot dC_2 \quad . \tag{8}$$

Gleichung (8) kann mit der stationären Endgeschwindigkeit C_{2e} erweitert werden:

$$dt = \frac{\frac{l}{C_{2e}}}{\frac{g \cdot H}{C_{2e}^2} - \frac{1}{2} \cdot \left(\frac{C_2}{C_{2e}}\right)^2} \cdot d\left(\frac{C_2}{C_{2e}}\right) \quad . \tag{9}$$

Unter Ausnutzung der Gleichung (3) aus dem Aufgabenteil a) erhält man:

$$dt = \frac{2 \cdot l}{C_{2e}} \cdot \frac{1}{1 - \left(\frac{C_2}{C_{2e}}\right)^2} \cdot d\left(\frac{C_2}{C_{2e}}\right) \tag{10}$$

Durch die folgende Integration auf beiden Seiten der Gleichung ergibt sich mit der sich anschließenden einfachen Rechnung das gesuchte Ergebnis:

$$\int_0^t dt = \frac{2 \cdot l}{C_{2e}} \cdot \int_0^{C_2/C_{2e}} \frac{1}{1 - \left(\frac{C_2}{C_{2e}}\right)^2} \cdot d\left(\frac{C_2}{C_{2e}}\right)$$

2.2 Hydro- und Aerodynamik, Stromfadentheorie

$$\Rightarrow t = \frac{2 \cdot l}{C_{2e}} \cdot artanh\left(\frac{C_2}{C_{2e}}\right)$$

$$\Rightarrow \frac{C_2}{C_{2e}} = tanh\left(\frac{t}{\tau}\right)$$

$$\tau = \frac{2 \cdot l}{C_{2e}} \quad .$$

τ ist eine Zeitgröße. Die Auswertung der Ergebnisformel ist in Abb. HD5b dargestellt.

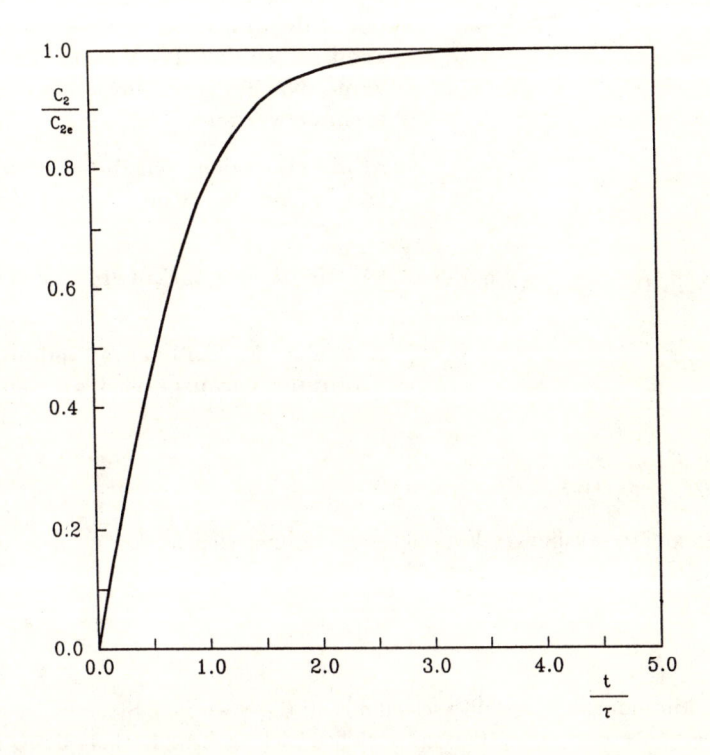

Abb. HD5b: Ausflußgeschwindigkeit in Abhängigkeit von der Zeit

Aufgabe HD6

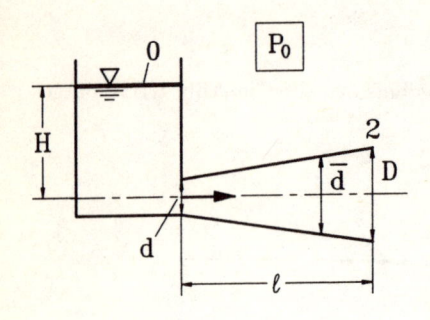

Ein großer Behälter ist bis zur Höhe H mit Wasser gefüllt (vgl. Abb. HD6). An den Behälter ist ein langer Diffusor der Länge l angeschlossen. Der Durchmesser des Diffusoreintritts- bzw. Austrittsquerschnittes sei d bzw. D (s. Abb. HD6). Zum Zeitpunkt $t = 0$ ist der Diffusor an der Austrittsstelle 2 (vgl. Abb. HD6) verschlossen. Für $t > 0$ wird der Diffusor an der Stelle 2 schlagartig geöffnet, so daß das Wasser ausfließen kann. Nachfolgend soll folgendes berechnet werden:

a) die stationäre Ausflußgeschwindigkeit C_{2e} an der Stelle 2, also $C_2(t)$ für $t \to \infty$.

Abb. HD6: instationärer Ausfluß

b) die Ausflußgeschwindigkeit $C_2(t)$ für $t > 0$.

Hinweis: Es soll eine reibungslose Strömung vorausgesetzt werden.

Lösung:
gegeben: H, d, D, l
gesucht: C_{2e}, $C_2(t)$

a) die stationäre Ausflußgeschwindigkeit berechnet sich analog zu der Aufgabe HD5:

$$C_{2e} = \sqrt{2 \cdot g \cdot H} \quad . \tag{1}$$

b) Zur Bestimmung der Ausflußgeschwindigkeit $C_2(t)$ wird ein Stromfaden von der Wasseroberfläche bis zur Austrittsquerschnittsfläche gelegt. Entlang des Stromfadens wird die Bernoulligleichung für instationäre und inkompressible Strömungen angewendet. Sie lautet:

$$\frac{\rho}{2} \cdot C_0^2 + p_0 + \rho \cdot g \cdot H = \frac{\rho}{2} \cdot C_2^2(t) + p_2 + \rho \cdot \int_0^L \frac{\partial C(s,t)}{\partial t} \cdot ds \quad . \tag{2}$$

L ist wieder, wie in Aufgabe HD5, die Länge des Stromfadens. Der Druck p_2 ist gleich dem Druck p_0, und die Absinkgeschwindigkeit der Wasseroberfläche ist klein, so daß der Ausdruck C_0^2 in Gleichung (2) vernachlässigt werden kann. Die Strömungsgeschwindigkeiten sind im Behälter nahezu Null. Das in Gleichung (2) vorhandene Integral kann deshalb, vgl. Aufgabe HD5, mit den Integralgrenzen 0 und l berechnet werden. Mit diesen Vereinfachungen und der Identität $p_2 = p_0$

2.2 Hydro- und Aerodynamik, Stromfadentheorie

ergibt sich die folgende Gleichung:

$$g \cdot H = \frac{C_2^2(t)}{2} + \int_0^l \frac{\partial C(s,t)}{\partial t} ds \quad . \tag{3}$$

Bevor die Gleichung (3) weiter behandelt wird, soll zunächst das in ihr vorhandene Integral gelöst werden. Die partielle Ableitung $\partial C(s,t)/\partial t$ ist eine Funktion von s und t. Um sie angeben zu können, wird zuerst die Kontinuitätsgleichung zwischen einem beliebigen Querschnitt $\bar{d}$ des Diffusors und der Ausflußöffnung angewendet. Sie lautet:

$$\frac{\pi \cdot \bar{d}^2(s)}{4} \cdot C(s,t) = \frac{\pi \cdot D^2}{4} \cdot C_2(t) \Longrightarrow C(s,t) = C_2(t) \cdot \left(\frac{D}{\bar{d}(s)}\right)^2 \quad . \tag{4}$$

Der Durchmesser $\bar{d}$ kann in Abhängigkeit von s, wie folgt, angegeben werden:

$$\bar{d} = \frac{D-d}{l} \cdot s + d \quad . \tag{5}$$

Gleichung (5) in Gleichung (4) eingesetzt, ergibt:

$$C(s,t) = C_2(t) \cdot \left(\frac{D}{\frac{D-d}{l} \cdot s + d}\right)^2 \quad . \tag{6}$$

Gleichung (6) nach t partiell differenziert, ergibt die über s zu integrierende Größe $C(s,t)$ zu:

$$\frac{\partial C(s,t)}{\partial t} = \frac{D^2}{\left(\frac{D-d}{l} \cdot s + d\right)^2} \cdot \frac{\partial C_2(t)}{\partial t} = \frac{D^2}{\left(\frac{D-d}{l} \cdot s + d\right)^2} \cdot \frac{dC_2(t)}{dt} \quad . \tag{7}$$

In das Integral der Gleichung (3) die rechte Seite der Gleichung (7) als Integrand eingesetzt, führt auf die folgende Rechnung:

$$\int_0^l \frac{\partial C(s,t)}{\partial t} ds = \int_0^l \frac{D^2}{\left(\frac{D-d}{l} \cdot s + d\right)^2} \cdot \frac{dC_2(t)}{dt} \cdot ds =$$

$$= \frac{dC_2(t)}{dt} \int_0^l \frac{D^2}{\left(\frac{D-d}{l} \cdot s + d\right)^2} \cdot ds = \frac{dC_2(t)}{dt} \cdot \frac{D}{d} \cdot l \quad . \tag{8}$$

Das berechnete Integral in Gleichung (3) eingesetzt, ergibt die folgende Differentialgleichung für $C_2(t)$:

$$\frac{C_2^2}{2} + \frac{dC_2}{dt} \cdot \frac{D}{d} \cdot l = g \cdot H \quad . \tag{9}$$

Die Lösung der Differentialgleichung erfolgt in analoger Weise zu Aufgabe HD5. Das Ergebnis lautet:

$$\frac{C_2(t)}{C_{2e}} = tanh(\frac{d}{D} \cdot \frac{t}{\tau}) \quad , \quad \tau = \frac{2 \cdot l}{C_{2e}} \quad .$$

2.2.3 Kompressible Strömungen

Aufgabe AD1

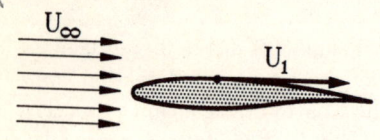

Abb. AD1: Tragflügelumströmung

Auf einem Tragflügel beträgt die größte Strömungsübergeschwindigkeit U_1 das 1.7-fache der Zuströmgeschwindigkeit U_∞ (s. Abb. AD1). Wie groß ist an der Stelle der größten Übergeschwindigkeit U_1 die örtliche Machzahl M_1, wenn die Anströmmachzahl $M_\infty = 0.5$ ist ? Es soll angenommen werden, daß die Strömung reibungslos sei.

Lösung:
gegeben: M_∞, U_∞, $U_1 = 1.7 \cdot U_\infty$, $\kappa = 1.4$
gesucht: M_1

Zur Lösung der Aufgabe wird die Bernoulligleichung für kompressible und stationäre Strömungen entlang eines Stromfadens von der Zuströmung bis zur Stelle 1 angewendet. Sie lautet:

$$\frac{U_\infty^2}{2} + \frac{a_\infty^2}{\kappa - 1} = \frac{U_1^2}{2} + \frac{a_1^2}{\kappa - 1} \quad . \tag{1}$$

Gleichung (1) auf beiden Seiten durch U_1^2 dividiert, ergibt:

$$\frac{1}{2} \cdot \left(\frac{U_\infty}{U_1}\right)^2 + \frac{1}{\kappa - 1} \cdot \left(\frac{a_\infty}{U_1}\right)^2 = \frac{1}{2} + \frac{1}{\kappa - 1} \cdot \left(\frac{a_1}{U_1}\right)^2 \quad , \tag{2}$$

oder nach $\frac{U_1}{a_1} = M_1$ umgeformt:

$$M_1 = \frac{U_1}{a_1} = \frac{1}{\sqrt{\frac{\kappa-1}{2} \cdot \left[\left(\frac{U_\infty}{U_1}\right)^2 - 1\right] + \left(\frac{a_\infty}{U_1}\right)^2}} \quad . \tag{3}$$

Setzt man die Gleichungen

$$M_\infty = \frac{U_\infty}{a_\infty} \quad , \quad U_1 = 1.7 \cdot U_\infty$$

in die Gleichung (3) ein, so erhält man die folgende Berechnungsformel zur Bestimmung der gesuchten Machzahl M_1:

$$M_1 = \frac{1}{\sqrt{\frac{\kappa-1}{2} \cdot \left[\left(\frac{1}{1.7}\right)^2 - 1\right] + \left(\frac{1}{1.7}\right)^2 \cdot \frac{1}{M_\infty^2}}} = 0.893 \quad .$$

Aufgabe AD2

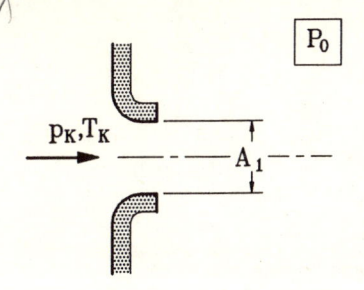

Abb. AD2a: Gasströmung durch Kesselöffnung

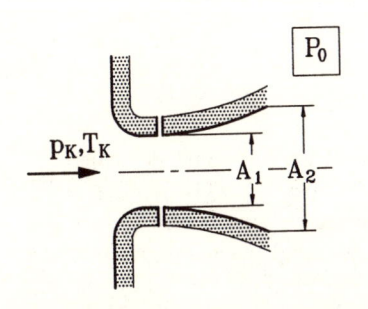

Abb. AD6b: Gasströmung durch Lavaldüse

Ein großer Druckluftkessel (Kesseldruck p_k, Kesseltemperatur T_k) besitzt eine Ablaßöffnung mit der Austrittsquerschnittsfläche A_1 (s. Abb. AD2a). Es soll der sekündlich in die Atmosphäre (der Atmosphärendruck ist p_0) ausfließende Massenstrom $\dot{m}$ berechnet werden. Dazu soll angenommen werden, daß

a) die Strömung reibungslos und inkompressibel sei,
b) die Strömung isentrop und kompressibel sei.

Vor die Ablaßöffnung mit der Querschnittsfläche A_1 wird ein Erweiterungsstück mit der Austrittsquerschnittsfläche A_2 gesetzt (s. Abb. AD2b). Wie groß ist mit dem Erweiterungsstück der sekündlich ausfließende Massenstrom, wenn wieder angenommen werden soll, daß

c) die Strömung reibungslos und inkompressibel sei.
d) die Strömung isentrop und kompressibel sei.

Folgende Zahlenwerte sind für die Rechnung gegeben:
$p_k = 3.7 bar$, $p_0 = 1 bar$, $T_k = 300 K$, $A_1 = 17 cm^2$, $A_2 = 20 cm^2$, **spezifische Gaskonstante** $R = 287 m^2/(s^2 \cdot K)$, **Isentropenexponent** $\kappa = 1.4$.

Lösung:
gegeben: p_k, p_0, T_k, A_1, A_2, R, κ
gesucht: für a) - d) $\dot{m}$

a) Für die nachfolgenden Rechnungen wird die Dichte im Kessel benötigt. Sie läßt sich mittels der allgemeinen Gasgleichung berechnen:

$$p_k = \rho_k \cdot R \cdot T_k \quad \Longrightarrow \quad \rho_k = \frac{p_k}{R \cdot T_k}$$

Als Zahlenwert ergibt sich für die Luftdichte im Kessel: $\rho_k = 4.297 kg/m^3$.

Der Massenstrom $\dot{m}$ berechnet sich mit der Kontinuitätsgleichung:

$$\dot{m} = \rho_k \cdot C_A \cdot A_1 \qquad (1)$$

In Gleichung (1) ist die Austrittsgeschwindigkeit C_A noch unbekannt. Sie wird nachfolgend mit der Bernoulligleichung für inkompressible Strömungen ermittelt.

Dazu wird die Gleichung entlang eines Stromfadens vom Inneren des Kessels bis zum Austrittsquerschnitt angewendet:

$$\frac{\rho_k}{2} \cdot C_k^2 + p_k = \frac{\rho_k}{2} \cdot C_A^2 + p_A \qquad (2)$$

Die Strömungsgeschwindigkeit C_k im Kessel ist sehr klein, so daß $C_k^2 \approx 0$ ist. Der Druck p_A entspricht dem Atmosphärendruck p_0. Für die Austrittsgeschwindigkeit C_A erhält man unter Berücksichtigung der genannten Vereinfachung und der Bedingung $p_A = p_0$:

$$p_k = \frac{\rho_k}{2} \cdot C_A^2 + p_0 \implies C_A = \sqrt{\frac{2 \cdot (p_k - p_0)}{\rho_k}} \qquad (3)$$

C_A gemäß Gleichung (3) in Gleichung (1) eingesetzt, ergibt für $\dot{m}$:

$$\dot{m} = \sqrt{2 \cdot \rho_k \cdot (p_k - p_0)} \cdot A_1. \qquad (4)$$

Als Zahlenwert erhält man: $\dot{m} = 2.59 kg/s$.

b) Zur Lösung dieser Aufgabe muß zunächst geprüft werden, ob in der Austrittsquerschnittsfläche die Schallgeschwindigkeit erreicht wird. Das zwischen Kessel und Auslaßöffnung anliegende Druckverhältnis p_0/p_k beträgt $p_0/p_k = 0.27$ und ist kleiner als das kritische Druckverhältnis $p^*/p_k = 0.528$ (vgl. dazu Lehrbuch Zierep S.73/74), d.h. im engsten Querschnitt mit der Fläche A_1 wird die Schallgeschwindigkeit erreicht. Der Massenstrom $\dot{m}$, der durch die Auslaßquerschnittsöffnung mit der Fläche A_1 strömt, bestimmt sich mit der Kontinuitätsgleichung zu:

$$\dot{m} = \rho^* \cdot C^* \cdot A_1 \qquad (5)$$

Größen, die mit dem Zeichen "*" gekennzeichnet sind, bedeuten die sogenannten kritischen Werte im engsten Querschnitt. Die Gleichung (5) wird wie folgt erweitert:

$$\dot{m} = \rho^* \cdot C^* \cdot A_1 = \frac{\rho^*}{\rho_k} \cdot \frac{C^*}{a_k} \cdot A_1 \cdot \rho_k \cdot a_k \qquad (6)$$

a_k steht für die Schallgeschwindigkeit im Kessel und berechnet sich mit der nachfolgenden Formel zu:

$$a_k = \sqrt{\kappa \cdot R \cdot T_k} = 347.2 \frac{m}{s} \quad .$$

Das in Gleichung (6) stehende Verhältnis ρ^*/ρ_k ist bekannt (s. Lehrbuch Zierep, S.74) und beträgt $\rho^*/\rho_k = 0.634$. Der Wert des Verhältnisses C^*/a_k muß noch ermittelt werden. Er läßt sich mittels der nachfolgenden einfachen Rechnung bestimmen:

$$\frac{C^*}{a_k} = \sqrt{\frac{\kappa \cdot R \cdot T^*}{\kappa \cdot R \cdot T_k}} = \sqrt{\frac{T^*}{T_k}} \quad .$$

Das Verhältnis T^*/T_k ist im Lehrbuch von Zierep (S. 74) angegeben und beträgt $T^*/T_k = 0.833$, so daß sich für das Verhältnis C^*/a_k der Wert $C^*/a_k = 0.913$ ergibt.

Setzt man die ermittelten Größen in die Gleichung (5) ein, so erhält man für den Massenstrom den Zahlenwert: $\dot{m} = 1.47 kg/s$.

c) Die Austrittsgeschwindigkeit C_A bleibt unverändert (s. dazu Aufgabenteil a)).In Gleichung (1) für die Fläche A_1 die Querschnittsfläche A_2 eingesetzt, ergibt die Berechnungsformel für den Massenstrom $\dot{m}$:

$$\dot{m} = \rho_k \cdot C_A \cdot A_2 \qquad (7)$$

Die Geschwindigkeit C_A berechnet sich mit Gleichung (3) zu $C_A = 354.5 m/s$, so daß sich mit Gleichung (7) der Massenstrom zu $\dot{m} = 3.05 kg/s$ berechnet. Durch die Vergrößerung der Austrittsquerschnittsfläche kann also bei einer inkompressiblen Strömung der Massenstrom erhöht werden.

d) Bei einer kompressiblen Strömung wird der Massenstrom durch den engsten Querschnitt des Ausflußrohrs (bzw. Ausflußdüse) begrenzt, wenn sich im engsten Querschnitt die kritischen Größen einstellen. Die Größe des Massenstroms bleibt also durch das Erweiterungsstück unverändert. Der Massenstrom beträgt also: $\dot{m} = 1.47 kg/s$.

Aufgabe AD3

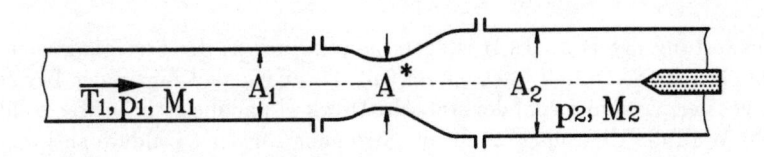

Abb. AD3: Überschallversuchsanlage

Für den Betrieb einer Überschallmeßstrecke wird eine Luftströmung unter dem Druck p_1 mit der Temperatur T_1 und der Machzahl M_1 durch ein Rohr mit der Querschnittsfläche A_1 geleitet und einer Lavaldüse zugeführt (s. Abb. AD3). Sie entspannt die Strömung auf den Druck p_2 der Meßstrecke. Folgende Zahlenwerte sind gegeben:

$$p_1 = 6.5 bar, T_1 = 440 K, M_1 = 0.5, A_1 = 160 cm^2$$
$$p_2 = 1.0 bar, R = 287 \frac{m^2}{s^2 \cdot K}, \kappa = 1.4$$

(R- spezifische Gaskonstante, κ- Isentropenexponent)

Für die Versuchsanlage sollen die nachfolgend aufgelisteten Größen ermittelt werden:

a) Welche Machzahl M_2 wird in der Meßstrecke erreicht ?
b) Wie groß müssen die Flächen A^* und A_2 gewählt werden ?
c) Wie groß ist der Massenstrom durch die Versuchsanlage ?

Hinweis: Die Strömung durch die Anlage soll isentrop verlaufen.

Lösung:
gegeben: p_1, T_1, M_1, A_1, p_2, R, κ
gesucht: a) M_2, b) A^*; A_2, c) $\dot{m}$

a) Der Zusammenhang zwischen dem Druckverhältnis p_2/p_0 (p_0 ist der Gesamtdruck der Strömung) und der örtlichen Machzahl M_2 ist mit der nachfolgenden Formel für isentrope Strömungen gegeben (s. dazu Lehrbuch Zierep S.73):

$$\frac{p_2}{p_0} = \frac{1}{\left(1 + \frac{\kappa-1}{2} \cdot M_2^2\right)^{\frac{\kappa}{\kappa-1}}} \quad . \tag{1}$$

Gleichung (1) nach M_2 umgeformt, ergibt:

$$M_2 = \sqrt{\frac{2}{\kappa-1} \cdot \left[\left(\frac{p_0}{p_2}\right)^{\frac{\kappa-1}{\kappa}} - 1\right]} \quad . \tag{2}$$

Zur Auswertung der Formel (2) ist der Gesamtdruck p_0 der Strömung noch unbekannt. Da die Strömung isentrop verläuft, ist er vor und hinter der Lavaldüse gleich. Vor der Lavaldüse sind der statische Druck p_1 und die örtliche Machzahl M_1 bekannt. Wird die Gleichung (1) für die Strömung vor der Lavaldüse angewendet, so dient sie als Bestimmungsgleichung für den Gesamtdruck p_0:

$$\frac{p_1}{p_0} = \frac{1}{\left(1 + \frac{\kappa-1}{2} \cdot M_1^2\right)^{\frac{\kappa}{\kappa-1}}} \implies p_0 = p_1 \cdot \left(1 + \frac{\kappa-1}{2} \cdot M_1^2\right)^{\frac{\kappa}{\kappa-1}} .$$

$$p_0 = 7.71 bar \quad .$$

Setzt man die Zahlenwerte für p_2 und p_0 in die Gleichung (2) ein, so erhält man für die Machzahl M_2 den Zahlenwert: $\underline{M_2 = 2.0}$.

b) Für die Anwendung der Stromfadentheorie auf die Lavaldüsenströmung gilt zwischen dem Flächenquerschnittsverhältnis A/A^* und der örtlichen Machzahl die folgende Gleichung (vgl. dazu Lehrbuch Zierep. S. 70):

$$\frac{A}{A^*} = \frac{1}{M} \cdot \left[1 + \frac{\kappa-1}{\kappa+1} \cdot (M^2-1)\right]^{\frac{\kappa+1}{2 \cdot (\kappa-1)}} \quad . \tag{3}$$

(A^* ist die kleinste Querschnittsfläche der Lavaldüse, A ist eine beliebige Querschnittsfläche im Unter- oder Überschallbereich der Düse und M ist die Machzahl, die im Querschnitt mit der Fläche A vorherrscht.)

2.2 Hydro- und Aerodynamik, Stromfadentheorie

Für die Unterschallströmung vor der Lavaldüse sind die örtliche Machzahl M_1 und die Querschnittsfläche A_1 bekannt. Mit der Gleichung (3) kann also unmittelbar die Querschnittsfläche A^* berechnet werden. A^* berechnet sich zu:

$$A^* = \frac{A_1 \cdot M_1}{\left[1 + \frac{\kappa-1}{\kappa+1} \cdot (M_1^2 - 1)\right]^{\frac{\kappa+1}{2 \cdot (\kappa-1)}}} = 119.4 cm^2 \quad.$$

Da nun die Fläche des engsten Querschnitts der Düse und die Machzahl der Strömung in der Meßstrecke bekannt sind, kann wieder unmittelbar mit der Gleichung (3) die Fläche A_2 berechnet werden. Sie berechnet sich zu:

$$A_2 = \frac{A^*}{M_2} \cdot \left[1 + \frac{\kappa-1}{\kappa+1} \cdot (M_2^2 - 1)\right]^{\frac{\kappa+1}{2 \cdot (\kappa-1)}} = 201.5 cm^2 \quad.$$

c) Zur Berechnung des Massenstroms $\dot{m}$ durch die Lavaldüse wird die Kontinuitätsgleichung für den engsten Querschnitt der Düse angewendet:

$$\dot{m} = \rho^* \cdot C^* \cdot A^* \quad. \tag{4}$$

Sie wird wie folgt erweitert:

$$\dot{m} = \frac{\rho^*}{\rho_0} \cdot \frac{C^*}{a_0} \cdot A^* \cdot \rho_0 \cdot a_0 \quad. \tag{5}$$

(ρ_0- entsprechende Dichte für die Gesamtzustandsgrößen p_0, T_0; a_0- entsprechende Schallgeschwindigkeit für die Gesamtgrößen p_0, T_0)

In Gleichung (5) ist das Verhältnis ρ^*/ρ_0 bekannt. Es ist im Lehrbuch von Zierep auf Seite 74 mit dem Zahlenwert $\rho^*/\rho_0 = 0.634$ angegeben. Das Verhältnis C^*/a_0 bestimmt sich wie folgt:

$$\frac{C^*}{a_0} = \sqrt{\frac{\kappa \cdot R \cdot T^*}{\kappa \cdot R \cdot T_0}} = \sqrt{\frac{T^*}{T_0}} \tag{6}$$

T^*/T_0 ist im Lehrbuch von Zierep mit dem Zahlenwert $T^*/T_0 = 0.833$ angegeben. Das Verhältnis C^*/a_0 beträgt dann nach Formel (6) $C^*/a_0 = 0.913$.

Weiterhin müssen noch die Größen ρ_0 und a_0 ermittelt werden. Dazu ist es zunächst erforderlich, die Gesamttemperatur T_0 zu ermitteln. Sie berechnet sich mit der folgenden Gleichung zu (vgl. Lehrbuch Zierep S.73):

$$\frac{T_1}{T_0} = \frac{1}{1 + \frac{\kappa-1}{2} \cdot M_1^2} \implies T_0 = T_1 \cdot \left(1 + \frac{\kappa-1}{2} \cdot M_1^2\right) = 462K \quad.$$

Die Schallgeschwindigkeit a_0 berechnet sich mit $a_0 = \sqrt{\kappa \cdot R \cdot T_0}$ zu $a_0 = 430.85 m/s$ und die Dichte ρ_0 mit der allgemeinen Gasgleichung $\rho_0 = p_0/(R \cdot T_0)$ zu $\rho_0 = 5.82 kg/m^3$, so daß sich mit der Gleichung (5) und den bereits bekannten und ermittelten Zahlenwerten für den Massenstrom $\dot{m}$ der Wert $\dot{m} = 17.33 kg/s$ ergibt.

Aufgabe AD4

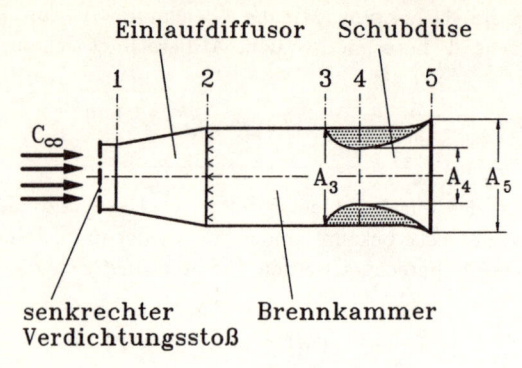

Abb. AD4: Staustrahltriebwerk

Ein Flugzeug fliegt in 10 km Höhe mit der Machzahl $M_\infty = 2$. Es wird durch ein Staustrahltriebwerk angetrieben (s. Abb. AD4). An der Vorderkante des Triebwerks tritt ein senkrechter Verdichtungsstoß auf, über den sich die Strömungsgeschwindigkeit sprunghaft vermindert und die thermischen Zustandsgrößen sich sprunghaft erhöhen. Der Luftstrom wird dann im Einlaufdiffusor geringfügig verzögert, wird in der Brennkammer isobar um $\Delta T = 1600 K$ erhitzt und tritt in der Schubdüse in die Atmosphäre aus. Der Druck p und die Strömungsgeschwindigkeit C sind in den Querschnitten 1, 2 und 3 jeweils gleich.

Folgende Größen sind bekannt: Der Druck p_∞ und die Temperatur T_∞ der Atmosphäre in 10 km Höhe, die Fläche A_3 des Querschnitts 3, die spezifische Gaskonstante R und der Isentropenexponent κ. Die entsprechenden Zahlenwerte betragen:
$p_\infty = 0.232 bar$, $T_\infty = 203 K$, $A_3 = 0.1 m^2$, $R = 287 m^2/(s^2 \cdot K)$, $\kappa = 1.4$.

Zur Auslegung des vorgestellten Triebwerks sollen folgende Größen ermittelt werden:

a) die Fluggeschwindigkeit C_∞ des Flugzeuges in 10 km Höhe.
b) der Gesamtdruck p_0 und die Gesamttemperatur T_0 vor dem senkrechten Verdichtungsstoß.
c) die Strömungsgeschwindigkeit C_1, die Temperatur T_1 und der statische Druck p_1 der Strömung unmittelbar hinter dem Stoß.
d) die Gesamttemperatur T_0' und der Gesamtdruck p_0' der Strömung unmittelbar hinter dem Stoß.
e) die Gesamttemperatur $T_{0,3}$ und der Gesamtdruck $p_{0,3}$ im Querschnitt 3 unmittelbar vor der Lavaldüse.
f) die Größe der Querschnittsflächen A_4 und A_5, so daß die Strömung stoßfrei durch die Lavaldüse strömt.

2.2 Hydro- und Aerodynamik, Stromfadentheorie

Lösung:
gegeben: M_∞, p_∞, T_∞, A_3, R, κ
gesucht: a) C_∞; b) p_0, T_0; c) C_1, T_1, p_1; d) T_0', p_0'; e) $T_{0,3}, p_{0,3}$ f) A_4, A_5

a) Da die Temperatur T_∞ bekannt ist, kann die Schallgeschwindigkeit a_∞ in der Atmosphäre in 10 km Höhe unmittelbar mit der Formel $a_\infty = \sqrt{\kappa \cdot R \cdot T_\infty}$ zu $a_\infty = 285.6 m/s$ berechnet werden. Das Flugzeug fliegt mit der zweifachen Schallgeschwindigkeit, so daß sich für die Fluggeschwindigkeit C_∞ der Wert $\underline{C_\infty = 571.2 m/s}$ ergibt.

b) Die Gesamtgrößen p_0 und T_0 berechnen sich mit den bereits in diesem Buch eingeführten Formeln zu:

$$\frac{p_\infty}{p_0} = \frac{1}{\left(1 + \frac{\kappa-1}{2} \cdot M_\infty^2\right)^{\frac{\kappa}{\kappa-1}}} \qquad \frac{p_\infty}{p_0} = 0.1278 \Longrightarrow \underline{p_0 = 1.82 bar} \tag{1}$$

$$\frac{T_\infty}{T_0} = \frac{1}{1 + \frac{\kappa-1}{2} \cdot M_\infty^2} \qquad \frac{T_\infty}{T_0} = 0.5556 \Longrightarrow \underline{T_0 = 365.4 K} \tag{2}$$

c) Der Strömungszustand vor dem Verdichtungsstoß ist vollständig bekannt. Mit den nachfolgenden Gleichungen (vgl. dazu Lehrbuch Oertel/Böhle) können die Machzahl M' und die Verhältnisse p'/p, T'/T, ρ'/ρ, p'_{gesamt}/p_{gesamt} berechnet werden. Die Größen, die mit einem Strich gekennzeichnet sind, bezeichnen die Größen unmittelbar hinter dem Stoß; Größen ohne Strich kennzeichnen die Größen unmittelbar vor dem Stoß. Der Index "gesamt" bezeichnet die Gesamtgrößen (Gesamtdruck, Gesamttemperatur). Sie lauten allgemein:

$$M'^2 = \frac{M^2 + \frac{2}{\kappa-1}}{\frac{2\cdot\kappa}{\kappa-1} \cdot M^2 - 1} \tag{3}$$

$$\frac{p'}{p} = \frac{2\cdot\kappa}{\kappa+1} \cdot M^2 - \frac{\kappa-1}{\kappa+1} \tag{4}$$

$$\frac{T'}{T} = \frac{\left(1 + \frac{\kappa-1}{2} \cdot M^2\right)\left(\frac{2\cdot\kappa}{\kappa-1} \cdot M^2 - 1\right)}{\frac{(\kappa+1)^2}{2\cdot(\kappa-1)} \cdot M^2} \tag{5}$$

$$\frac{\rho'}{\rho} = \frac{p'}{p} \cdot \frac{T}{T'} \tag{6}$$

$$\frac{p'_{gesamt}}{p_{gesamt}} = \frac{\left[\frac{\frac{\kappa+1}{2} \cdot M^2}{1 + \frac{\kappa-1}{2} \cdot M^2}\right]^{\frac{\kappa}{\kappa-1}}}{\left[\frac{2\cdot\kappa}{\kappa+1} \cdot M^2 - \frac{\kappa-1}{\kappa+1}\right]^{\frac{1}{\kappa-1}}} \tag{7}$$

$$T_{gesamt} = T'_{gesamt} \tag{8}$$

Mit Anwendung der Formel (3) kann M_1 hinter dem Stoß unmittelbar berechnet werden ($M = M_\infty, M' = M_1$). Sie berechnet sich mit der genannten Formel zu: $M_1 = 0.58$. Weiterhin berechnet sich mit der Formel (5) das Verhältnis

T_1/T_∞ zu $T_1/T_\infty = 1.6875$, so daß sich die Temperatur hinter dem Stoß der Wert $T_1 = 342.56K$ ergibt.

Die örtliche Schallgeschwindigkeit a_1 hinter dem Stoß bestimmt sich mit der bekannten Temperatur zu:

$$a_1 = \sqrt{\kappa \cdot R \cdot T_1} = 371\frac{m}{s} ,$$

so daß man mit der Formel $C_1 = M_1 \cdot a_1$ für die Geschwindigkeit C_1 den Wert $C_1 = 215.2m/s$ erhält.

Das Verhältnis der statischen Drücke p_1/p_∞ berechnet sich mit der Formel (4) zu $p_1/p_\infty = 4.5$. Für den Druck p_1 erhält man also den Zahlenwert: $p_1 = 1.044 bar$.

d) Die Gesamttemperatur T_0 vor dem Stoß ist gleich der Gesamttemperatur T_0' hinter dem Stoß. Die Gesamttemperatur T_0' beträgt also $T_0' = 365.4K$ (s. dazu Aufgabenteil b)).

Das Verhältnis der Gesamtdrücke p_0'/p_0 kann entweder mit der Formel (7) oder mit der bereits in dieser Aufgabe angewendeten Formel (1) bestimmt werden. Hier wird die zuletzt genannte Möglichkeit gewählt:

$$\frac{p_1}{p_0'} = \frac{1}{(1 + \frac{\kappa-1}{2} \cdot M_1^2)^{\frac{\kappa}{\kappa-1}}} \implies \frac{p_1}{p_0'} = 0.7962$$

$$p_0' = 1.311 bar$$

e) In der Brennkammer wird die Gesamttemperatur der Strömung isobar um $\Delta T = 1600K$ erhöht. Unmittelbar vor der Lavaldüse beträgt die Gesamttemperatur $T_{0,3} = T_0' + \Delta T = 1965,4K$.

Da sich die Strömungsgeschwindigkeit während der Wärmezufuhr nicht ändert (s. dazu die Aufgabenstellung), erhöht sich die statische Temperatur T_3 des Gases gemäß der Bernoulligleichung:

$$C_p \cdot (T_0' + \Delta T) = \frac{C_3^2}{2} + C_p \cdot (T_1 + \Delta T)$$

ebenfalls um den Betrag ΔT. Sie beträgt also: $T_3 = 1942.65K$.

Mit den bekannten Temperaturen $T_{0,3}$ und T_3 kann die Machzahl im Querschnitt 3 mit der folgenden Rechnung ermittelt werden:

$$\frac{T_3}{T_{0,3}} = \frac{1}{1 + \frac{\kappa-1}{2} \cdot M_3^2}$$

$$\implies M_3 = \sqrt{\frac{2}{\kappa-1} \cdot \left[\frac{T_{0,3}}{T_3} - 1\right]} = 0.242$$

Die Wärmezufuhr erfolgt isobar. Der statische Druck p_3 beträgt also im Querschnitt 3 $p_3 = 1.044 bar$. Mit dem bekannten Druck p_3 und der bekannten Machzahl M_3

2.2 Hydro- und Aerodynamik, Stromfadentheorie

berechnet sich der Gesamtdruck $p_{0,3}$ der Strömung mit der folgenden Rechnung zu:

$$\frac{p_3}{p_{0,3}} = \frac{1}{\left(1 + \frac{\kappa-1}{2} \cdot M_3^2\right)^{\frac{\kappa}{\kappa-1}}}$$

$$\Longrightarrow p_{0,3} = p_3 \cdot \left(1 + \frac{\kappa-1}{2} \cdot M_3^2\right)^{\frac{\kappa}{\kappa-1}} = 1.087\,bar$$

f) Die Fläche des engsten Querschnitts der Lavaldüse berechnet sich mittels der nachfolgenden Gleichung (vgl. Lehrbuch Zierep S.70) zu:

$$\frac{A_3}{A_4} = \frac{1}{M_3} \cdot \left[1 + \frac{\kappa-1}{\kappa+1} \cdot (M_3^2 - 1)\right]^{\frac{\kappa+1}{2\cdot(\kappa-1)}}$$

$$\Longrightarrow A_4 = \frac{A_3 \cdot M_3}{\left[1 + \frac{\kappa-1}{\kappa+1} \cdot (M_3^2 - 1)\right]^{\frac{\kappa+1}{2\cdot(\kappa-1)}}} = 0.04\,m^2$$

In der Lavaldüse tritt dann kein Stoß auf, wenn im Austrittsquerschnitt A_5 die Strömung den Druck der Atmosphäre besitzt. Die Querschnittsfläche A_5 muß also so dimensioniert werden, daß sich im Querschnitt 5 der Druck p_∞ einstellt. Die sich dann dort einstellende Machzahl M_5 berechnet sich mit der folgenden Formel zu:

$$\frac{p_5}{p_{0,3}} = \frac{1}{\left(1 + \frac{\kappa-1}{2} \cdot M_5^2\right)^{\frac{\kappa}{\kappa-1}}} \quad , \quad p_5 = p_\infty$$

$$\Longrightarrow M_5 = \sqrt{\frac{2}{\kappa-1} \cdot \left[\left(\frac{p_{0,3}}{p_\infty}\right)^{\frac{\kappa-1}{\kappa}} - 1\right]} = 1.67$$

Mit der Gleichung:

$$\frac{A_5}{A_4} = \frac{1}{M_5} \cdot \left[1 + \frac{\kappa-1}{\kappa+1} \cdot (M_5^2 - 1)\right]^{\frac{\kappa+1}{2\cdot(\kappa-1)}}$$

erhält man für das Verhältnis A_5/A_4 den Wert $A_5/A_4 = 1.31$, so daß sich für die Fläche A_5 der Zahlenwert $\underline{A_5 = 0.052\,m^2}$ ergibt.

Aufgabe AD5

Verdichtungsstoß

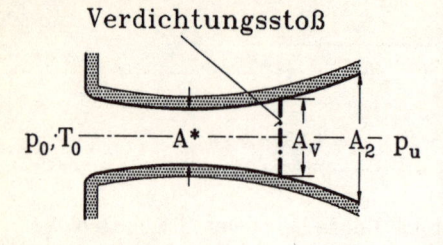

Abb. AD5: Lavaldüsenströmung

Aus einem großen Behälter, in dem der Druck p_0 und die Temperatur T_0 herrschen, strömt Luft durch eine Lavaldüse in eine Atmosphäre mit dem Druck p_u (s. Abb. AD5). Im engsten Querschnitt mit der Fläche A^* herrscht Schallgeschwindigkeit, und weiter stromabwärts befindet sich an der Stelle mit der Querschnittsfläche A_v ein senkrechter, stationärer Verdichtungsstoß.

Es sind folgende Größen gegeben:
$p_0 = 5\,bar$, $T_0 = 273.15\,K$, $A^* = 2\,cm^2$, $A_v = 3.1\,cm^2$, $A_2 = 4.0\,cm^2$, $\kappa = 1.4$, $R = 287\,m^2/(s^2 \cdot K)$.

Es sollen folgende Größen ermittelt werden:
a) die Dichte ρ_0 im Kessel.
b) die Zustandsgrößen p_v, T_v, ρ_v der Luft sowie die Strömungsgeschwindigkeit C_v unmittelbar vor dem Verdichtungsstoß.
c) der Gesamtdruck $p_{0,v}$ und die Gesamttemperatur $T_{0,v}$ unmittelbar vor dem Verdichtungsstoß.
d) die Zustandsgrößen p'_v, T'_v, ρ'_v der Luft sowie die Strömungsgeschwindigkeit C'_v unmittelbar hinter dem Verdichtungsstoß.
e) der Gesamtdruck $p'_{0,v}$ und die Gesamttemperatur $T'_{0,v}$ unmittelbar hinter dem Verdichtungsstoß.
f) der Druck p_u der Atmosphäre.

Hinweis: Die Strömung verläuft überall isentrop, außer an der Stelle, wo sich der Verdichtungsstoß befindet.

Lösung:
gegeben: p_0, T_0, A^*, A_v, A_2, κ, R
gesucht: a) ρ_0; b) p_v, T_v, ρ_v, C_v; c) $p_{0,v}$, $T_{0,v}$; d) p'_v, T'_v, ρ'_v, C'_v; e) $p'_{0,v}$, $T'_{0,v}$; f) p_u

a) Die Dichte im Kessel berechnet sich mit der Gasgleichung für ideale Gase:

$$p_0 = \rho_0 \cdot R \cdot T_0 \quad \Longrightarrow \quad \rho_0 = \frac{p_0}{R \cdot T_0} = \underline{6.378 \frac{kg}{m^3}}$$

b) Um die Größen p_v, T_v, ρ_v und C_v bestimmen zu können, wird zunächst die örtliche Machzahl M_v für den Querschnitt mit der Fläche A_v ermittelt. Sie berechnet sich mit der in diesem Buch bereits eingeführten Gleichung

$$\frac{A_v}{A^*} = \frac{1}{M_v} \cdot \left[1 + \frac{\kappa - 1}{\kappa + 1} \cdot (M_v^2 - 1)\right]^{\frac{\kappa+1}{2 \cdot (\kappa-1)}} \quad . \tag{1}$$

2.2 Hydro- und Aerodynamik, Stromfadentheorie

Die Gleichung (1) ist nicht nach M_v auflösbar, so daß die Machzahl M_v iterativ bestimmt werden muß. Weiterhin liefert die Gleichung (1) zwei Lösungen: eine Unter- und eine Überschallmachzahl. Da unmittelbar vor dem Stoß eine Überschallströmung vorliegt, muß die Überschallmachzahl mit der Iteration bestimmt werden. Als Zahlenwert erhält man: $M_v = 1.896$.

Die Größen p_v, T_v und ρ_v können nun mit den nachfolgenden Gleichungen bestimmt werden (s. Lehrbuch Zierep S. 73):

$$\frac{T_v}{T_0} = \frac{1}{1 + \frac{\kappa-1}{2} \cdot M_v^2} \implies T_v = \frac{T_0}{1 + \frac{\kappa-1}{2} \cdot M_v^2} = \underline{158.9 K}$$

$$\frac{p_v}{p_0} = \frac{1}{(1 + \frac{\kappa-1}{2} \cdot M_v^2)^{\frac{\kappa}{\kappa-1}}} \implies p_v = \frac{p_0}{(1 + \frac{\kappa-1}{2} \cdot M_v^2)^{\frac{\kappa}{\kappa-1}}} = \underline{0.75 bar}$$

$$\frac{\rho_v}{\rho_0} = \frac{1}{(1 + \frac{\kappa-1}{2} \cdot M_v^2)^{\frac{1}{\kappa-1}}} \implies \rho_v = \frac{\rho_0}{(1 + \frac{\kappa-1}{2} \cdot M_v^2)^{\frac{1}{\kappa-1}}} = \underline{1.646 \frac{kg}{m^3}}$$

Die Geschwindigkeit C_v bestimmt sich zweckmäßig mit der Formel $C_v = M_v \cdot a_v$. Die örtliche Schallgeschwindigkeit a_v berechnet sich mit $a_v = \sqrt{\kappa \cdot R \cdot T_v}$ zu $a_v = 252.68 m/s$, so daß man für die Geschwindigkeit C_v den Wert $\underline{C_v = 479.1 m/s}$ erhält.

c) Da die Strömung vom Kessel bis unmittelbar vor dem Verdichtungsstoß isentrop verläuft, ist der Gesamtdruck $p_{0,v} = p_0$ und die Gesamttemperatur $T_{0,v} = T_0$.

d) Die Größen unmittelbar hinter dem Stoß berechnen sich mit den bereits erläuterten Gleichungen (3) bis (8) der vorigen Aufgabe. Mit der Anwendung der Gleichungen erhält man für die entsprechenden Verhältnisse die folgenden Zahlenwerte:

$$M_v^{2'} = \frac{M_v^2 + \frac{2}{\kappa-1}}{\frac{2\cdot\kappa}{\kappa-1} \cdot M_v^2 - 1} = 0.3557$$

$$\frac{p_v'}{p_v} = \frac{2 \cdot \kappa}{\kappa+1} \cdot M_v^2 - \frac{\kappa-1}{\kappa+1} = 4.03$$

$$\frac{T_v'}{T_v} = \frac{\left(1 + \frac{\kappa-1}{2} \cdot M_v^2\right)\left(\frac{2\cdot\kappa}{\kappa-1} \cdot M_v^2 - 1\right)}{\frac{(\kappa+1)^2}{2\cdot(\kappa-1)} \cdot M_v^2} = 1.605$$

$$\frac{\rho_v'}{\rho_v} = \frac{p_v'}{p_v} \cdot \frac{T_v}{T_v'} = 2.51$$

$$\frac{p_{0,v}'}{p_{0,v}} = \frac{\left[\frac{\frac{\kappa+1}{2} \cdot M_v^2}{1 + \frac{\kappa-1}{2} \cdot M_v^2}\right]^{\frac{\kappa}{\kappa-1}}}{\left[\frac{2\cdot\kappa}{\kappa+1} \cdot M_v^2 - \frac{\kappa-1}{\kappa+1}\right]^{\frac{1}{\kappa-1}}} = 0.7692$$

Mit den berechneten Zahlenwerten erhält man für die einzelnen Größen die folgenden Ergebnisse:

$$M_v' = 0.596, \quad p_v' = 3.023 bar, \quad \underline{T_v' = 255 K}, \quad \rho_v' = 4.13 kg/m^3$$

Die Strömungsgeschwindigkeit C_v' berechnet sich wieder zweckmäßig mit der Formel $C_v' = M_v' \cdot a_v'$. Die örtliche Schallgeschwindigkeit unmittelbar hinter dem Stoß berechnet sich mit $a'_v = \sqrt{\kappa \cdot R \cdot T'_v} = 320.1 m/s$, so daß man für die Geschwindigkeit den Wert $C'_v = 190.8 m/s$ erhält.

e) Die Gesamttemperatur ändert sich über dem Stoß nicht. Sie beträgt also $T'_{0,v} = T_{0,v} = T_0 = 273.15 k$.

Im vorigen Aufgabenteil ist bereits das Gesamtdruckverhältnis $p'_{0,v}/p_{0,v}$ ermittelt worden. Mit diesem Zahlenwert berechnet sich der Gesamtdruck unmittelbar hinter dem Stoß zu: $p'_{0,v} = 3.846 bar$.

f) In dem Austrittsquerschnitt mit der Fläche A_2 nimmt die Strömung den Druck p_u der Atmosphäre an. Zur Bestimmung des Atmosphärendrucks p_u muß also der Druck im Austrittsquerschnitt ermittelt werden.

Da die Strömung über den Stoß nicht isentrop verläuft, ist es für die weitere Rechnung zweckmäßig, die Strömung im Querschnitt mit der Fläche A_v hinter dem Verdichtungsstoß als eine Strömung zu betrachten, die durch eine isentrope Entspannung in einer anderen Lavaldüse vom Kesselzustand ($p'_{0,v}$, $T'_{0,v}$) entstanden ist. Die "andere, nur gedachte" Lavaldüse wird in dieser Aufgabe als Ersatzdüse bezeichnet. Für sie kann mit der bereits angewendeten Formel die Fläche $A^{*'}$ des engsten Querschnitts berechnet werden:

$$\frac{A_v}{A^{*'}} = \frac{1}{M'_v} \cdot \left[1 + \frac{\kappa-1}{\kappa+1} \cdot (M_v^{2'} - 1)\right]^{\frac{\kappa+1}{2\cdot(\kappa-1)}}$$

$$\implies \frac{A_v}{A^{*'}} = 1.193 \implies A^{*'} = 2.5985 cm^2$$

Mit der bekannten Fläche $A^{*'}$ ist die linke Seite der Gleichung:

$$\frac{A_2}{A^{*'}} = \frac{1}{M_2} \cdot \left[1 + \frac{\kappa-1}{\kappa+1} \cdot (M_2^2 - 1)\right]^{\frac{\kappa+1}{2\cdot(\kappa-1)}}$$

bekannt, so daß mit ihr die Strömungsmachzahl M_2 im Querschnitt mit der Fläche A_2 iterativ bestimmt werden kann. Das Flächenverhältnis beträgt $A_2/A^{*'} = 1.539$, und für die Machzahl erhält man den Wert $M_2 = 0.416$.

Der Druck p_2 der Strömung im Austrittsquerschnitt ermittelt sich mit der Gleichung zu:

$$p_2 = p_u = \frac{p'_{0,v}}{(1 + \frac{\kappa-1}{2} \cdot M_2^2)^{\frac{\kappa}{\kappa-1}}} = 3.414 bar \quad .$$

2.3 Berechnung von technischen Strömungen

2.3.1 Impulssatz

Die in diesem Abschnitt des Buches vorgerechneten Aufgaben beziehen sich auf die Herleitung und Anwendung des Impulssatzes der Strömungsmechanik, wie er im Lehrbuch von Zierep beschrieben ist. Die Vorgehensweise zur Anwendung dieses wichtigen Satzes zur Berechnung von technischen Strömungen soll nachfolgend kurz aufgelistet werden:

1. Festlegung eines Koordinatensystems

2. Wahl eines geeigneten raumfesten Kontrollraumes

3. Eintragung aller Impulskräfte $\vec{F}_j$ auf die Berandung des Kontrollvolumens (bzgl. des Begriffes "Impulskraft" s. Lehrbuch Zierep)

4. Eintragung aller Kräfte $\vec{F}_a$ auf die Berandung des Kontrollraumes, die auf das Fluid wirken. Bekannte Kräfte werden gemäß ihres Vorzeichens in die entsprechende Richtung eingezeichnet; zu berechnende Kräfte werden in positive Achsrichtung eingetragen. Ihre endgültige Richtung wird durch die Rechnung bestimmt.

5. Aufstellung der entsprechenden Impulsgleichung gemäß:

$$\vec{F}_j + \sum \vec{F}_a = 0$$
$$\vec{F}_j = -\int_A \rho \cdot \vec{W} \cdot (\vec{W} \cdot \vec{n}) \cdot dA \quad .$$

(vgl. Lehrbuch Zierep S. 103)

6. Berechnung der unbekannten Größe bzw. Größen.

2 GRUNDLAGEN DER STRÖMUNGSMECHANIK

Aufg. I1 Ein ebener Wasserstrahl ($\rho = 1000 kg/m^3$) tritt mit einer Geschwindigkeit $W = 20 m/s$ aus einer rechteckigen Düse der Höhe $h = 25 mm$ und der Breite $b = 20 mm$ aus und wird durch ein Umlenkblech um $\alpha = 135°$ umgelenkt (s. Abb. I1a). Wie groß ist die Kraft F, mit welcher der Wasserstrahl auf das Umlenkblech wirkt?

Hinweis: Die Strömung soll als reibungsfrei angenommen werden.

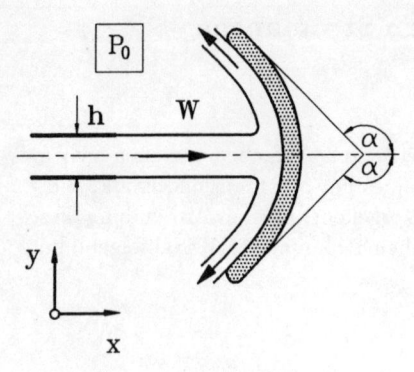

Abb. I1a: umgelenkter Wasserstrahl

Lösung:
gegeben: ρ, W, h, b, α
gesucht: F

Die Aufgabe soll gemäß der oben angegebenen Vorgehensweise gelöst werden. Das Koordinatensystem ist bereits festgelegt. Als zweiter Schritt folgt nun die Wahl des Kontrollraumes. Er ist in der Abb. Ib eingezeichnet.

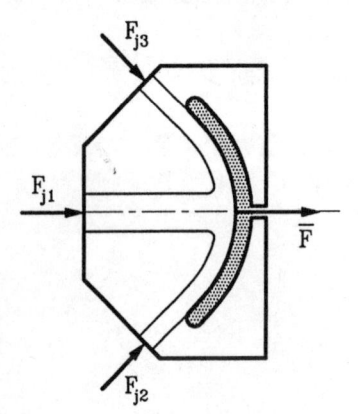

Abb. I1b: Kontrollraum

In der Abb. I1b sind auch die Impulskräfte F_j und die Kräfte, die auf das Fluid wirken, eingetragen (Schritt 3 und 4). Dazu sollen noch folgende Anmerkungen gemacht werden:

1. Die Impulskräfte zeigen immer ins Innere des Kontrollraumes (s. Lehrbuch Zierep).
2. In der Aufgabe ist die Kraft F gesucht, die von dem Fluid auf das Umlenkblech wirkt. In der Abb. I1b ist die Kraft $\bar{F}$ eingezeichnet, die von dem Blech auf das Fluid wirkt. Es gilt der Zusammenhang: $F = -\bar{F}$.

In Schritt 5 wird die entsprechende Impulsgleichung aufgestellt. Zuerst müssen die Impulskräfte formuliert werden. Die Impulskraft F_{j1} lautet:

$$F_{j1} = \rho \cdot W^2 \cdot h \cdot b \quad . \tag{1}$$

Zur Formulierung der Impulskräfte F_{j2} und F_{j3} muß zunächst die Geschwindigkeit ermittelt werden, mit der die Strömung das Kontrollvolumen verläßt. Sie wird mit der Bernoulligleichung für inkompressible Strömungen ermittelt. Wendet man sie entlang eines Stromfadens von der Eintrittsstelle zur Austrittsstelle des Wasserstrahls an, so erhält man folgende Gleichung:

$$\frac{\rho}{2} \cdot W^2 + p_0 = \frac{\rho}{2} \cdot \bar{W}^2 + p_0 \Longrightarrow \bar{W} = W \quad .$$

($\bar{W}$ - Geschwindigkeit der geteilten Wasserstrahle an den Austrittsstellen des Kontrollraumes). Gemäß der Kontinuitätsgleichung besitzen die Wasserstrahle an den Austrittsstellen die Höhe $h/2$. Die Impulskräfte F_{j2} und F_{j3} lauten daher:

$$F_{j2} = F_{j3} = \rho \cdot W^2 \cdot \frac{h}{2} \cdot b \quad . \tag{2}$$

Mit den bekannten und formulierten Impulskräften kann nun die entsprechende Bestimmungsgleichung aufgestellt werden. Sie wird nur für die x-Richtung formuliert:

$$F_{j1} + F_{j2} \cdot \cos 45^0 + F_{j3} \cdot \cos 45^0 + \bar{F} = 0 \tag{3}$$

Gleichungen (1) und (2) in Gleichung (3) eingesetzt, ergibt:

$$\rho \cdot W^2 \cdot h \cdot b + \frac{\sqrt{2}}{4} \cdot \rho \cdot W^2 \cdot h \cdot b + \frac{\sqrt{2}}{4} \cdot \rho \cdot W^2 \cdot h \cdot b + \bar{F} = 0$$

$$\Longrightarrow \bar{F} = -(1 + \frac{\sqrt{2}}{2}) \cdot \rho \cdot W^2 \cdot h \cdot b = \underline{-F = -341.42N} \quad .$$

Aufgabe I2

Ein 90^0-Krümmer mit einem lichten Querschnitt $A_1 = 0.1 m^2$ ist auf der einen Seite als Düse ausgebildet, durch die ein Wasserstrahl (Dichte des Wassers: $\rho = 1000 kg/m^3$) ins Freie gedrückt wird (Druck der Atmosphäre p_0). Der Düsenquerschnitt ist $A_2 = 0.05 m^2$. Wie groß sind bei einer Strahlgeschwindigkeit $W_2 = 8m/s$ die x- und y-Komponenten der auf den Krümmer wirkenden Kraft? Die Schwerkraft wird vernachlässigt. (Annahme: verlustlose Strömung)

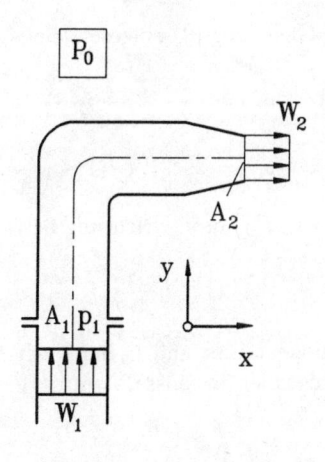

Abb. I2a: Krümmer

Lösung:
gegeben: $W_2 = 8 m/s, A_1 = 0.1 m^2, A_2 = 0.05 m^2, \rho = 1000 kg/m^3$
gesucht: F_x, F_y

Das Koordinatensystem ist bereits festgelegt (s. Abb. I2a der Aufgabenstellung). Der Kontrollraum ist in Abb. I2b dargestellt. In dieser Abb. I2b sind weiterhin die Impulskräfte F_{j1} und F_{j2} eingetragen, die nun bestimmt werden sollen. Auf die Querschnittsfläche A_2 wirkt die Impulskraft $F_{j2} = \rho \cdot W_2^2 \cdot A_2$.

Zur Bestimmung der Impulskraft F_{j1} muß zuerst die Geschwindigkeit W_1 ermittelt werden. Mit der Kontinuitätsgleichung erhält man für W_1:

$$W_1 \cdot A_1 = W_2 \cdot A_2 \qquad (1)$$

$$\Longrightarrow W_1 = W_2 \cdot \frac{A_2}{A_1} \quad .$$

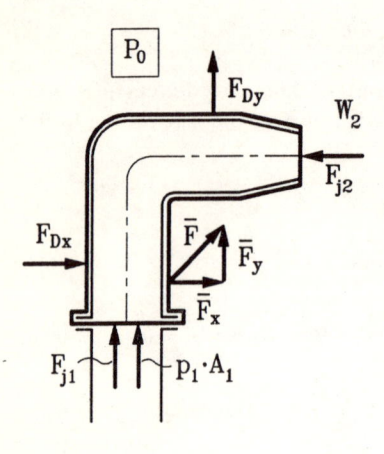

Abb. I2b: Kontrollraum

Die Impulskraft F_{j1} lautet dann:

$$F_{j1} = \rho \cdot W_2^2 \left(\frac{A_2}{A_1}\right)^2 \cdot A_1 \quad .$$

Die resultierende Druckkraft F_{Dx} auf die Berandung des Kontrollraumes ist Null. In vertikaler Richtung wirkt auf die Berandung die Druckkraft $F_{Dy} = (p_1 - p_0) \cdot A_1$, für deren Bestimmung noch der Druck p_1 ermittelt werden muß. Er kann mit der Anwendung der Bernoulligleichung entlang eines Stromfadens von der Querschnittsfläche A_1 zur Austrittsquerschnittsfläche A_2 wie folgt ermittelt werden:

$$\frac{\rho}{2} \cdot W_2^2 + p_1 = \frac{\rho}{2} \cdot W_2^2 + p_0 \qquad (2)$$

W_1 gemäß Gleichung (1) in Gleichung (2) eingesetzt, ergibt:

$$\frac{\rho}{2} \cdot W_2^2 \cdot \left(\frac{A_2}{A_1}\right)^2 + p_1 = \frac{\rho}{2} \cdot W_2^2 + p_0$$

$$\Longrightarrow p_1 = \frac{\rho}{2} \cdot W_2^2 \cdot \left(1 - \left(\frac{A_2}{A_1}\right)^2\right) + p_0 \quad . \qquad (3)$$

Die resultierende Druckkraft in F_{Dy} in y - Richtung beträgt also:

$$F_{Dy} = \frac{\rho}{2} \cdot W_2^2 \cdot \left(1 - \left(\frac{A_2}{A_1}\right)^2\right) \cdot A_1 \quad .$$

Die unbekannten Kraftkomponenten $\bar{F}_x$ und $\bar{F}_y$ der Kraft $\bar{F}(\bar{F}$ wirkt auf das Fluid) können nun mit dem nachfolgenden Impulssatz ermittelt werden:

$$-F_{j2} + \bar{F}_x = 0 \qquad (4)$$
$$F_{j1} + F_{Dy} + \bar{F}_y = 0 \qquad (5)$$

2.3 Berechnung von technischen Strömungen

Die entsprechenden Größen in Gleichung (4) und (5) eingesetzt, ergibt:

$$-\rho \cdot W_2^2 \cdot A_2 + \bar{F}_x = 0$$
$$\Longrightarrow -\bar{F}_x = \underline{F_x = -\rho \cdot W_2^2 \cdot A_2 = -3200 N}$$

und:

$$\rho \cdot W_2^2 \cdot \left(\frac{A_2}{A_1}\right)^2 \cdot A_1 + \frac{\rho}{2} \cdot W_2^2 \cdot (1 - \left(\frac{A_2}{A_1}\right)^2) \cdot A_1 + \bar{F}_y = 0$$
$$\Longrightarrow -\bar{F}_y = \underline{F_y = \frac{\rho}{2} \cdot W_2^2 \cdot (1 + \left(\frac{A_2}{A_1}\right)^2) \cdot A_1 = 4000 N} \quad .$$

Aufgabe I3

Ein mit Flüssigkeit der Dichte $\rho = 1000 kg/m^3$ gefülltes Rohr der Querschnittsfläche $A_1 = 0,1 m^2$ mündet in eine Düse der Querschnittsfläche $A_2 = 0,01 m^2$. Es wird dadurch geleert, daß ein Kolben mit der konstanten Geschwindigkeit $W_1 = 4 m/s$ durch das Rohr geschoben wird (s. Abb. I3a). Reibungseinflüsse sind zu vernachlässigen.

a) Wie groß ist die Geschwindigkeit W_2?

b) Mit welcher Kraft F muß man den Kolben verschieben?

c) Welche Kräfte F_A und F_B treten an den beiden symmetrischen Lagern auf, in denen das Rohr festgehalten wird?

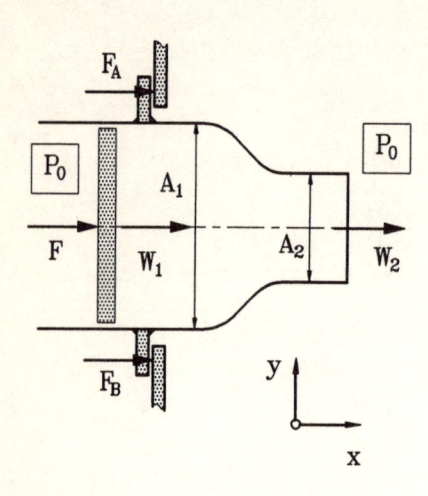

Abb. I3a: Düse

Lösung:
gegeben: $A_1 = 0.1 m^2$, $A_2 = 0.01 m^2$, $W_1 = 4 m/s$, $\rho = 1000 kg/m^3$
gesucht: a) W_2, b) F, c) F_A, F_B .

a) Mit der Kontinuitätsgleichung erhält man für die Geschwindigkeit W_2 den Wert:

$$W_1 \cdot A_1 = W_2 \cdot A_2 \Longrightarrow \underline{W_2 = W_1 \cdot \frac{A_1}{A_2} = 40 \frac{m}{s}} \quad . \tag{1}$$

b) Die Kraft F, die auf den Kolben ausgeübt werden muß, ergibt sich aus der Druckdifferenz $p_1 - p_0$, die zwischen den beiden Kolbenflächen anliegt, also:

$$F = (p_1 - p_0) \cdot A_1 \quad . \tag{2}$$

Die Druckdifferenz wird mit der Bernoulligleichung für inkompressible Strömungen ermittelt. Sie wird entlang eines Stromfadens von der Stelle 1 bis zur Austrittsquerschnittsfläche A_2 angewendet und lautet:

$$\frac{\rho}{2} \cdot W_1^2 + p_1 = \frac{\rho}{2} \cdot W_2^2 + p_0 \quad . \tag{3}$$

W_2 gemäß Gleichung (1) in Gleichung (3) eingesetzt, ergibt:

$$\frac{\rho}{2} \cdot W_1^2 + p_1 = \frac{\rho}{2} \cdot W_1^2 \cdot \left(\frac{A_1}{A_2}\right)^2 + p_0$$

$$\Longrightarrow p_1 - p_0 = \frac{\rho}{2} \cdot W_1^2 \cdot \left[\left(\frac{A_1}{A_2}\right)^2 - 1\right] \quad . \tag{4}$$

2.3 Berechnung von technischen Strömungen

Gleichung (4) in Gleichung (2) eingesetzt, ergibt das gesuchte Ergebnis zu:

$$F = \frac{\rho}{2} \cdot W_1^2 \cdot A_1 \cdot \left[\left(\frac{A_1}{A_2}\right)^2 - 1\right] = 79200 N \quad .$$

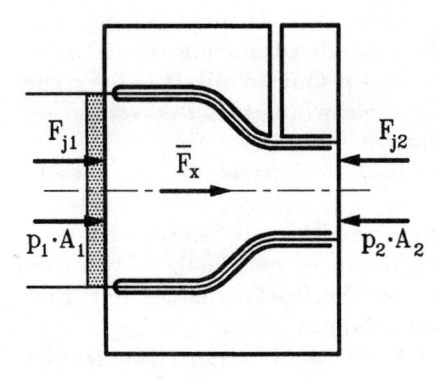

c) Zunächst wird mit dem Impulssatz die Kraft $\bar{F}_x$ in x-Richtung ermittelt, die von dem Rohr auf die Flüssigkeit ausgeübt wird. Das Koordinatensystem ist in Abb. I3a eingezeichnet. In Abb. I3b ist die Kontrollfläche zur Anwendung des Impulssatzes gezeigt, und es sind die Impuls- und Druckkräfte eingezeichnet. Die Impulskräfte F_{j1} und F_{j2} lassen sich sofort angeben:

$$F_{j1} = \rho \cdot W_1^2 \cdot A_1 \quad (5)$$
$$F_{j2} = \rho \cdot W_2^2 \cdot A_2 \quad . \quad (6)$$

Ersetzt man in Gleichung (6) W_2 gemäß der Gleichung (1), erhält man für die Impulskraft F_{j2}:

Abb. I3b: Kontrollfläche

$$F_{j2} = \rho \cdot W_1^2 \cdot \left(\frac{A_1}{A_2}\right)^2 \cdot A_2 \quad . \quad (7)$$

Die resultierende Druckkraft F_{Dx} in x-Richtung berechnet sich zu:

$$F_{Dx} = (p_1 - p_0) \cdot A_1 \quad . \quad (8)$$

Die Impulsgleichung lautet mit den formulierten Größen:

$$F_{j1} - F_{j2} + F_{Dx} + \bar{F}_x = 0 \quad . \quad (9)$$

Gleichungen (5), (7) und (8) für die entsprechenden Größen eingesetzt, ergibt:

$$\rho \cdot W_1^2 \cdot A_1 - \rho \cdot W_1^2 \cdot \left(\frac{A_1}{A_2}\right)^2 \cdot A_2 + (p_1 - p_0) \cdot A_1 + \bar{F}_x = 0$$
$$\Longrightarrow \rho \cdot W_1^2 \cdot A_1 \cdot (1 - \frac{A_1}{A_2}) + (p_1 - p_0) \cdot A_1 = -\bar{F}_x \quad . \quad (10)$$

Wird die Druckdifferenz $p_1 - p_0$ gemäß Gleichung (4) in Gleichung (10) eingesetzt, erhält man:

$$-\bar{F}_x = F_x = \frac{\rho}{2} \cdot W_1^2 \cdot A_1 \cdot \left[1 - 2 \cdot \frac{A_1}{A_2} + \left(\frac{A_1}{A_2}\right)^2\right] = 64.8 kN \quad . \quad (11)$$

F_x ist die Kraft, die von dem Fluid auf das Rohr wirkt, und diese Kraft wirkt auf die beiden Lager. Die Kräfte F_A und F_B, die auf die Lager wirken, betragen:
$F_A = F_B = F_x/2 = 32.4 kN$.

Aufgabe I4

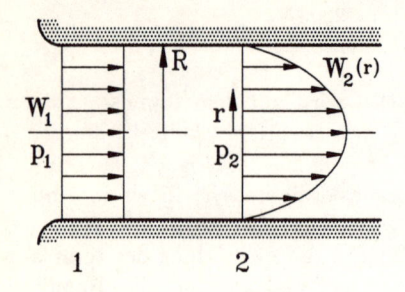

Abb. I4a: Rohreinlaufströmung

Es ist mit Hilfe des Impulssatzes der Druckverlust $(p_1 - p_2)$ im Rohreinlauf eines Kreisrohres vom Radius R zu ermitteln. Im Einlaufquerschnitt (1) sei die Geschwindigkeit über den Rohrquerschnitt konstant. Im Querschnitt (2) herrsche die Geschwindigkeit der vollausgebildeten laminaren Rohrströmung, die nach dem parabolischen Gesetz $W_2(r) = W_{2max}[1 - (r/R)^2]$ verläuft. **Die Wandreibung werde bei der Rechnung vernachlässigt.** Wie groß ist der Verlustkoeffizient der Einlaufströmung $\zeta_E = (p_1 - p_2)/(\rho/2 \cdot \bar{W}^2)$? ($\bar{W}$ = über den Querschnitt gemittelte Geschwindigkeit).

Lösung:
gegeben: ρ, R, W_1
gesucht: $\zeta_E = (p_1 - p_2)/(\rho/2 \cdot \bar{W}^2)$

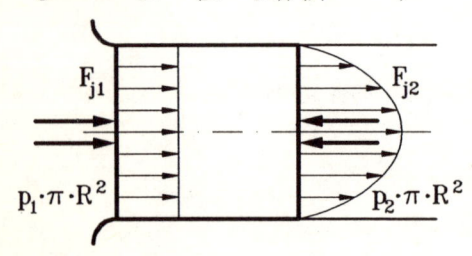

Abb. I4b: Kontrollfläche

Der Verlustkoeffizient wird mit dem Impulssatz ermittelt. Die Wahl des Kontrollraums und die Impuls- und Druckkräfte sind in Abb. I4b eingetragen: Die Impulskraft F_{j1} kann sofort angegeben werden:

$$F_{j1} = \rho \cdot W_1^2 \cdot \pi \cdot R^2 \quad . \tag{1}$$

Die Impulskraft F_{j2} muß mittels einer Integration bestimmt werden, da die Strömungsgeschwindigkeit über den Radius des Rohres an der Stelle 2 nicht konstant ist. Sie ermittelt sich mit der folgenden Integration:

$$\begin{aligned} F_{j2} &= \int_0^R \rho \cdot W_2^2(r) \cdot 2 \cdot \pi \cdot r \cdot dr \\ &= 2 \cdot \pi \cdot \rho \cdot \int_0^R W_2^2(r) \cdot r \cdot dr = \\ &= 2 \cdot \pi \cdot \rho \cdot \int_0^R W_{2max}^2 \cdot \left[1 - \left(\frac{r}{R}\right)^2\right]^2 \cdot r \cdot dr \\ &= 2 \cdot \pi \cdot \rho \cdot W_{2max}^2 \cdot \int_0^R \left[1 - \left(\frac{r}{R}\right)^2\right]^2 \cdot r \cdot dr \\ &= \frac{1}{3} \cdot \pi \cdot \rho \cdot W_{2max}^2 \cdot R^2 \quad . \end{aligned} \tag{2}$$

2.3 Berechnung von technischen Strömungen

Mit der Anwendung des Impulssatzes ergibt sich die folgende Gleichung:

$$F_{j1} - F_{j2} + (p_1 - p_2) \cdot \pi \cdot R^2 = 0 \quad . \tag{3}$$

F_{j1} und F_{j2} gemäß den Gleichungen (1) und (2) in Gleichung (3) eingesetzt, ergibt:

$$\rho \cdot W_1^2 \cdot \pi \cdot R^2 - \frac{1}{3} \cdot \pi \cdot \rho \cdot W_{2max}^2 \cdot R^2 + (p_1 - p_2) \cdot \pi \cdot R^2 = 0$$

$$\Longrightarrow p_1 - p_2 = \frac{1}{3} \cdot \rho \cdot W_{2max}^2 - \rho \cdot W_1^2 \quad . \tag{4}$$

In Gleichung (4) entspricht W_1 der über den Querschnitt gemittelten Geschwindigkeit $\bar{W}$. Die gemittelte Geschwindigkeit ist gemäß ihrer Definition (s. Lehrbuch Zierep S. 123) in jedem Querschnitt der Rohrströmung gleich. Weiterhin gilt für die laminare Rohrströmung, daß $W_{2max} = 2 \cdot \bar{W}$ ist (s. Lehrbuch Zierep S. 124). Berücksichtigt man diese Zusammenhänge in Gleichung (4), so erhält man:

$$p_1 - p_2 = \frac{1}{3} \cdot \rho \cdot 4 \cdot \bar{W}^2 - \rho \cdot \bar{W}^2 = \frac{1}{3} \cdot \rho \cdot \bar{W}^2 \quad .$$

Für den Verlustkoeffizienten ζ_E ergibt sich mit der obigen Gleichung der Wert:

$$\zeta_E = \frac{p_1 - p_2}{\frac{\rho}{2} \cdot \bar{W}^2} = \frac{2}{3} \quad .$$

Aufgabe I5

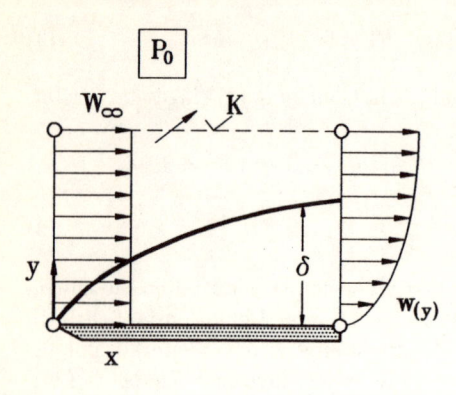

Abb. I5a: Plattengrenzschichtströmung

Mit Hilfe des Impulssatzes ist der Widerstand einer einseitig benetzten, längsangeströmten ebenen Platte in Abhängigkeit von der Grenzschichtdicke δ zu berechnen. Für die Geschwindigkeitsverteilung von der Wand bis zum Rand der Grenzschicht gelte:
$w(y) = W_\infty \cdot (y/\delta)^{1/7}$ für $0 \leq y \leq \delta$,
$w = W_\infty$ für $y > \delta$.

Hinweis: Bei der Anwendung des Impulssatzes auf die Kontrollfläche (K) ist zu beachten, daß durch die obere Begrenzung eine gewisse Menge ausströmt.

Lösung:
gegeben: $W_\infty, w(y) = W_\infty \cdot (y/\delta)^{1/7}$
gesucht: F_W

Zur Lösung der Aufgabe sind in Abb. I5a bereits ein Koordinatensystem und eine Kontrollfläche eingezeichnet. In Abb. I5b sind die auf die Berandung des Kontrollraumes wirkenden Kräfte eingezeichnet.

Auf die linke und rechte Seite wirken die Impulskräfte F_{j1} und F_{j2}. Da sich der statische Druck sowohl in vertikaler als auch in horizontaler Richtung in einer Plattengrenzschicht nicht ändert, wirkt auf den Kontrollraum keine resultierende Druckkraft. Deshalb sind in Abb. I5b die Druckkräfte nicht eingezeichnet.

Auf die obere Berandung wirkt die Impulskraft F_{j3}, da über diese Berandung ein Massenstrom austritt. Er ergibt sich aus der Differenz des über die linke Berandung eintretenden und über die rechte Berandung austretenden Massenstroms.

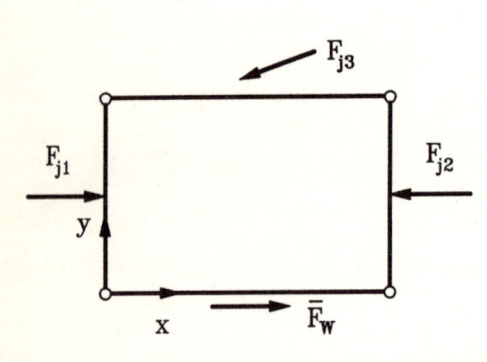

Abb. I5b: Kontrollraum

Die Kraft $\bar{F}_W$ ist die Kraft, die von der Platte auf das Fluid wirkt. Sie wird in dieser Aufgabe vom Betrag und vom Vorzeichen her als unbekannt betrachtet und soll mittels der nachfolgenden Rechnung ermittelt werden. Die Widerstandskraft F_W, die auf die Platte wirkt, ergibt sich dann mit $F_W = -\bar{F}_W$.

2.3 Berechnung von technischen Strömungen

Die Impulskraft F_{j1} kann unmittelbar angegeben werden zu:

$$F_{j1} = \rho \cdot W_\infty^2 \cdot b \cdot \delta \quad . \tag{1}$$

Die Impulskräfte F_{j2} und F_{j3} müssen mittels einer Integration bestimmt werden. Für F_{j2} ergibt sich die folgende Rechnung:

$$\begin{aligned} F_{j2} &= \int_0^\delta \rho \cdot w^2(y) \cdot b \cdot dy = \int_0^\delta \rho \cdot W_\infty^2 \cdot \left(\frac{y}{\delta}\right)^{\left(\frac{2}{7}\right)} \cdot b \cdot dy \\ &= \rho \cdot W_\infty^2 \cdot b \cdot \delta \cdot \int_0^1 \left(\frac{y}{\delta}\right)^{\left(\frac{2}{7}\right)} \cdot d\left(\frac{y}{\delta}\right) \\ F_{j2} &= \frac{7}{9} \cdot \rho \cdot W_\infty^2 \cdot \delta \cdot b \quad . \end{aligned} \tag{2}$$

Über die obere Berandung des Kontrollraums tritt der bereits erwähnte Massenstrom aus. Allerdings besitzt die Strömungsgeschwindigkeit dort eine sehr kleine vertikale Komponente, so daß die Impulskraft F_{j3} fast nur horizontal wirkt. Mit der Vereinfachung, daß die Strömungsgeschwindigkeit auf der oberen Berandung W_∞ ist, berechnet sich die Impulskraft zu:

$$\begin{aligned} F_{j3} &= \int_0^\delta \rho \cdot W_\infty \cdot (W_\infty - w(y)) \cdot b \cdot dy = \\ &= \rho \cdot W_\infty^2 \cdot b \cdot \int_0^\delta (1 - \frac{w(y)}{W_\infty}) \cdot dy = \\ &= \rho \cdot W_\infty^2 \cdot b \cdot \delta \cdot \int_0^\delta (1 - \left(\frac{y}{\delta}\right)^{\left(\frac{1}{7}\right)}) \cdot d\left(\frac{y}{\delta}\right) = \\ F_{j3} &= \frac{1}{8} \cdot \rho \cdot W_\infty^2 \cdot b \cdot \delta \quad . \end{aligned} \tag{3}$$

Mit den berechneten Impulskräften kann nun die entsprechende Gleichung aufgestellt werden:

$$F_{j1} - F_{j2} - F_{j3} + \bar{F}_W = 0 \quad . \tag{4}$$

In Gleichung (4) die Impulskräfte gemäß der Gleichungen (1) bis (3) eingesetzt und nach $-\bar{F}_W$ umgeformt, ergibt:

$$-\bar{F}_W = \frac{7}{72} \cdot \rho \cdot W_\infty^2 \cdot b \cdot \delta = F_W \quad . \tag{5}$$

Aufgabe I6

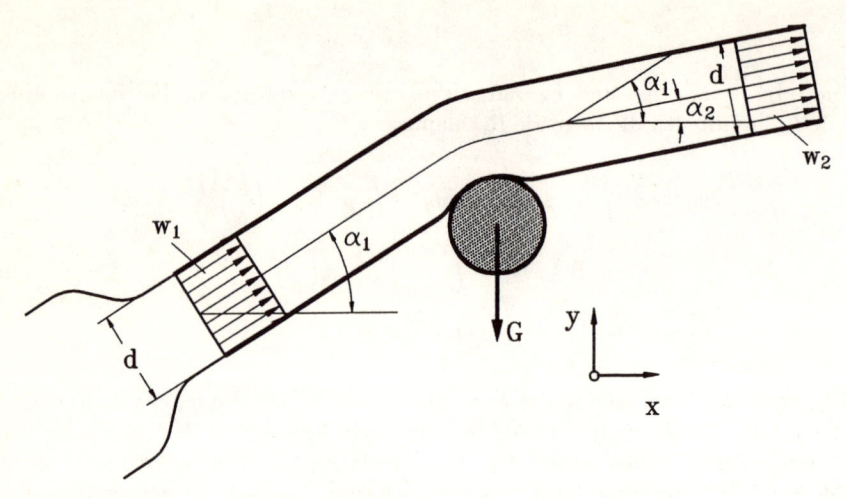

Abb. I6a: am Luftstrahl hängende Kugel

Ein Gebläse erzeugt einen Luftstrahl mit dem Massenstrom $\dot{m}$ und der Geschwindigkeit W_1. Der Luftstrahl, an dem eine Kugel mit dem Gewicht G "aufgehängt" ist (s. Abb. I6a), wird von dem Strömungswinkel α_1 auf den Strömungswinkel α_2 umgelenkt. In dieser Aufgabe soll die Beziehung

$$\alpha_2 = f(G, \dot{m}, w_1, \alpha_1) \tag{1}$$

hergeleitet werden und anschließend die Umlenkung $\Delta \alpha$ berechnet werden.

Es sind folgende Zahlenwerte gegeben:
$G = 40N$, $\dot{m} = 5kg/s$, $W_1 = 15m/s$, $\alpha_1 = 45°$.

Lösung:
gegeben: G, $\dot{m}$, W_1, α_1
gesucht: $\alpha_2 = f(G, \dot{m}, W_1, \alpha_1)$, $\Delta \alpha$

Ein Koordinatensystem ist bereits in der Aufgabenstellung festgelegt worden. Zur Lösung der Aufgabe wird der Impulssatz auf den in Abb. I6b dargestellten Kontrollraum angewendet. Auf die Berandung des Kontrollraums wirken nur die beiden Impulskräfte F_{j1}, F_{j2} und die Gewichtskraft G. Die Impulskräfte lassen sich sofort, wie folgt, formulieren:

$$F_{j1} = W_1 \cdot \dot{m} \qquad F_{j2} = W_2 \cdot \dot{m} \quad . \tag{2}$$

Mit den formulierten Impulskräften F_{j1} und F_{j2} können die entsprechenden Gleichungen in x- und y- Richtung aufgestellt werden. Sie lauten:

$$F_{j1} \cdot \cos \alpha_1 - F_{j2} \cdot \cos \alpha_2 = 0 \tag{3}$$

$$F_{j1} \cdot \sin \alpha_1 - F_{j2} \cdot \sin \alpha_2 - G = 0 \quad . \tag{4}$$

2.3 Berechnung von technischen Strömungen

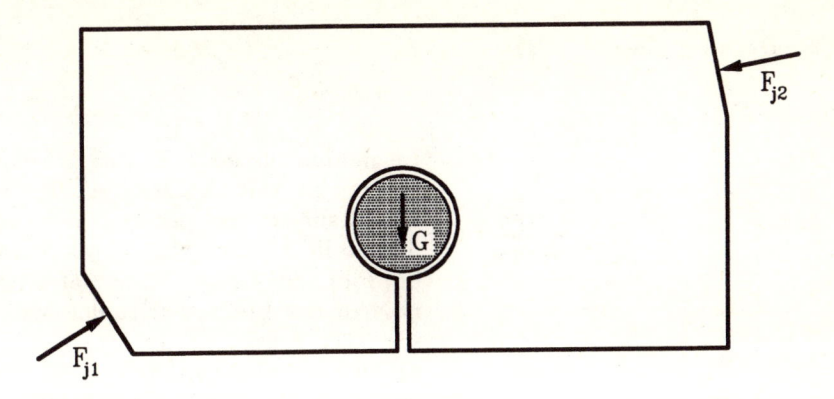

Abb. I6b: Kontrollraum

In die Gleichungen (3) und (4) die Impulskräfte F_{j1} und F_{j2} gemäß der Gleichung (2) eingesetzt, ergibt die folgenden Gleichungen:

$$W_1 \cdot \dot{m} \cdot \cos\alpha_1 - W_2 \cdot \dot{m} \cdot \cos\alpha_2 = 0 \quad \Longrightarrow \quad W_2 = W_1 \cdot \frac{\cos\alpha_1}{\cos\alpha_2} \qquad (5)$$

$$W_1 \cdot \dot{m} \cdot \sin\alpha_1 - W_2 \cdot \dot{m} \cdot \sin\alpha_2 - G = 0 \quad . \qquad (6)$$

W_2 gemäß Gleichung (5) in Gleichung (6) eingesetzt und Gleichung (6) anschließend nach α_2 umgeformt, ergibt das gesuchte Ergebnis zu:

$$\alpha_2 = \arctan\left(\tan\alpha_1 - \frac{G}{W_1 \cdot \dot{m} \cdot \cos\alpha_1}\right) \quad .$$

Als Zahlenwert erhält man für α_2 den Wert $\alpha_2 = 13.81°$. Die Umlenkung $\Delta\alpha$ beträgt also: $\underline{\Delta\alpha = \alpha_1 - \alpha_2 = 31.19°}$.

2.3.2 Drehimpulssatz

Aufgabe D1

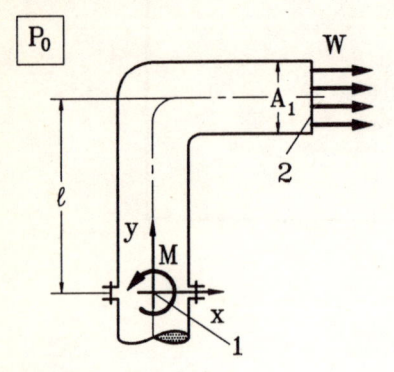

Abb. D1a: Rohrkrümmer

In nebenstehender Skizze ist ein Krümmer mit konstanter Querschnittsfläche A_1 gezeigt, der an der Stelle 1 durch eine Flanschverbindung an einem Rohr befestigt ist. An der Stelle 2 tritt das Wasser (das Wasser besitzt die Dichte ρ) mit der Geschwindigkeit W ins Freie aus. Wie groß ist das Moment M, mit dem die Flanschverbindung belastet wird?

Lösung:
gegeben: ρ, w, l, A_1
gesucht: M

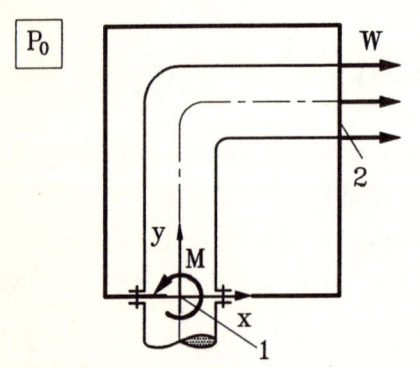

Abb. D1b: Kontrollraum

Die Lösungen der Aufgaben zur Anwendung des Drehimpulssatzes erfolgen in gleicher Weise wie die Lösungen der Aufgaben zur Anwendung des Impulssatzes. Das Koordinatensystem ist bereits in Abb. D1a dargestellt. Abb. D1b zeigt die Festlegung des Kontrollraumes, für den der Drehimpulssatz angewendet werden soll.

Im Lehrbuch von Zierep (s. S.114) wird der Begriff "Impulsmoment" eingeführt und, wie folgt, definiert:

$$\vec{M}_j = -\int_A \rho \cdot (\vec{r} \times \vec{w})(\vec{w} \cdot \vec{n}) \cdot dA \quad . \quad (1)$$

Wird das Integral für die in Abb. D1b gezeigte Kontrollfläche ausgewertet, so erhält man den Vektor $\vec{M}_j$, dessen skalarer Betrag M_j der rechten Seite der folgenden Gleichung entspricht:

$$M_j = \rho \cdot l \cdot W^2 \cdot A_1 \quad . \quad (2)$$

Zur Auswertung der Gleichung (1) soll folgendes angemerkt werden: An der Stelle 1 strömt das Fluid über die Berandung des Kontrollraumes. Der Ausdruck unter dem Integral in Gleichung (1) ist gleich dem Nullvektor für diesen Abschnitt der Kontrollfläche, da $\vec{r} \times \vec{w} = \vec{0}$ ist. Für die Stelle 2 hingegen ergibt das Kreuzprodukt einen Vektor, der in negative Achsenrichtung zeigt. Er zeigt in die Zeichenebene hinein, und deshalb wird sein Betrag mit einem Minuszeichen gekennzeichnet. Das

2.3 Berechnung von technischen Strömungen

Skalarprodukt $\vec{n} \cdot \vec{w}$ ist postiv für die Stelle 2 und beträgt $W \cdot A_1$. Unter Berücksichtigung dieser Einzelheiten erhält man für $\vec{M}_j$ den in Gleichung (2) formulierten skalaren Wert.

Ansonsten wirken auf die Kontrollfläche keine resultierenden Kräfte, die ein Moment erzeugen. Der Krümmer überträgt auf das Fluid das Moment $\bar{M}$. Die Drehrichtung von $\bar{M}$ wird zunächst positiv angenommen. Die endgültige Drehwirkung wird mittels der Rechnung ermittelt. Gemäß der Gleichung (s. Lehrbuch Zierep S. 114)

$$\vec{M}_j + \sum \vec{M}_a = 0$$

erhält man die folgende Gleichung für $\bar{M} = -M$:

$$\rho \cdot l \cdot W^2 \cdot A_1 + \bar{M} = 0$$
$$\Longrightarrow -\bar{M} = \underline{M = \rho \cdot l \cdot W^2 \cdot A_1} \ .$$

Vom Fluid wird also ein Moment auf den Krümmer ausgeübt, das in mathematisch positive Richtung wirkt.

Aufgabe D2

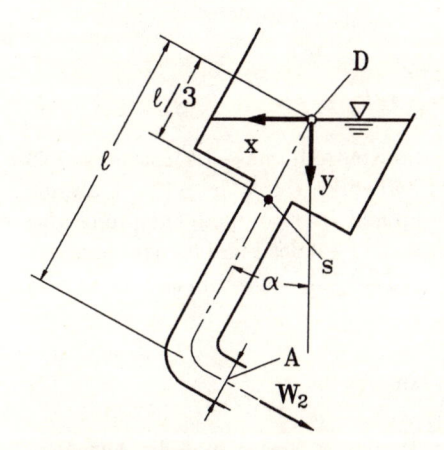

Abb. D2a: drehbar gelagerter Behälter

Ein Ausflußbehälter ist in einem Punkt D drehbar gelagert (s. Abb. D2a). An den Behälter ist ein Ausflußrohr angeschlossen, das die Flüssigkeit kurz vor der Austrittsfläche A ins Freie um $90°$ umlenkt. Der Abstand zwischen dem Drehpunkt D und der Krümmung des Rohres sei l. Der Schwerpunkt der im Behälter und im Ausflußrohr befindlichen Flüssigkeit liegt auf der Rohrachse im Abstand $l/3$ vom Drehpunkt entfernt.

Durch das Ausströmen der Flüssigkeit wird die Rohrachse gegenüber der vertikalen Richtung um den Winkel α geneigt. Wie groß ist der Auslenkungswinkel α bei gegebener Gewichtskraft G der Flüssigkeit, wenn angenommen werden kann, daß die Strömung reibungsfrei und das Gewicht des Behälters vernachlässigbar klein sei ?

Hinweis: Der Behälter ist so groß, daß die Höhe des Wasserspiegels nicht sinkt.

Lösung:
gegeben: G, l, ρ, A
gesucht: α

Ein Koordinatensystem ist bereits in Abb. D2a der Aufgabenstellung festgelegt worden. Die Berandung des Kontrollraumes ist in Abb. D2b dargestellt.

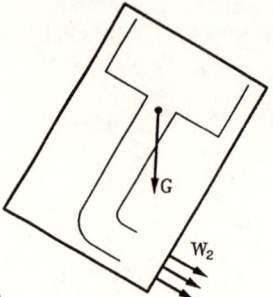

Abb. D2b: Kontrollraum

Über die Berandung tritt der Massenstrom $\rho \cdot W_2 \cdot A$ aus. Mit ihm ergibt sich das Impulsmoment M_j gemäß der Gleichung

$$\vec{M}_j = -\int_A \rho \cdot (\vec{r} \times \vec{w})(\vec{w} \cdot \vec{n}) \cdot dA \quad .$$

Für das Impulsmoment M_j erhält man:

$$M_j = -\rho \cdot l \cdot W_2 \cdot W_2 \cdot A = -\rho \cdot l \cdot W_2^2 \cdot A \quad . \tag{1}$$

Die Druckverteilung entlang der Berandung des Kontrollraums ist konstant, so daß durch sie kein zusätzliches Moment auf das Fluid wirkt. Durch die Schwerkraft, die im Schwerpunkt S angreift, wird um den Drehpunkt D (Koordinatenursprung) das Moment $M = -G \cdot l/3 \cdot \sin\alpha$ hervorgerufen. Es wirkt auf das Fluid in mathematisch negativer Drehrichtung. Gemäß der Gleichung $\vec{M}_j + \sum \vec{M}_a = 0$ ergibt sich die skalare Gleichung:

$$-\rho \cdot l \cdot W_2^2 \cdot A + G \cdot \frac{l}{3} \cdot \sin\alpha = 0 \quad . \tag{2}$$

Sie dient als Bestimmungsgleichung für den Winkel α. Vorher muß die Austrittsgeschwindigkeit W_2 ermittelt werden. Mit der Ausflußformel von Torricelli erhält man für W_2:

$$W_2 = \sqrt{2 \cdot g \cdot l \cdot \cos\alpha} \quad . \tag{3}$$

W_2 gemäß Gleichung (3) in Gleichung (2) eingesetzt, ergibt:

$$-2 \cdot \rho \cdot l^2 \cdot g \cdot \cos\alpha \cdot A + G \cdot \frac{l}{3} \cdot \sin\alpha = 0$$

$$\underline{\tan\alpha = -\frac{6 \cdot \rho \cdot l \cdot g \cdot A}{G}} \quad .$$

2.3 Berechnung von technischen Strömungen

Das Minuszeichen deutet an, daß der Behälter in mathematisch negativer Drehrichtung auslenkt.

Aufgabe D3

Durch ein Wasserrad (s. Abb. D3a) fließt der Volumenstrom $\dot{V}$, der durch zwei Wasserstrahle austritt. Die Wasserstrahle befinden sich jeweils im Abstand R von der Drehachse des Wasserrades entfernt. Auf die Lagerachse wirkt das Reibungsmoment M entgegen der Drehrichtung. Wie groß ist die Winkelgeschwindigkeit ω des Wasserrades, wenn das Reibungsmoment M, der Radius R, die Dichte ρ des Wassers und die Austrittsgeschwindigkeit W_u der Wasserstrahlen relativ zum Wasserrad und der Volumenstrom $\dot{V}$ bekannt sind?

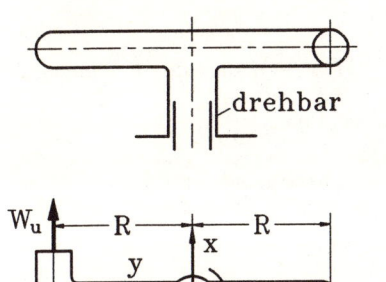

Abb. D3a: Wasserrad

Lösung:
gegeben: R, $\dot{V}$, M, ρ, W_u
gesucht: ω

Das Koordinatensystem ist bereits in Abb. D3a dargestellt. Abb. D3b zeigt die Festlegung des Kontrollraumes, für den der Drehimpulssatz angewendet werden soll. Da sich das Wasserrad dreht, tritt über die Kontrollfläche die Masse nicht mit der Geschwindigkeit W_u aus, sondern mit der Geschwindigkeit $W_u - \omega \cdot R$.

Für den skalaren Wert des Impulsmoments ergibt sich mit der Definition

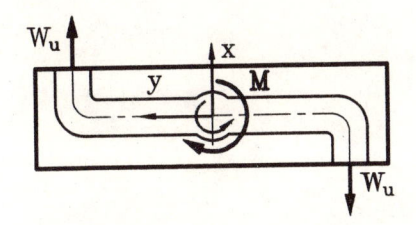

$$\vec{M}_j = -\int_A \rho \cdot (\vec{r} \times \vec{w})(\vec{w} \cdot \vec{n}) \cdot dA$$

Abb. D3b: Kontrollraum

der skalare Wert

$$M_j = 2 \cdot \rho \cdot R \cdot (W_u - \omega \cdot R) \cdot \dot{V} \quad . \quad (1)$$

Bei der Auswertung wurde berücksichtigt, daß der Vektor des Kreuzproduktes $\vec{r} \times \vec{w}$ in negative Richtung zeigt, und daß das Skalarprodukt $\vec{w} \cdot \vec{n}$ an keiner Stelle der Berandung des Kontrollraumes negativ ist. Der Impulsmomentenvektor zeigt also in positive Richtung ("wirkt" also in mathematisch positiver Drehrichtung), und sein skalarer Wert wird deshalb in Gleichung (1) mit einem positiven Vorzeichen berücksichtigt.

Auf das Fluid wirkt nur das Lagerreibungsmoment M entgegen der Drehrichtung (mathematisch negative Drehrichtung). Gemäß der Gleichung im Lehrbuch von Zierep (s. S.114)

$$\vec{M}_j + \sum \vec{M}_a = 0$$

ergibt sich also mit der Gleichung (1) und mit $\sum M_a = -M$ die skalare Gleichung:

$$2 \cdot \rho \cdot R \cdot (W_u - \omega \cdot R) \cdot \dot{V} - M = 0 \quad , \tag{2}$$

die mit der Umformung nach ω das folgende gesuchte Ergebnis ergibt:

$$\omega = \frac{W_u}{R} - \frac{M}{2 \cdot \rho \cdot R^2 \cdot \dot{V}} \quad .$$

2.3 Berechnung von technischen Strömungen

2.3.3 Rohrhydraulik

Aufgabe R1

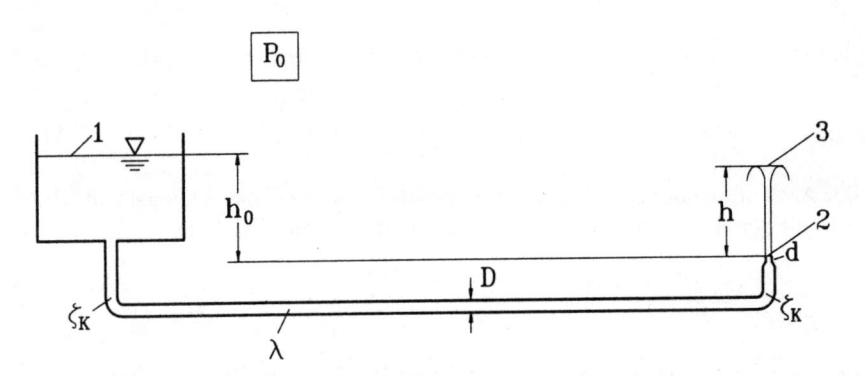

Abb. R1: Springbrunnen

Ein Springbrunnen wird durch eine Rohrleitung (Durchmesser $D = 40mm$, Länge $l = 50m$) aus einem Hochbehälter gespeist, dessen Wasserspiegel (Dichte des Wassers: $\rho = 1000 kg/m^3$) um h_0 über der Düsenmündung (Durchmesser d) steht (s. Abb. R1). Strömungsverluste treten in den beiden 90°-Krümmern (Verlustzahlen $\zeta_k = 0.3$) und durch Rohrreibung (Verlustkoeffizient $\lambda = 0.03$) auf.

Wie groß muß die Höhe h_0 sein, damit die Fontäne bei einem Düsendurchmesser $d = 15mm$ eine Höhe von $h = 7m$ erreicht?

Lösung:
gegeben: $\rho = 1000 kg/m^3$, $h = 7m$, $l = 50m$, $D = 40mm$, $d = 15mm$, $\lambda = 0.03$, $\zeta_k = 0.3$
gesucht: h_0

Zur Lösung wird die Bernoulligleichung mit Verlustglied, die sich mit der Navier-Stokes Gleichung herleiten läßt, entlang eines Stromfadens von der Stelle 1 bis zur Stelle 2 angewendet, um zunächst die Austrittsgeschwindigkeit C_2 aus der Düse zu ermitteln. Sie lautet:

$$\frac{\rho}{2} \cdot C_1^2 + p_1 + \rho \cdot g \cdot h_0 = \frac{\rho}{2} \cdot C_2^2 + p_2 + \Delta p_v \quad . \tag{1}$$

Für die Drücke p_1 und p_2 gilt: $p_1 = p_2 = p_0$, wobei p_0 der Druck der Atmosphäre ist. Die Absinkgeschwindigkeit C_1 des Wasserspiegels ist klein, so daß $C_1^2 \approx 0$ ist. Die Gleichung (1) vereinfacht sich zu:

$$\rho \cdot g \cdot h_0 = \frac{\rho}{2} \cdot C_2^2 + \Delta p_v \quad . \tag{2}$$

Die Rohrreibungsverluste $\Delta p_{v,R}$ betragen $\Delta p_{v,R} = \lambda \cdot \frac{l}{D} \cdot \frac{\rho}{2} \cdot C^2$ und die Verluste in den beiden Krümmern $p_{v,K} = 2 \cdot \zeta_k \cdot \frac{\rho}{2} \cdot C^2$ (C ist die Strömungsgeschwindigkeit im

Rohr). Für die gesamten Strömungsverluste ergibt sich also:

$$\Delta p_v = p_{v,R} + p_{v,K} = \frac{\rho}{2} \cdot C^2 \cdot \left(\lambda \cdot \frac{l}{D} + 2 \cdot \zeta_k \right) \quad . \tag{3}$$

Durch das Einsetzen von Δp_v gemäß Gleichung (3) in Gleichung (2) erhält man:

$$\rho \cdot g \cdot h_0 = \frac{\rho}{2} \cdot C_2^2 + \frac{\rho}{2} \cdot C^2 \cdot \left(\lambda \cdot \frac{l}{D} + 2 \cdot \zeta_k \right) \quad . \tag{4}$$

Mit der Anwendung der Kontinuitätsgleichung für einen beliebigen Querschnitt des Rohres und der Austrittsquerschnittsfläche erhält man die Gleichung

$$\frac{\pi \cdot D^2}{4} \cdot C = \frac{\pi \cdot d^2}{4} \cdot C_2 \Longrightarrow C = C_2 \cdot \left(\frac{d}{D} \right)^2 \quad , \tag{5}$$

die zusammen mit Gleichung (4) die nachfolgende Gleichung für C_2 ergibt:

$$g \cdot h_0 = \frac{C_2^2}{2} \cdot \left[1 + \left(\frac{d}{D} \right)^4 \cdot \left(\lambda \cdot \frac{l}{D} + 2 \cdot \zeta_k \right) \right]$$

$$\Longrightarrow C_2 = \sqrt{ \frac{2 \cdot g \cdot h_0}{1 + \left(\frac{d}{D} \right)^4 \cdot \left(\lambda \cdot \frac{l}{D} + 2 \cdot \zeta_k \right)} } \quad . \tag{6}$$

Die Strömungsgeschwindigkeit C_2 ist mit der Gleichung (6) bekannt. Um die Höhe der Fontäne zu ermitteln, wird die Bernoulligleichung für inkompressible Strömungen (diesmal ohne Verlustglied, da die Luftreibung gering ist) entlang eines Stromfadens von der Stelle 2 zur Stelle 3 angewendet. Sie lautet:

$$\frac{\rho}{2} \cdot C_2^2 + p_2 = \frac{\rho}{2} \cdot C_3^2 + p_3 + \rho \cdot g \cdot h \quad . \tag{7}$$

Mit $p_2 = p_3 = p_0$ und $C_3 = 0$ erhält man mit Gleichung (7):

$$\frac{C_2^2}{2} = g \cdot h \quad . \tag{8}$$

C_2 gemäß Gleichung (6) in Gleichung (8) eingesetzt, ergibt die Bestimmungsgleichung für den notwendigen Höhenunterschied h_0, der für die Strahlhöhe h erforderlich ist, zu:

$$\frac{g \cdot h_0}{1 + \left(\frac{d}{D} \right)^4 \cdot \left(\lambda \cdot \frac{l}{D} + 2 \cdot \zeta_k \right)} = g \cdot h$$

$$\Longrightarrow \underline{h_0 = h \cdot \left[1 + \left(\frac{d}{D} \right)^4 \cdot \left(\lambda \cdot \frac{l}{D} + 2 \cdot \zeta_k \right) \right]} \quad .$$

Als Zahlenwert ergibt sich mit der Ergebnisformel der Wert: $\underline{h_0 = 12.27 m}$.

Aufgabe R2

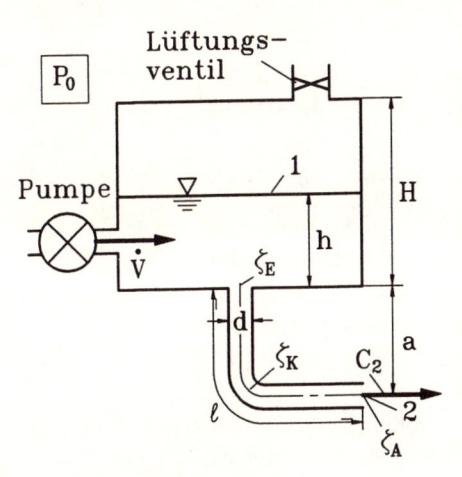

Abb. R2: Strömung aus einem Druckbehälter

In einem großen zylindrischen Behälter der Höhe H wird Wasser mit dem Volumenstrom $\dot{V}$ gepumpt (s. Abb. R2). Von hier gelangt das Wasser (Dichte des Wassers ist ρ, kinematische Viskosität ist ν) über ein gekrümmtes Ausflußrohr (Durchmesser d, Länge l, äquivalente mittlere Sandkornrauhigkeit k_s, Abstand a Ausfluß bis Behälter) ins Freie. Dabei treten folgende Verluste auf: Eintrittsverluste (ζ_E), Austrittsverluste (ζ_A), Krümmerverluste (ζ_K) und Rohrreibungsverluste.

Zahlenwerte: $\dot{V} = 3.6 \cdot 10^{-3} m^3/s$, $d = 0.0276m$, $l = 2m$, $a = 1m$, $H = 6m$, $p_0 = 1bar$, $k_s = 0.001mm$, $\zeta_E = 0.05$, $\zeta_A = 0.05$, $\zeta_K = 0.14$, $\nu = 1 \cdot 10^{-6} m^2/s$, $\rho = 1000 kg/m^3$. (p_0 ist der Atmosphärendruck)

Das eingezeichnete Lüftungsventil sei zunächst geöffnet. Für diesen Fall soll folgendes ermittelt werden:

a) Wie groß ist die Austrittsgeschwindigkeit C_2 des Wassers für den Volumenstrom $\dot{V}$?
b) Ist die Rohrwand hydraulisch glatt ?
c) Wie groß ist die Wasserspiegelhöhe h im Behälter ?

Das Lüftungsventil schließt automatisch, wenn die Wasserspiegelhöhe überschritten werden sollte. Für einen solchen Fall, bei dem Wasser mit dem Volumenstrom $\dot{V}' = 2 \cdot \dot{V}$ in den Behälter gefördert wird und die neue Wasserspiegelhöhe sich nicht verändert, soll folgendes ermittelt werden:

d) Wie groß ist jetzt die Rohrausflußgeschwindigkeit C'_2 ?
e) Wie groß ist der Luftdruck p' im Behälter in Abhängigkeit von der Wasserspiegelhöhe h' unter der Annahme, daß das Gas isotherm verdichtet wird ?
f) Wie groß ist die Wasserspiegelhöhe h' für den vorliegenden Fall $\dot{V}' = 2 \cdot \dot{V}$ unter der Annahme, daß das Rohr hydraulisch glatt ist ?
g) Ist die unter f) getroffene Annahme "hydraulisch glatt" richtig ?

Lösung:

gegeben: s. weiter oben unter Zahlenwerte
gesucht: a) C_2, b) hydraulisch glatt ?, c) h, d) C_2', e) $p' = f(h')$, f) h', g) hydraulisch glatt für $\dot{V}' = 2 \cdot \dot{V}$?

a) Da der Volumenstrom $\dot{V}$ und der Rohrdurchmesser d gegeben sind, berechnet sich die Austrittsgeschwindigkeit unmittelbar mit der Kontinuitätsgleichung zu:

$$\dot{V} = \frac{\pi \cdot d^2}{4} \cdot C_2 \quad \Longrightarrow \quad C_2 = \frac{4 \cdot \dot{V}}{\pi \cdot d^2} = 6 \frac{m}{s} \quad . \tag{1}$$

b) Im Lehrbuch von Zierep (s. S.130) ist eine Berechnungsformel zur Berechnung der Dicke Δ der laminaren Unterschicht abgeleitet. Sie lautet:

$$\frac{\Delta}{d} = \frac{12.64}{Re_d^{3/4}} \qquad Re_d = \frac{C_m \cdot d}{\nu} \quad . \tag{2}$$

C_m ist in Gleichung (2) die mittlere Strömungsgeschwindigkeit. Sie beträgt für das betrachtete Rohr $C_m = C_2$. Für die Reynoldszahl Re_d ergibt sich der Zahlenwert $Re_d = 165600$ und für das Verhältnis Δ/d der Wert $\Delta/d = 1.54 \cdot 10^{-3}$, so daß man für die Dicke Δ der laminaren Unterschicht den Wert $\Delta = 0.0425 mm$ erhält. Die mittlere Sandkornrauhigkeit k_s ist kleiner als Δ, also ist die Innenwand hydraulisch glatt.

c) Zur Berechnung der Höhe h wird die Bernoulligleichung unter Berücksichtigung der Strömungsverluste Δp_v entlang eines Stromfadens von der Stelle 1 zur Stelle 2 angewendet. Sie lautet:

$$\frac{\rho}{2} \cdot C_1^2 + p_1 + \rho \cdot g \cdot (a + h) = \frac{\rho}{2} \cdot C_2^2 + p_2 + \Delta p_v \quad . \tag{3}$$

Die Absinkgeschwindigkeit des Wasserspiegels ist klein, also ist $C_1^2 \approx 0$. Für die Drücke p_1 und p_2 gilt: $p_1 = p_2 = p_0$, so daß sich die Gleichung (3) zu der Gleichung:

$$\rho \cdot g \cdot (a + h) = \frac{\rho}{2} \cdot C_2^2 + \Delta p_v \tag{4}$$

vereinfacht. Die Strömungsverluste Δp_v berechnen sich zu:

$$\Delta p_v = \frac{\rho}{2} \cdot C_2^2 \cdot \left(\lambda \cdot \frac{l}{d} + \zeta_E + \zeta_K + \zeta_A \right) \quad . \tag{5}$$

Δp_v gemäß Gleichung (5) in Gleichung (4) eingesetzt, ergibt nach einer einfachen Umformung eine Berechnungsformel für h:

$$\rho \cdot g \cdot (a + h) = \frac{\rho}{2} \cdot C_2^2 + \frac{\rho}{2} \cdot C_2^2 \cdot \left(\lambda \cdot \frac{l}{d} + \zeta_E + \zeta_K + \zeta_A \right)$$

$$\Longrightarrow h = \frac{C_2^2}{2 \cdot g} \cdot \left(1 + \lambda \cdot \frac{l}{d} + \zeta_E + \zeta_K + \zeta_A \right) - a \quad . \tag{6}$$

Zur Auswertung der Gleichung (6) ist der Verlustkoeffizient λ noch unbekannt. Er kann entweder mit dem Nikuradse-Diagramm oder, da die Innenwand des Rohres

2.3 Berechnung von technischen Strömungen

hydraulisch glatt ist, mit der Gleichung von Prandtl (s. dazu Lehrbuch Zierep S. 126/127) ermittelt werden. Er bestimmt sich mit der Reynoldszahl $Re_d = 165600$ und der zuletzt genannten Möglichkeit zu: $\lambda = 0.0162$, so daß sich mit der Gleichung (6) für h der Zahlenwert $\underline{h = 3.429m}$ ergibt.

d) Da sich der Volumenstrom verdoppelt hat, verdoppelt sich gemäß Gleichung (1) auch die Austrittsgeschwindigkeit C_2. Sie beträgt also: $\underline{C_2' = 12m/s}$.

e) Für eine isotherme Verdichtung gilt gemäß der Gasgleichung für ideale Gase: $p \cdot V = const$. Im Behälter herrscht vor der Verdichtung der Druck p_0 der Atmosphäre und das Volumen beträgt $(\pi \cdot \bar{D}^2)/4 \cdot (H-h)$ ($\bar{D}$ ist der Durchmesser des Behälters). Nach der Verdichtung wirkt der Druck p' im Behälter, und das Luftvolumen hat sich auf den Wert $(\pi \cdot \bar{D}^2)/4 \cdot (H - h')$ verkleinert. Gemäß der Gasgleichung gilt also:

$$\frac{\pi \cdot \bar{D}^2}{4} \cdot (H-h) \cdot p_0 = \frac{\pi \cdot \bar{D}^2}{4} \cdot (H-h') \cdot p' \implies \underline{p' = p_0 \cdot \frac{H-h}{H-h'}} \quad . \quad (7)$$

f) Zur Berechnung von h' wird die Bernoulligleichung für inkompressible Strömungen unter Berücksichtigung der Strömungsverluste von der Stelle 1 zur Stelle 2 angewendet. Sie lautet:

$$\frac{\rho}{2} \cdot C_1^2 + p_1 + \rho \cdot g \cdot (a + h') = \frac{\rho}{2} \cdot C_2'^2 + p_2 + \Delta p_v \quad . \quad (8)$$

Die Absinkgeschwindigkeit des Wasserspiegels ist gering, also: $C_1^2 \approx 0$. Der Druck p_1 auf der Wasseroberfläche im Behälter beträgt $p_1 = p'$, und für den Druck p_2 gilt: $p_2 = p_0$. Damit vereinfacht sich die Gleichung (8) auf die Gleichung:

$$p' + \rho \cdot g \cdot (a + h') = \frac{\rho}{2} \cdot C_2'^2 + p_0 + \Delta p_v \quad . \quad (9)$$

p' gemäß Gleichung (7) und Δp_v gemäß $\Delta p_v = \rho/2 \cdot C_2'^2 \cdot (\lambda' \cdot l/d + \zeta_E + \zeta_K + \zeta_A)$ in Gleichung (9) eingesetzt, ergibt die folgende Gleichung zur Berechnung von h':

$$\frac{H-h}{H-h'} \cdot p_0 + \rho \cdot g \cdot (a + h') = \frac{\rho}{2} \cdot C_2'^2 + p_0 + \frac{\rho}{2} \cdot C_2'^2 \cdot \left(\lambda' \cdot \frac{l}{d} + \zeta_E + \zeta_K + \zeta_A\right) \quad (10)$$

Mit einer einfachen Rechnung läßt sich die Gleichung (10) auf die folgende Form bringen:

$$h'^2 + A \cdot h' + B = 0$$

$$A = a - H - \frac{C_2'^2}{2 \cdot g} \cdot \left(1 + \lambda' \cdot \frac{l}{d} + \zeta_E + \zeta_K + \zeta_A\right) - \frac{p_0}{\rho \cdot g} \quad (11)$$

$$B = \frac{p_0 \cdot h}{\rho \cdot g} - a \cdot H + \frac{C_2'^2}{2 \cdot g} \cdot \left(1 + \lambda' \cdot \frac{l}{d} + \zeta_E + \zeta_K + \zeta_A\right) \cdot H \quad (12)$$

Zur Auswertung der Gleichung (11) muß noch der Verlustkoeffizient λ' ermittelt werden. Da angenommen werden soll, daß die Innenwand des Rohres hydraulisch glatt ist, kann der Verlustkoeffizient mit der Formel von Prandtl berechnet werden.

Für die Reynoldszahl Re'_d erhält man den Wert $Re'_d = 331200$ und mit der im Lehrbuch von Zierep vorhandenen Berechnungsformel ergibt sich für λ' der Wert $\lambda' = 0.013$.

Die quadratische Gleichung (11) nach h' aufgelöst, ergibt die endgültige Formel zur Bestimmung von h':

$$h' = -\frac{A}{2} \pm \sqrt{\left(\frac{A}{2}\right)^2 - B} \tag{13}$$

Die Berechnung der Zahlenwerte lieferte die folgenden Werte:

$$\begin{aligned} A &= -31.21 m \\ B &= 125 m^2 \\ h'_1 &= 26.49 m \\ h'_2 &= 4.72 m \quad . \end{aligned}$$

Die physikalisch sinnvolle Lösung ist $\underline{h' = h'_2 = 4.72m}$, da h'_1 größer als H ist.

g) Mit der Formel:

$$\frac{\Delta}{d} = \frac{12.64}{Re_d^{3/4}}$$

berechnet sich die Dicke Δ der laminaren Unterschicht für den Fall $\dot{V}' = 2 \cdot \dot{V}$ zu $(Re_d = 331200)$: $\Delta = 0.0253 mm$. Δ ist größer als die mittlere Sandkornrauhigkeit k_s; d.h. die Innenwand des Rohres kann als hydraulisch glatt angesehen werden.

Aufgabe R3

In einen wassergefüllten Behälter A mit der Grundfläche A_1 sei in der skizzierten Weise ein zweiter, leerer Behälter B mit der Grundfläche A_3 eingetaucht (s. Abb. R3). Den Behälter B denke man sich in der gezeichneten Lage fixiert. Die am Boden des Behälters B befindliche Öffnung mit der Fläche A_2 ist zunächst geschlossen.

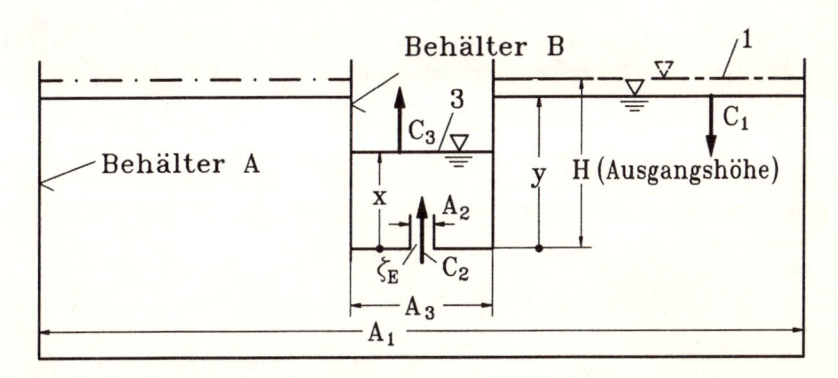

Abb. R3: Einströmen in einen Tauchbehälter

Zum Zeitpunkt $t = 0$ werde die Öffnung des Behälters B (Fläche A_2) ohne Verzögerung freigegeben. Unter Berücksichtigung des Einlaufverlustes $\Delta p_v = \zeta_E \cdot (\rho/2) \cdot C_2^2$ soll die Zeit T ermittelt werden, die bis zum Gleichstand der Wasserspiegel in den Behältern A und B verstreicht. Dabei soll beachtet werden, daß die Ausgangshöhe H des Behälters A abnimmt und daß sich die Strömung quasistationär verhält; d.h. daß das in der Bernoulligleichung vorhandene Integral ist zu vernachlässigen.

Die Zeit T soll mit den folgenden Schritten ermittelt werden:

a) Für das vorliegende Problem sollen die Bernoulligleichung und die Kontinuitätsgleichungen formuliert werden.
b) Die Absinkgeschwindigkeit C_1 des Wasserspiegels im Behälter A und die Steiggeschwindigkeit C_3 des Wasserspiegels im Behälter B sollen in Abhängigkeit von der Geschwindigkeit C_2 angegeben werden.
c) Es soll eine das Problem beschreibende Differentialgleichung formuliert werden.
d) Die Differentialgleichung soll gelöst werden.

Hinweis: Bei der Lösung der Differentialgleichung wird die Stammfunktion des folgenden Integrals benötigt:

$$\int \frac{dx}{\sqrt{a \cdot x + b}} = \frac{2 \cdot \sqrt{a \cdot x + b}}{a}$$

Lösung:
gegeben: A_1, A_2, A_3, ζ_E, H
gesucht : T

a) Gemäß der Kontinuitätsgleichung ergibt sich für die Flächen A_1, A_2, A_3 und die Geschwindigkeiten C_1, C_2, C_3 der folgende Zusammenhang:

$$C_1 \cdot (A_1 - A_3) = C_2 \cdot A_2 = C_3 \cdot A_3 \quad . \tag{1}$$

Die Bernoulligleichung für inkompressible Strömungen entlang eines Stromfadens von der Stelle 1 zur Stelle 3 angewendet, ergibt mit den in Abb. R3 eingezeichneten Koordinaten x und y zu einem Zeitpunkt t $(0 < t < T)$:

$$\frac{\rho}{2} \cdot C_1^2 + p_1 + \rho \cdot g \cdot y = \frac{\rho}{2} \cdot C_3^2 + p_3 + \rho \cdot g \cdot x + \zeta_E \cdot \frac{\rho}{2} \cdot C_2^2 \quad . \tag{2}$$

Die Drücke p_1 und p_3 sind gleich dem Umgebungsdruck. Gleichung (2) vereinfacht sich deshalb zu der Gleichung:

$$\frac{1}{2} \cdot C_1^2 + g \cdot y = \frac{1}{2} \cdot C_3^2 + g \cdot x + \zeta_E \cdot \frac{1}{2} \cdot C_2^2 \quad . \tag{3}$$

b) Aus der Gleichung (1) folgt:

$$C_1 = C_2 \cdot \frac{A_2}{A_1 - A_3} \qquad C_3 = C_2 \cdot \frac{A_2}{A_3} \quad . \tag{4}$$

Die Gleichungen (4) für C_1 bzw. C_3 in die Bernoulligleichung (3) eingesetzt, ergibt mit einer einfachen Umformung die gesuchte Gleichung für C_2:

$$\frac{1}{2} \cdot C_2^2 \cdot \left(\frac{A_2}{A_1 - A_3}\right)^2 + g \cdot y = \frac{1}{2} \cdot C_2^2 \cdot \left(\frac{A_2}{A_3}\right)^2 + g \cdot x + \frac{1}{2} \cdot C_2^2 \cdot \zeta_E$$

$$\Rightarrow C_2 = \sqrt{\frac{2 \cdot g \cdot (y - x)}{\zeta_E + \left(\frac{A_2}{A_3}\right)^2 - \left(\frac{A_2}{A_1 - A_3}\right)^2}} \quad . \tag{5}$$

C_2 gemäß der Gleichung (5) in die Gleichungen (4) eingesetzt, ergibt das gesuchte Ergebnis für C_1 und C_3:

$$C_1 = \frac{A_2}{A_1 - A_3} \cdot \sqrt{\frac{2 \cdot g \cdot (y - x)}{\zeta_E + \left(\frac{A_2}{A_3}\right)^2 - \left(\frac{A_2}{A_1 - A_3}\right)^2}} \tag{6}$$

$$C_3 = \frac{A_2}{A_3} \cdot \sqrt{\frac{2 \cdot g \cdot (y - x)}{\zeta_E + \left(\frac{A_2}{A_3}\right)^2 - \left(\frac{A_2}{A_1 - A_3}\right)^2}} \quad . \tag{7}$$

c) Die Steiggeschwindigkeit C_3 entspricht dem Differentialquotienten dx/dt. Setzt man ihn in Gleichung (7) ein, erhält man die folgende Differentialgleichung für die Funktion $x = x(t)$:

$$\frac{dx}{dt} = \frac{A_2}{A_3} \cdot \sqrt{\frac{2 \cdot g \cdot (y - x)}{\zeta_E + \left(\frac{A_2}{A_3}\right)^2 - \left(\frac{A_2}{A_1 - A_3}\right)^2}} \quad , \tag{8}$$

2.3 Berechnung von technischen Strömungen

in der noch die Funktion $y(t)$ vorhanden ist. Da das Volumen der Flüssigkeit während des Ausgleichsvorgangs konstant bleibt, gilt folgender Zusammenhang zwischen $x(t)$ und $y(t)$:

$$x \cdot A_3 + y \cdot (A_1 - A_3) = H \cdot (A_1 - A_3) \implies y = H - x \cdot \frac{A_3}{A_1 - A_3} \quad . \quad (9)$$

y gemäß der Gleichung (9) in Gleichung (8) eingesetzt, ergibt nach einer einfachen Rechnung die folgende gesuchte Differentialgleichung:

$$\frac{dx}{dt} = \frac{A_2}{A_3} \cdot \sqrt{\frac{2 \cdot g}{\zeta_E + \left(\frac{A_2}{A_3}\right)^2 - \left(\frac{A_2}{A_1 - A_3}\right)^2}} \cdot \sqrt{H - x \cdot \left(\frac{A_1}{A_1 - A_3}\right)} \quad . \quad (10)$$

d) Die Lösung der Differentialgleichung (10) erfolgt mit der Methode "Trennung der Veränderlichen". Mit einer einfachen Umformung erhält man:

$$dt = \frac{A_3}{A_2} \cdot \sqrt{\frac{\zeta_E + \left(\frac{A_2}{A_3}\right)^2 - \left(\frac{A_2}{A_1 - A_3}\right)^2}{2 \cdot g}} \cdot \frac{dx}{\sqrt{H - x \cdot \left(\frac{A_1}{A_1 - A_3}\right)}} \quad . \quad (11)$$

Die linke Seite wird von $t = 0$ bis $t = T$ und die rechte Seite von $x = 0$ bis $x = y$ integriert. Mit der Gleichung (9) ergibt sich für die obere Integrationsgrenze $x = y =: X_E$:

$$X_E = H \cdot \left(\frac{A_1 - A_3}{A_1}\right) \quad . \quad (12)$$

Mit der nachfolgenden Integration erhält man die Berechnungsformel für die Zeit T:

$$\int_0^T dt = \frac{A_3}{A_2} \cdot \sqrt{\frac{\zeta_E + \left(\frac{A_2}{A_3}\right)^2 - \left(\frac{A_2}{A_1 - A_3}\right)^2}{2 \cdot g}} \cdot \int_0^{H \cdot \left(\frac{A_1 - A_3}{A_1}\right)} \frac{dx}{\sqrt{H - x \cdot \left(\frac{A_1}{A_1 - A_3}\right)}} \quad (13)$$

Die Lösung der Integrale mit den angegebenen Integrationsgrenzen ergibt das gesuchte Ergebnis zu:

$$T = \frac{A_3}{A_2} \cdot \sqrt{\frac{\zeta_E + \left(\frac{A_2}{A_3}\right)^2 - \left(\frac{A_2}{A_1 - A_3}\right)^2}{2 \cdot g}} \cdot 2 \cdot \sqrt{H} \cdot \left(1 - \frac{A_3}{A_1}\right) \quad .$$

Aufgabe R4

Eine Pumpe fördert aus einem See die Wassermenge (Dichte des Wassers $\rho = 1000 kg/m^3$) $\dot{V} = 0.06 m^3/s$ durch ein Rohr vom Durchmesser $d = 0.1m$ und der Länge $l = 18m$ in einen um $H = 15m$ höher liegenden Hochbehälter (s. Abb. R4). Dabei treten folgende Verluste auf:

Rohrreibungsverluste ($\lambda = 0.03$), Verluste am Eintritt ($\zeta_E = 0.3$), Verluste im Krümmer ($\zeta_K = 0.4$) und Verluste am Austritt ($\zeta_A = 0.8$).

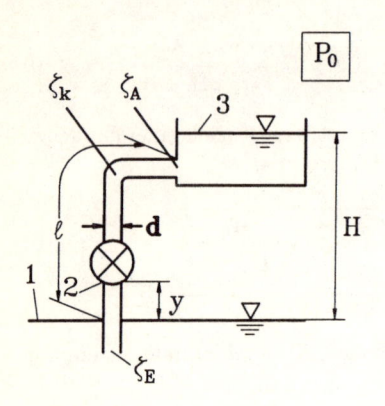

Abb. R4: Pumpanlagen

a) Welche Höhe y über dem Wasserspiegel darf die Pumpe höchstens haben, damit im Rohr der Dampfdruck p_D des Wassers ($p_D = 4000 N/m^2$) nicht unterschritten wird? Der Außendruck p_0 betrage $p_0 = 1 bar$.

b) Welche Pumpenleistung N ist erforderlich?

Lösung:
gegeben: $H = 15m$, $d = 0.1m$, $l = 18m$, $\lambda = 0.03$, $\zeta_E = 0.3$, $\zeta_K = 0.4$, $\zeta_A = 0.8$, $\dot{V} = 0.06 m^3/s$, $p_0 = 1 bar$, $p_D = 4000 N/m^2$, $\rho = 1000 kg/m^3$
gesucht: a) y, b) N

a) Zur Berechnung der maximalen Höhe y wird die Bernoulligleichung für inkompressible Strömungen entlang eines Stromfadens von der Stelle 1 zur Stelle 2 unter Berücksichtigung der auftretenden Strömungsverluste angewendet. Die Stelle 2 liegt unmittelbar unterhalb der Pumpe. Die Bernoulligleichung lautet:

$$\frac{\rho}{2} \cdot C_1^2 + p_1 = \frac{\rho}{2} \cdot C_2^2 + p_2 + \rho \cdot g \cdot y + \Delta p_v \quad . \tag{1}$$

Die Geschwindigkeit C_1 ist Null, und für den Druck p_1 gilt: $p_1 = p_0$. Da mit der Gleichung (1) die maximale Höhe y berechnet wird, ist für den Druck p_2 der Dampfdruck p_D einzusetzen, also: $p_2 = p_D$. Von der Stelle 1 zur Stelle 2 treten Einlauf- und Rohrreibungsverluste auf. Für sie gilt:

$$\Delta p_v = \frac{\rho}{2} \cdot C_2^2 \cdot (\lambda \cdot \frac{y}{d} + \zeta_E) \quad . \tag{2}$$

Die entsprechenden Drücke für p_1 und p_2 sowie die Strömungsverluste Δp_v gemäß Gleichung (2) in Gleichung (1) eingesetzt, ergibt die folgende Gleichung:

$$p_0 = \frac{\rho}{2} \cdot C_2^2 + p_D + \rho \cdot g \cdot y + \frac{\rho}{2} \cdot C_2^2 \cdot (\lambda \cdot \frac{y}{d} + \zeta_E)$$

$$\Longrightarrow \quad y = \frac{\frac{p_0 - p_D}{\rho} - \frac{C_2^2}{2} \cdot (1 + \zeta_E)}{g + \frac{C_2^2}{2} \cdot \frac{\lambda}{d}} \quad . \tag{3}$$

2.3 Berechnung von technischen Strömungen

In Gleichung (3) ist die Strömungsgeschwindigkeit C_2 im Rohr noch unbekannt. Sie wird mit der Kontinuitätsgleichung bestimmt:

$$C_2 \cdot \frac{\pi \cdot d^2}{4} = \dot{V} \quad \Longrightarrow \quad C_2 = \frac{4 \cdot \dot{V}}{\pi \cdot d^2} \quad . \tag{4}$$

C_2 gemäß Gleichung (4) in Gleichung (3) eingesetzt, ergibt das gesuchte Ergebnis für die maximale Höhe y:

$$y = \frac{\frac{p_0 - p_D}{\rho} - \frac{8 \cdot \dot{V}^2}{\pi^2 \cdot d^4} \cdot (1 + \zeta_E)}{g + \frac{8 \cdot \dot{V}^2}{\pi^2 \cdot d^4} \cdot \frac{\lambda}{d}} = 3.13 m \quad .$$

b) Zur Berechnung der erforderlichen Pumpenleistung wird die Bernoulligleichung entlang eines Stromfadens von der Stelle 1 zur Stelle 3 angewendet. Dabei werden die Strömungsverluste und die Energiezufuhr durch die Pumpe berücksichtigt. Die Bernoulligleichung lautet:

$$\frac{\rho}{2} \cdot C_1^2 + p_1 + \Delta e = \frac{\rho}{2} \cdot C_3^2 + p_3 + \rho \cdot g \cdot H + \Delta p_v \quad . \tag{5}$$

Δe ist die auf das Volumen bezogene Arbeit, die dem Medium zugeführt wird ($[\Delta e] = [Nm/m^3] = [N/m^2]$). Die Drücke p_1 und p_2 sind gleich dem Atmosphärendruck p_0. Sie heben sich also in der Gleichung (5) gegenseitig auf. Die Absink- bzw. Steiggeschwindigkeit der Wasseroberflächen an den Stellen 1 und 3 sind klein, so daß sie in der Bernoulligleichung vernachlässigt werden können. Man erhält also folgende vereinfachte Gleichung:

$$\Delta e = \rho \cdot g \cdot H + \Delta p_v \quad . \tag{6}$$

Von der Stelle 1 bis zur Stelle 3 treten Rohrreibungs-, Einlauf-, Umlenk- und Austrittsverluste auf. Ihre Summe läßt sich wie folgt formulieren:

$$\Delta p_v = \frac{\rho}{2} \cdot C^2 \cdot \left(\lambda \cdot \frac{l}{d} + \zeta_E + \zeta_K + \zeta_A \right) \quad . \tag{7}$$

C ist die Strömungsgeschwindigkeit im Rohr. Sie ist gleich der Geschwindigkeit C_2. Δp_v gemäß Gleichung (7) in Gleichung (6) eingesetzt, ergibt mit $C = C_2$ die folgende Gleichung:

$$\Delta e = \rho \cdot g \cdot H + \frac{\rho}{2} \cdot C_2^2 \cdot \left(\lambda \cdot \frac{l}{d} + \zeta_E + \zeta_K + \zeta_A \right) \quad . \tag{8}$$

Ersetzt man in Gleichung (8) die Strömungsgeschwindigkeit C_2 durch die Gleichung (4), erhält man für die auf das Volumen bezogene Pumpenarbeit die folgende Formel:

$$\Delta e = \rho \cdot g \cdot H + \rho \cdot \frac{8 \cdot \dot{V}^2}{\pi^2 \cdot d^4} \cdot \left(\lambda \cdot \frac{l}{d} + \zeta_E + \zeta_K + \zeta_A \right) \quad . \tag{9}$$

Die erforderliche Pumpenarbeit ergibt sich mit der Gleichung $N = \Delta e \cdot \dot{V}$ dann zu:

$$N = \Delta e \cdot \dot{V} = \rho \cdot g \cdot H \cdot \dot{V} + \rho \cdot \frac{8 \cdot \dot{V}^3}{\pi^2 \cdot d^4} \cdot \left(\lambda \cdot \frac{l}{d} + \zeta_E + \zeta_K + \zeta_A \right) = 20.91 kW \quad .$$

Aufgabe R5

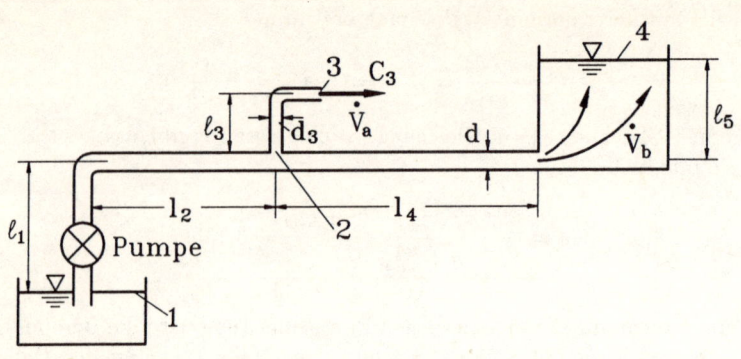

Abb. R5: verzweigte Rohrströmung

Eine Pumpe fördert die Wassermenge $\dot{V}_b$ (Dichte des Wassers: $\rho = 1000 kg/m^3$) in einen Hochbehälter (s. Abb. R5) Gleichzeitig wird durch eine Anzapfung der Volumenstrom $\dot{V}_a$ an der Stelle 3 entnommen.

a) Mit welcher Geschwindigkeit C_3 tritt der Volumenstrom $\dot{V}_a$ aus, und wie groß ist er?

b) Wie groß ist die Pumpenleistung N?

Die Flüssigkeitshöhen in den beiden Behältern können als unveränderlich angesehen werden. An Verlusten sind nur die Rohrreibungsverluste zu berücksichtigen ($\lambda = 0.03$). Ansonsten sind alle geometrischen Abmaße der in Abb. R5 gezeigten Anlage bekannt.

Zahlenwerte: $\dot{V}_b = 0.02 m^3/s$, $l_1 = 5m$, $l_2 = 50m$, $l_3 = 3m$, $l_4 = 50m$, $l_5 = 5m$, $d_3 = 0.03m$, $d = 0.1m$, $\lambda = 0.03$, $\rho = 1000 kg/m^3$.

Lösung:
gegeben: s. weiter oben unter Zahlenwerte
gesucht: a) C_3, $\dot{V}_a$, b) N

a) Der Volumenstrom zwischen den Stellen 1 und 2 ist noch unbekannt. Deshalb wird die Bernoulligleichung für inkompressible Strömungen entlang zweier Stromfäden unter Berücksichtigung der Strömungsverluste angewendet. Der erste Stromfaden verläuft von der Verzweigungsstelle 2 zur Austrittsstelle 3; der zweite verläuft von der Verzweigungsstelle 2 zur Stelle 4. Die entsprechenden Gleichungen lauten:

$$\frac{\rho}{2} \cdot C_2^2 + p_2 = \frac{\rho}{2} \cdot C_3^2 + p_3 + \rho \cdot g \cdot l_3 + \Delta p_{v,23} \qquad (1)$$

$$\frac{\rho}{2} \cdot C_2^2 + p_2 = \frac{\rho}{2} \cdot C_4^2 + p_4 + \rho \cdot g \cdot l_5 + \Delta p_{v,24} \quad . \qquad (2)$$

Die linken Seiten der Gleichungen (1) und (2) sind gleich, so daß man mit ihnen die folgende Gleichung erhält:

$$\frac{\rho}{2} \cdot C_3^2 + p_3 + \rho \cdot g \cdot l_3 + \Delta p_{v,23} = \frac{\rho}{2} \cdot C_4^2 + p_4 + \rho \cdot g \cdot l_5 + \Delta p_{v,24} \quad . \qquad (3)$$

2.3 Berechnung von technischen Strömungen

Die Drücke p_3 und p_4 entsprechen dem Umgebungsdruck; sie sind also gleich und heben sich in Gleichung (3) gegenseitig auf. Da sich der Wasserspiegel an der Stelle 4 nicht ändert, ist die Geschwindigkeit C_4 Null. Die Gleichung (3) vereinfacht sich zu der Gleichung

$$\frac{\rho}{2} \cdot C_3^2 + \rho \cdot g \cdot l_3 + \Delta p_{v,23} = \rho \cdot g \cdot l_5 + \Delta p_{v,24} \quad . \tag{4}$$

Für die Strömungsverluste $p_{v,23}$ und $p_{v,24}$ erhält man:

$$p_{v,23} = \lambda \cdot \frac{l_3}{d_3} \cdot \frac{\rho}{2} \cdot C_3^2 \qquad p_{v,24} = \lambda \cdot \frac{l_4}{d} \cdot \frac{\rho}{2} \cdot C^2 \quad . \tag{5}$$

C ist die Strömungsgeschwindigkeit in dem Rohrstück mit der Länge l_4. Sie wird mit der Kontinuitätsgleichung angegeben:

$$C \cdot \frac{\pi \cdot d^2}{4} = \dot{V}_b \qquad C = \frac{4 \cdot \dot{V}_b}{\pi \cdot d^2} \quad . \tag{6}$$

$p_{v,23}$ und $p_{v,24}$ gemäß Gleichung (5) in Gleichung (4) eingesetzt und C durch Gleichung (6) ersetzt, ergibt die Bestimmungsgleichung für C_3:

$$\frac{\rho}{2} \cdot C_3^2 + \rho \cdot g \cdot l_3 + \frac{\rho}{2} \cdot C_3^2 \cdot \lambda \cdot \frac{l_3}{d_3} = \rho \cdot g \cdot l_5 + \rho \cdot \frac{8 \cdot \dot{V}_b^2}{\pi^2 \cdot d^4} \cdot \lambda \cdot \frac{l_4}{d}$$

$$\Longrightarrow C_3 = \sqrt{\frac{2 \cdot g \cdot (l_5 - l_3) + \frac{16 \cdot \dot{V}_b^2}{\pi^2 \cdot d^4} \cdot \lambda \cdot \frac{l_4}{d}}{1 + \lambda \cdot \frac{l_3}{d_3}}} = 5.84 \frac{m}{s} \quad . \tag{7}$$

Der Volumenstrom $\dot{V}_a$ berechnet sich mit der Kontinuitätsgleichung zu:

$$\dot{V}_a = C_3 \cdot \frac{\pi \cdot d_3^2}{4} = 0.0041 \frac{m^3}{s} \quad . \tag{8}$$

b) Zur Berechnung der erforderlichen Pumpenleistung wird die Bernoulligleichung entlang eines Stromfadens von der Stelle 1 zur Stelle 4 angewendet. Sie lautet:

$$\frac{\rho}{2} \cdot C_1^2 + p_1 + \Delta e = \frac{\rho}{2} \cdot C_4^2 + p_4 + \rho \cdot g \cdot (l_1 + l_5) + \Delta p_{v,12} + \Delta p_{v,24} \quad . \tag{9}$$

$p_{v,12}$ und $p_{v,24}$ sind die Strömungsverluste, die von 1 nach 2 bzw. von 2 nach 4 auftreten. Die Strömungsgeschwindigkeiten C_1 und C_4 sind Null, und die Drücke p_1 und p_4 entsprechen dem Umgebungsdruck, so daß sich die Gleichung (9) zu der Gleichung:

$$\Delta e = \rho \cdot g \cdot (l_1 + l_5) + \Delta p_{v,12} + \Delta p_{v,24} \tag{10}$$

vereinfacht. Die Strömungsverluste ergeben sich mit der folgenden Rechnung zu:

$$\Delta p_{v,12} = \frac{\rho}{2} \cdot C'^2 \cdot \lambda \cdot \frac{l_1 + l_2}{d} = \rho \cdot \frac{8 \cdot (\dot{V}_a + \dot{V}_b)^2}{\pi^2 \cdot d^4} \cdot \lambda \cdot \frac{l_1 + l_2}{d} \tag{11}$$

$$\Delta p_{v,24} = \frac{\rho}{2} \cdot C^2 \cdot \lambda \cdot \frac{l_4}{d} = \rho \cdot \frac{8 \cdot \dot{V}_b^2}{\pi^2 \cdot d^4} \cdot \lambda \cdot \frac{l_4}{d} \quad . \tag{12}$$

(C'-Geschwindigkeit im Rohr zwischen den Stellen 1 und 2, C- Geschwindigkeit im Rohr zwischen den Stellen 2 und 4)

$p_{v,12}$ und $p_{v,24}$ gemäß der Gleichungen (11) und (12) in die Gleichung (10) eingesetzt, ergibt die folgende Berechnungsformel für die auf das Volumen bezogene Arbeit Δe:

$$\Delta e = \rho \cdot g \cdot (l_1 + l_5) + \rho \cdot \frac{8 \cdot \lambda}{\pi^2 \cdot d^5} \cdot [(l_1 + l_2) \cdot (\dot{V}_a + \dot{V}_b)^2 + l_4 \cdot \dot{V}_b^2] \quad . \qquad (13)$$

Die Pumpe fördert den Volumenstrom $\dot{V}_a + \dot{V}_b$. Die erforderliche Pumpenleistung berechnet sich mit $N = \Delta e \cdot (\dot{V}_a + \dot{V}_b)$ zu:

$$N = \left(\rho \cdot g \cdot (l_1 + l_5) + \rho \cdot \frac{8 \cdot \lambda}{\pi^2 \cdot d^5} \cdot [(l_1 + l_2) \cdot (\dot{V}_a + \dot{V}_b)^2 + l_4 \cdot \dot{V}_b^2]\right) \cdot (\dot{V}_a + \dot{V}_b) \quad .$$

Als Zahlenwert erhält man für die erforderliche Pumpenleistung N: $\underline{N = 5.41 kW}$.

Aufgabe R6

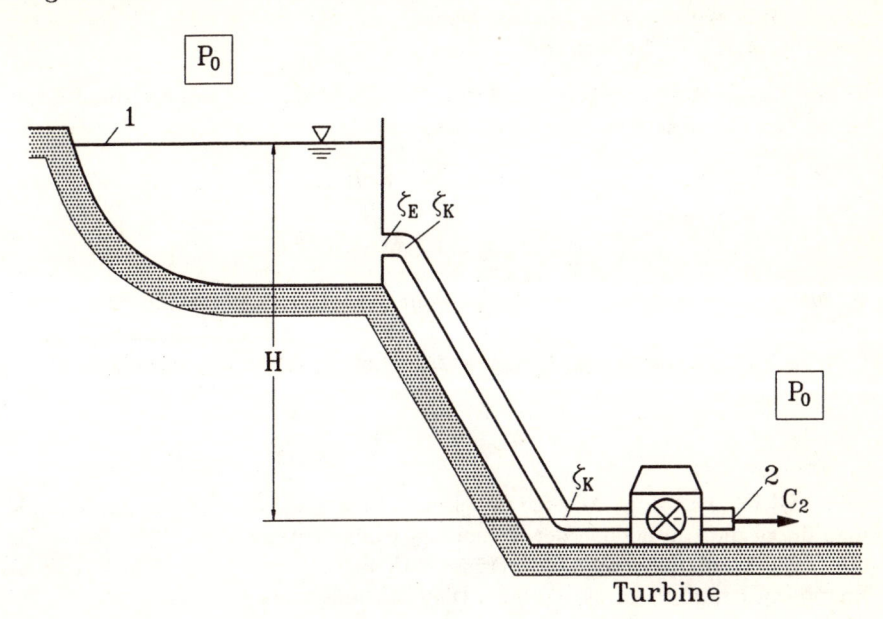

Abb. R6: Speicher-Wasserkraftwerk

Im skizzierten Speicher-Wasserkraftwerk wird das Wasser (Dichte ρ, kinematische Viskosität ν) aus dem sehr großen Speicherbehälter über die Rohrleitung mit der Länge $L = 250m$ und der mittleren Sandkornrauhigkeit k_s der Turbine zugeführt und dort in elektrische Energie umgewandelt. Die Leistung N der Turbine soll $N = 10MW = 10^7 W$ betragen. Das Wasser strömt mit der Geschwindigkeit $C_2 = 5m/s$ ins Freie. Der Höhenunterschied H zwischen dem Wasserspiegel des Speicherbehälters und der Turbine beträgt $H = 200m$. In dem Rohr treten Einlauf-(ζ_E), Umlenk- (ζ_K) und Reibungsverluste (λ) auf.

Zahlenwerte: $L = 250m$, $H = 200m$, $\rho = 1000 kg/m^3$, $\nu = 1.5 \cdot 10^{-6} m^2/s$, $D/k_s = 200$, $\lambda = 0.03$, $\zeta_E = 0.25$, $\zeta_K = 0.15$, $N = 10MW$, $C_2 = 5m/s$.

a) Welcher Rohrdurchmesser D ist unter diesen Bedingungen für das Fallrohr zu wählen?

b) Es soll geprüft werden, ob der Zahlenwert λ richtig geschätzt wurde.

Lösung:
gegeben: s. weiter oben (Zahlenwerte)
gesucht: a) D, b) Schätzwert λ richtig ?

a) Die Ausgangsgleichungen zur Lösung des Problems sind die Kontinuitätsgleichung und die Gleichung für die Leistungsaufnahme der Turbine. Sie lauten:

$$\dot{V} = C_2 \cdot \frac{\pi \cdot D^2}{4} \qquad (1)$$

$$N = \dot{V} \cdot \Delta e \quad . \qquad (2)$$

$\dot{V}$ ist der Volumenstrom durch das Fallrohr bzw. durch die Turbine, und Δe entspricht der Arbeit, die die Turbine pro Volumeneinheit Fluid aufnimmt. $\dot{V}$ gemäß Gleichung (1) in Gleichung (2) eingesetzt, ergibt die folgende Gleichung:

$$N = C_2 \cdot \frac{\pi \cdot D^2}{4} \cdot \Delta e \implies \Delta e = \frac{4 \cdot N}{\pi \cdot D^2 \cdot C_2} \quad . \qquad (3)$$

In der Gleichung (3) ist Δe noch unbekannt. Eine weitere Gleichung für Δe erhält man durch die Anwendung der Bernoulligleichung entlang eines Stromfadens von der Stelle 1 zur Stelle 2 unter Berücksichtigung der Strömungsverluste und der Energieentnahme durch die Turbine. Die Gleichung lautet:

$$\frac{\rho}{2} \cdot C_1^2 + p_1 + \rho \cdot g \cdot H - \Delta e = \frac{\rho}{2} \cdot C_2^2 + p_2 + \Delta p_v \quad . \qquad (4)$$

In Gleichung (4) steht auf der linken Seite $-\Delta e$, da dem Fluid Energie entzogen wird. Die Drücke p_1 und p_2 sind gleich dem Umgebungsdruck p_0 und heben sich gegenseitig auf. Die Absinkgeschwindigkeit C_1 des Wasserspiegels im Speicherbehälter ist klein, so daß $C_1^2 \approx 0$ ist. Gleichung (4) vereinfacht sich mit einer einfachen Umformung zu:

$$\Delta e = \rho \cdot g \cdot H - \frac{\rho}{2} \cdot C_2^2 - \Delta p_v \quad . \qquad (5)$$

Für die Strömungsverluste ergibt sich:

$$\Delta p_v = \frac{\rho}{2} \cdot C_2^2 \cdot \left(\lambda \cdot \frac{L}{D} + \zeta_E + 2 \cdot \zeta_K \right) \quad . \qquad (6)$$

Δp_v gemäß Gleichung (6) in Gleichung (5) eingesetzt, ergibt die endgültige Gleichung für Δe. Sie lautet:

$$\Delta e = \rho \cdot g \cdot H - \frac{\rho}{2} \cdot C_2^2 - \frac{\rho}{2} \cdot C_2^2 \cdot \left(\lambda \cdot \frac{L}{D} + \zeta_E + 2 \cdot \zeta_K \right) \quad . \qquad (7)$$

Die Bestimmungsgleichung für D erhält man nun, indem man die rechte Seite der Gleichung (7) gleich der rechten Seite der Gleichung (3) setzt. Man erhält die folgende Gleichung:

$$\rho \cdot g \cdot H - \frac{\rho}{2} \cdot C_2^2 \cdot \left(1 + \lambda \cdot \frac{L}{D} + \zeta_E + 2 \cdot \zeta_K \right) = \frac{4 \cdot N}{\pi \cdot D^2 \cdot C_2} \quad ,$$

2.3 Berechnung von technischen Strömungen

die mit einer einfachen Umformung auf die folgende Form gebracht wird:

$$D^2 + A \cdot D + B = 0$$
$$A = -\frac{\lambda \cdot L \cdot C_2^2}{2 \cdot g \cdot H - C_2^2 \cdot [1 + 2 \cdot \zeta_K + \zeta_E]} \qquad (8)$$
$$B = -\frac{8 \cdot N}{\rho \cdot \pi \cdot (2 \cdot C_2 \cdot g \cdot H - C_2^3 \cdot \rho \cdot [1 + 2 \cdot \zeta_K + \zeta_E])}$$

Mit den gegebenen Zahlenwerten erhält man für A und B:

$$A = -0.0483 m \qquad B = -1.3108 m^2 \quad .$$

Die Lösungsformel für die quadratischen Gleichungen (8)

$$D_{1,2} = -\frac{A}{2} \pm \sqrt{\left(\frac{A}{2}\right)^2 - B}$$

ergibt die Lösungen $D_1 = 1.17 m$ und $D_2 = -1.12 m$. Die physikalisch sinnvolle Lösung ist offensichtlich: $D_1 = D = 1.17 m$.

b) Zur Überprüfung, ob der Zahlenwert λ richtig geschätzt wurde, ist zuerst zu klären, ob die Innenwand des Rohres hydraulisch glatt ist. Im Lehrbuch von Zierep ist auf der Seite 130 die nachfolgende Formel zur Berechnung der Dicke Δ der laminaren Unterschicht angegeben. Sie lautet:

$$\frac{\Delta}{D} = \frac{12.64}{Re_D^{3/4}}$$
$$Re_D = \frac{C_2 \cdot D}{\nu} \quad .$$

Für die Reynoldszahl Re_D erhält man den Wert $Re_D = 3.9 \cdot 10^6$, so daß sich mit der Formel der Wert: $\Delta/D = 1.44 \cdot 10^{-4}$ ergibt. Das Verhältnis k_s/D beträgt $k_s/D = 1/200 = 5 \cdot 10^{-3}$, d.h. die mittlere Sandkornrauhigkeit k_s ist größer als die Dicke Δ der laminaren Unterschicht. Die Innenwand des Rohres ist also nicht hydraulisch glatt, so daß der Wert für λ zweckmäßig mit dem Nikuradse-Diagramm (s. Anhang dieses Buches) überprüft wird. Das Diagramm zeigt, daß für $Re_D = 3.9 \cdot 10^6$ und $D/k_s = 200$ der Wert $\lambda = 0.03$ ausreichend genau geschätzt wurde.

2.3.4 Umströmungsprobleme

Aufgabe U1

Ein Fabrikschornstein der Höhe $H = 100m$, dessen Durchmesser von unten ($d_u = 6m$) nach oben ($d_o = 0.5m$) linear abnimmt, wird mit einer längs der ganzen Höhe konstanten Anströmgeschwindigkeit $U = 1.62m/s$ (kinematische Zähigkeit der Luft $\nu = 15 \cdot 10^{-6} m^2/s$, Dichte der Luft $\rho = 1.234 kg/m^3$) angeströmt (s. Abb. U1a). Für den Widerstandsbeiwert C_w eines Segmentes der Höhe dy werde die Abhängigkeit $C_w = f(Re)$ des Kreiszylinders zur Abschätzung der Windbelastung des Schornsteins zugrunde gelegt.

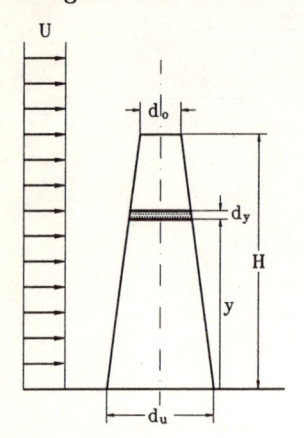

Abb. U1a: Schornstein

Mit der Annahme, daß der Widerstandsbeiwert für den unterkritischen Bereich ($Re < 3.5 \cdot 10^5$) den Zahlenwert $C_{w,u} = 1.2$ und für den überkritischen Bereich ($Re > 3.5 \cdot 10^5$) $C_{w,ü} = 0.4$ beträgt (s. Abb. U1b), soll die Windlast W auf den Schornstein ermittelt werden.

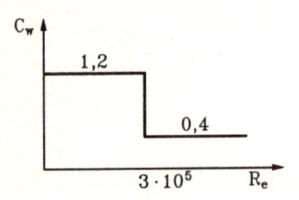

Abb. U1b: C_w - Verlauf über Re

Lösung:
gegeben: $d_u = 6m$, $d_o = 0.5m$, $H = 100m$, $U = 1.62m/s$, $\nu = 15 \cdot 10^{-6} m^2/s$, $\rho = 1.234 kg/m^3$, $Re_{kri} = 3.5 \cdot 10^5$, $C_{w,u} = 1.2$, $C_{w,ü} = 0.4$
gesucht: W

Der Wind wirkt an einer beliebigen Stelle y mit der Kraft dW auf ein Kreiszylindersegment mit der Breite dy. Mit der Definitionsgleichung für den Widerstandsbeiwert C_w erhält man für dW:

$$dW = C_w \cdot \frac{\rho}{2} \cdot U^2 \cdot d(y) \cdot dy \quad . \tag{1}$$

Die Windlast W wird durch Integration der rechten Seite der Gleichung (1) ermittelt. Mit ihr ergibt sich:

$$W = \int_0^H C_w \cdot \frac{\rho}{2} \cdot U^2 \cdot d(y) \cdot dy \quad . \tag{2}$$

Der Durchmesser $d(y)$ kann unmittelbar mit der folgenden Gleichung angegeben werden, da er linear über y von d_u auf d_o abnimmt. Man erhält:

$$d(y) = -\frac{d_u - d_o}{H} \cdot y + d_u \quad . \tag{3}$$

2.3 Berechnung von technischen Strömungen

$d(y)$ gemäß der Gleichung (3) in Gleichung (2) eingesetzt, ergibt:

$$W = \int_0^H C_w \cdot \frac{\rho}{2} \cdot U^2 \cdot \left(-\frac{d_u - d_o}{H} \cdot y + d_u \right) \cdot dy \quad . \tag{4}$$

Zur Durchführung der Integration ist nun zu klären, ob sich der C_w-Wert in dem Intervall $[0, H]$ ändert. Dazu sollen die Reynoldszahlen Re_u und Re_o berechnet werden:

$$Re_u = \frac{U \cdot d_u}{\nu} = 6.48 \cdot 10^5 \qquad Re_o = \frac{U \cdot d_o}{\nu} = 0.54 \cdot 10^5 \quad .$$

Der untere Teil des Schornsteins wird also mit einer überkritischen, der obere Teil mit einer unterkritischen Reynoldszahl umströmt, da $Re_o < Re_{krit} < Re_u$ ist. Mit der folgenden Rechnung wird die Stelle $y = y_{krit}$ ermittelt, an der der C_w-Wert schlagartig seinen Wert ändert. An der Stelle $y = y_{krit}$ hat der Durchmesser d den Wert $d = d_{krit}$. Mit der Definitionsgleichung der Reynoldszahl und der Gleichung (3) ergibt sich die folgende Rechnung:

$$Re_{krit} = \frac{U \cdot d_{krit}}{\nu} = \frac{U}{\nu} \cdot \left(-\frac{d_u - d_o}{H} \cdot y_{krit} + d_u \right)$$

$$\implies y_{krit} = \left(\frac{\nu \cdot Re_{krit}}{U} - d_u \right) \cdot \frac{H}{d_o - d_u} = 50.17 m \quad .$$

Das in Gleichung (4) stehende Integral wird zur Berechnung in zwei Integrale aufgeteilt. Der erste Teil steht für das Intervall $[0, y_{krit}]$, für den C_w den Wert $C_w = C_{w,\ddot{u}}$ annimmt. Der Bereich $[y_{krit}, H]$ ist der zweite Teil der Integration, für den C_w den Wert $C_w = C_{w,u}$ annimmt. Man erhält also:

$$\begin{aligned} W &= \int_0^{y_{krit}} C_{w,\ddot{u}} \cdot \frac{\rho}{2} \cdot U^2 \cdot \left(-\frac{d_u - d_o}{H} \cdot y + d_u \right) \cdot dy + \\ &+ \int_{y_{krit}}^H C_{w,u} \cdot \frac{\rho}{2} \cdot U^2 \cdot \left(-\frac{d_u - d_o}{H} \cdot y + d_u \right) \cdot dy \quad . \end{aligned} \tag{5}$$

Die in Gleichung (5) vorhandenen Integrale können nun gelöst werden. Als Ergebnis ergibt sich die folgende Formel:

$$\begin{aligned} W &= \frac{\rho}{2} \cdot U^2 \cdot \Big[C_{w,\ddot{u}} \cdot \left(\frac{d_o - d_u}{2 \cdot H} \cdot y_{krit}^2 + d_u \cdot y_{krit} \right) + \\ &+ C_{w,u} \cdot \frac{d_o - d_u}{2 \cdot H} \cdot (H^2 - y_{krit}^2) + C_{w,u} \cdot d_u \cdot (H - y_{krit}) \Big] \quad . \end{aligned} \tag{6}$$

Mit den entsprechenden Zahlenwerten ergibt sich für die Windlast W der Zahlenwert: $W = 331.2 N$.

Aufgabe U2

Zur Ermittlung der Widerstandskraft, die ein Brückenpfeiler in einer Wasserströmung erfährt, wird ein verkleinertes Modell (s. Abb. U2) im Windkanal untersucht. Modell und Großausführung sind geometrisch ähnlich. Außerdem wird für den Versuch das Reynoldssche Ähnlichkeitsgesetz erfüllt. Wie groß ist unter diesen Voraussetzungen das Verhältnis der Widerstandskräfte W_1/W_2 von Modell (Index 1) und Modell (Index 2)?

Gegeben sind die Dichten ρ_1 bzw. ρ_2 für Luft bzw. Wasser und die dynamischen Zähigkeiten μ_1 bzw. μ_2 der beiden genannten Fluide.

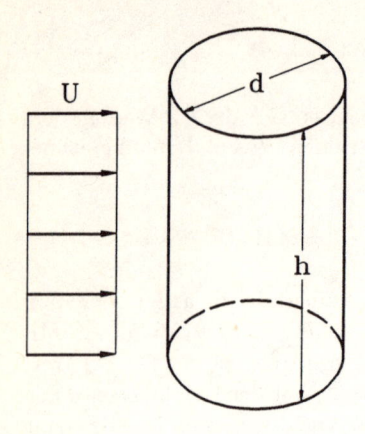

Abb. U2: Brückenpfeiler

Zahlenwerte: $\rho_1 = 1.234 kg/m^3$, $\rho_2 = 1000 kg/m^3$, $\mu_1 = 18.2 \cdot 10^{-6} (N/m^2) \cdot s$, $\mu_2 = 1002 \cdot 10^{-6} (N/m^2) \cdot s$

Lösung:
gegeben: s. Zahlenwerte
gesucht: W_1/W_2

Die Widerstandskräfte können mit der Definitionsgleichung für den C_w-Wert ausgedrückt werden. Sie lauten:

$$W_1 = C_w(Re) \cdot \frac{\rho_1}{2} \cdot U_1^2 \cdot d_1 \cdot h_1 \quad , \tag{1}$$

$$W_2 = C_w(Re) \cdot \frac{\rho_2}{2} \cdot U_2^2 \cdot d_2 \cdot h_2 \quad . \tag{2}$$

Die C_w-Werte sind in den beiden Gleichungen gleich, da die Strömungen sowohl um die Großausführung als auch um das Modell inkompressibel sind. Mit den Gleichungen (1) und (2) ergibt sich unmittelbar die folgende Gleichung:

$$\frac{W_1}{W_2} = \frac{\rho_1}{\rho_2} \cdot \left(\frac{U_1}{U_2}\right)^2 \cdot \frac{d_1}{d_2} \cdot \frac{h_1}{h_2} \quad . \tag{3}$$

Da das Modell der Großausführung geometrisch ähnlich ist, gilt für alle Abmaße l_1 (Modell) und l_2 (Großausführung) folgender Zusammenhang:

$$\frac{l_1}{l_2} = \frac{d_1}{d_2} = \frac{h_1}{h_2} \quad . \tag{4}$$

Mit der Gleichung (4) vereinfacht sich die Gleichung (3) zu:

$$\frac{W_1}{W_2} = \frac{\rho_1}{\rho_2} \cdot \left(\frac{U_1}{U_2}\right)^2 \cdot \left(\frac{d_1}{d_2}\right)^2 \quad . \tag{5}$$

2.3 Berechnung von technischen Strömungen

Da das Reynoldssche Ähnlichkeitsgesetz eingehalten wird, sind sowohl für den Modellversuch als auch für die Strömung um die Großausführung die Reynoldszahlen gleich, so daß gilt:

$$Re = \frac{\rho_1 \cdot U_1 \cdot d_1}{\mu_1} = \frac{\rho_2 \cdot U_2 \cdot d_2}{\mu_2}$$

$$\Longrightarrow \quad \frac{d_1}{d_2} = \frac{\rho_2}{\rho_1} \cdot \frac{U_2}{U_1} \cdot \frac{\mu_1}{\mu_2} \quad . \tag{6}$$

Das Verhältnis d_1/d_2 gemäß der Gleichung (6) in Gleichung (5) eingesetzt, ergibt das gesuchte Ergebnis zu:

$$\underline{\frac{W_1}{W_2} = \frac{\rho_2}{\rho_1} \cdot \left(\frac{\mu_1}{\mu_2}\right)^2 = 0.2674} \quad .$$

Aufgabe U3

Welche Antriebsleistung L benötigt ein Fahrzeug, dessen Stirnfläche $A = 3m^2$ groß ist, bei einer Fahrgeschwindigkeit U von $U = 100 km/h$? Die Dichte ρ der Luft beträgt $\rho = 1.234 kg/m^3$, und der C_w-Wert des Fahrzeuges beträgt $C_w = 0.35$.

Lösung:
gegeben: $\rho = 1.234 kg/m^3$, $U = 100 km/h = 27.78 m/s$, $A = 3m^2$, $C_w = 0.35$
gesucht: L

Die Leistung L, die zum Antrieb benötigt wird, berechnet sich gemäß:

$$L = W \cdot U \quad . \tag{1}$$

W ist der Luftwiderstand des Fahrzeuges. Er berechnet sich mit dem bekannten C_w- Wert zu:

$$W = C_w \cdot \frac{\rho}{2} \cdot U^2 \cdot A \quad . \tag{2}$$

Gleichung (1) in Gleichung (2) eingesetzt, ergibt die gesuchte Berechnungsformel für die erforderliche Antriebsleistung L:

$$\underline{L = C_w \cdot \frac{\rho}{2} \cdot U^3 \cdot A = 13.89 kW} \quad .$$

Diese kleine Rechnung zeigt, daß der Leistungsbedarf proportional U^3 ist (unter der Annahme $C_w = const$).

Aufgabe U4

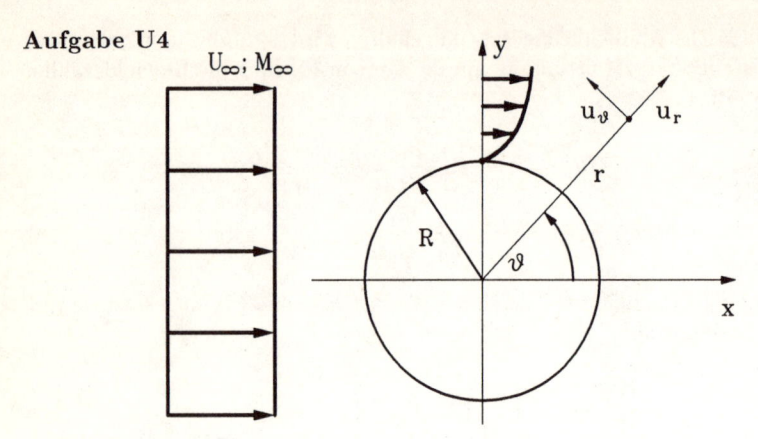

Abb. U4a: schleichende Strömung

Körperumströmungen bei kleinen Reynoldszahlen ($Re < 1$) werden in der Technik als schleichende Strömungen bezeichnet. Sie treten auf, wenn z. B. die Zuströmgeschwindigkeit klein und/oder die Viskosität des strömenden Mediums groß ist. In dieser Aufgabe soll die schleichende, inkompressible Strömung um eine Kugel mit dem Durchmesser D betrachtet werden. Für eine solche Strömung gibt es eine analytische Lösung der Navier- Stokes Gleichung, die nachfolgend in Polarkoordinaten r, ϑ angegeben ist. Für die Geschwindigkeitskomponenten u_r, u_ϑ und den Druck p gilt (vgl. Abb. U4a, U_∞, p_∞-Zuströmgrößen):

$$u_r = U_\infty \cdot \cos\vartheta \cdot \left[1 + \frac{1}{2} \cdot \left(\frac{R}{r}\right)^3 - \frac{3}{2}\left(\frac{R}{r}\right)\right] \quad (1)$$

$$u_\vartheta = U_\infty \cdot \sin\vartheta \cdot \left[-1 + \frac{1}{4} \cdot \left(\frac{R}{r}\right)^3 + \frac{3}{4} \cdot \left(\frac{R}{r}\right)\right] \quad (2)$$

$$p - p_\infty = -\frac{3 \cdot \mu \cdot U_\infty}{2 \cdot r} \cdot \left(\frac{R}{r}\right) \cdot \cos\vartheta \quad . \quad (3)$$

Mit den Gleichungen (1) und (2) läßt sich die vom Fluid auf die Kugel übertragene Schubspannung τ_k ermitteln. Für sie ergibt sich zusätzlich die folgende Gleichung:

$$\tau_k = -\mu \cdot \frac{3}{2} \cdot \frac{U_\infty \cdot \sin\vartheta}{R} \quad . \quad (4)$$

Der Umströmungswiderstand W eines Körpers setzt sich aus einem Druckwiderstand W_D und einem Reibungswiderstand W_R zusammen, also: $W = W_D + W_R$ (s. dazu Lehrbuch Oertel/Böhle). In dieser Aufgabe soll der Druck-, Reibungs- und Gesamtwiderstand, der auf eine Kugel mit dem Radius R in einer schleichenden Strömung mit den Zuströmgrößen U_∞ und p_∞ wirkt, berechnet werden. Das strömende Fluid besitzt die Zähigkeit μ.

2.3 Berechnung von technischen Strömungen

Lösung:
gegeben: U_∞, p_∞, R, μ
gesucht: W_D, W_R, W

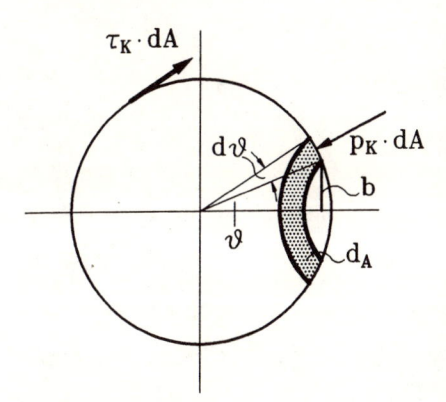

Abb. U4b: Druck- und Schubspannungskräfte

1. Berechnung des Druckwiderstandes:
Der Druckwiderstand resultiert aus der Integration der in Anströmrichtung wirkenden Komponenten der Druckkräfte (horizontale Komponenten in dieser Aufgabe) $dF_{D,x} = p_k \cdot dA$ (s. dazu Abb. U4b), also:

$$W_D = \int_{F_{D,x}} dF_{D,x} = -\int_A p_k \cdot \cos\vartheta \cdot dA \quad . \quad (5)$$

Auf der Fläche dA, die in Abb. U4b angedeutet ist, ist der Druck p_k konstant. Das Minuszeichen auf der rechten Seite der Gleichung (5) berücksichtigt, daß die Kräfte $dF_{D,x}$ für $0 < \vartheta < 90°$ in negative x-Richtung und für $90° < \vartheta < 180°$ in positive x-Richtung wirken. Das Flächenelement dA wird wie folgt ausgedrückt:

$$dA = 2\cdot\pi\cdot b\cdot R\cdot d\vartheta \quad ,$$
$$dA = 2\cdot\pi\cdot R^2 \cdot \sin\vartheta \cdot d\vartheta. \quad (6)$$

Gleichung (6) in Gleichung (5) eingesetzt, ergibt:

$$W_D = -\int_0^\pi 2\cdot\pi\cdot R^2 \cdot p_k \cdot \cos\vartheta \cdot \sin\vartheta \cdot d\vartheta \quad . \quad (7)$$

Der Konturdruck $p_k(\vartheta)$ ergibt sich mit der Gleichung (3) mit $r = R$ zu:

$$p_k = -\frac{3}{2} \cdot \frac{\mu \cdot U_\infty}{R} \cdot \cos\vartheta + p_\infty \quad . \quad (8)$$

Gleichung (8) in Gleichung (7) eingesetzt, ergibt die folgende Bestimmungsgleichung für den Druckwiderstand W_D:

$$W_D = \int_0^\pi 2\cdot\pi\cdot R^2 \cdot \left(\frac{3}{2} \cdot \frac{\mu \cdot U_\infty}{R} \cdot \cos\vartheta - p_\infty\right) \cdot \cos\vartheta \cdot \sin\vartheta \cdot d\vartheta \quad .$$

Mit der Lösung des Integrals ergibt sich die folgende Formel für W_D:

$$\underline{W_D = 2\cdot\pi\cdot\mu\cdot U_\infty\cdot R} \quad . \quad (9)$$

2. Berechnung des Reibungswiderstandes:
Der Reibungswiderstand W_R bestimmt sich mit der Integration der horizontalen Komponenten der Tangentialkräfte $dF_{R,x} = |\tau|\cdot dA$, die von dem Fluid auf die Kontur übertragen werden, also:

$$W_R = \int_{F_{R,x}} dF_{R,x} = \int_A |\tau| \cdot \sin\vartheta \cdot dA \quad . \quad (10)$$

Durch die Betragsstriche entfällt die Berücksichtigung des Vorzeichens, das für diese Berechnung nicht nötig ist, da $(\sin\vartheta)$ für $0 < \vartheta < \pi$ größer als Null ist.

τ gemäß Gleichung (4) und dA gemäß Gleichung (6) in Gleichung (10) eingesetzt, ergibt:

$$\begin{aligned} W_R &= \int_0^\pi \mu \cdot \left(\frac{3}{2} \cdot \frac{U_\infty \cdot \sin\vartheta}{R}\right) \cdot \sin\vartheta \cdot 2 \cdot \pi \cdot R^2 \cdot \sin\vartheta \cdot d\vartheta \\ &= \int_0^\pi 3 \cdot \pi \cdot \mu \cdot U_\infty \cdot R \cdot \sin^3\vartheta \cdot d\vartheta \quad . \end{aligned} \quad (11)$$

Mit der Lösung des in Gleichung (11) vorhandenen Integrals erhält man für W_R die folgende Formel:

$$\underline{W_R = 4 \cdot \pi \cdot \mu \cdot U_\infty \cdot R} \quad .$$

Der Gesamtwiderstand W setzt sich aus dem berechneten Druck- und Reibungswiderstand zusammen. Er berechnet sich also zu:

$$\underline{W = W_D + W_R = 6 \cdot \pi \cdot \mu \cdot U_\infty \cdot R} \quad . \qquad (12)$$

Bildet man den dimensionslosen Beiwert:

$$C_w = \frac{W}{\rho/2 \cdot U_\infty^2 \cdot \pi \cdot R^2} \quad ,$$

so erhält man die einfache Formel:

$$\underline{C_w = \frac{24}{Re} \qquad Re = \frac{U_\infty \cdot D}{\nu}} \quad .$$

2.3.5 Turbulente Strömungen

Aufgabe T1

In dieser Aufgabe soll der Reibungswiderstand W, der vom Fluid auf eine längsangeströmte ebene Platte übertragen wird, für unterschiedliche Grenzschichtzustände berechnet werden.

Die Abb. T1 zeigt im Bild a) eine über die gesamte Länge l laminare Grenzschicht (Fall 1). Im Bild b) ist eine Plattengrenzschicht dargestellt, die an der Vorderkante laminar ist und weiter stromabwärts turbulent wird (Fall 2). Das Bild c) schließlich zeigt eine über die gesamte Länge der Platte turbulente Grenzschicht (Fall 3). Der turbulente Grenzschichtzustand wird, wie im Bild c) angedeutet, mit einem sogenannten Stolperdraht erzwungen.

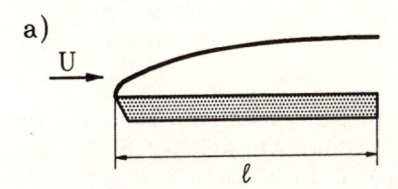

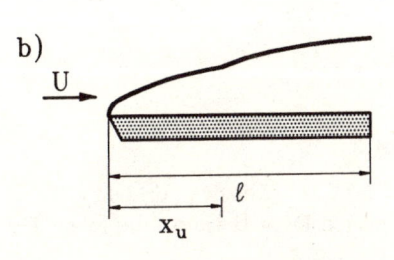

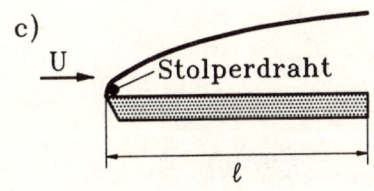

Abb. T1: Plattengrenzschichten

Zur Berechnung des Reibungswiderstandes W können für die erläuterten Grenzschichtzustände die folgenden Berechnungsformeln verwendet werden:

1. Für den Fall 1 die Formel von Blasius (s. dazu Lehrbuch von Zierep S. 151):

$$C_{w,1} = \frac{W}{\frac{\rho}{2} \cdot U^2 \cdot b \cdot l} = \frac{1.328}{\sqrt{Re_l}} \quad , \quad Re_l = \frac{U \cdot l}{\nu} \quad . \tag{13}$$

2. Für den Fall 2 die Formel von Schlichting:

$$C_{w,2} = \frac{W}{\frac{\rho}{2} \cdot U^2 \cdot b \cdot l} = \frac{0.455}{(\log Re_l)^{2.58}} - \frac{1700}{Re_l} \quad , \quad Re_l = \frac{U \cdot l}{\nu} \quad . \tag{14}$$

3. Für den Fall 3 das Prandtl-Schlichtingsche Widerstandsgesetz der längsangeströmten ebenen Platte:

$$C_{w,3} = \frac{W}{\frac{\rho}{2} \cdot U^2 \cdot b \cdot l} = \frac{0.455}{(\log Re_l)^{2.58}} \quad , \quad Re_l = \frac{U \cdot l}{\nu} \quad . \tag{15}$$

(ρ- Dichte des Fluids, U- Anströmgeschwindigkeit, b- Breite der Platte, ν- kinematische Viskosität des Fluids)

In der Gleichung (14) wird vorausgesetzt, daß die kritische Reynoldszahl $Re_{x,krit} = (U \cdot x_u)/\nu$ den Zahlenwert $Re_{x,krit} = 5 \cdot 10^5$ hat. x_u ist der Abstand von der Vorderkante bis zu dem Punkt, ab dem die Grenzschicht turbulent ist.

Für die drei beschriebenen Fälle sollen mit den gegebenen Formeln die Plattenreibungswiderstände berechnet werden. An welcher Stelle auf der Platte wird die Grenzschicht für den Fall 2 turbulent ?

Zahlenwerte: $\rho = 1.234 kg/m^3$, $U = 10 m/s$, $l = 2m$, $b = 1m$, $\nu = 15 \cdot 10^{-6} m^2/s$, $Re_{x,krit} = 5 \cdot 10^5$

Lösung:
gegeben: s. Zahlenwerte
gesucht: W_1 (Fall 1), W_2 (Fall 2), W_3 (Fall 3), x_u

Die Reynoldszahl Re_l berechnet sich zu: $Re_l = 1.33 \cdot 10^6$. Mit den Formeln (13) bis (15) ergeben sich für die entsprechenden dimensionslosen Beiwerte die folgenden Werte:

$$C_{w,1} = 1.15 \cdot 10^{-3} \quad , \quad C_{w,2} = 2.96 \cdot 10^{-3} \quad , \quad C_{w,3} = 4.24 \cdot 10^{-3} \quad .$$

Die entsprechenden Widerstände ergeben:

$$\underline{W_1 = 0.142 N \quad , \quad W_2 = 0.365 N \quad , \quad W_3 = 0.523 N} \quad .$$

Diese einfache Rechnung verdeutlicht, daß turbulente Grenzschichten einen vielfach größeren Reibungswiderstand verursachen als laminare Grenzschichten. Die hier berechneten Zahlenwerte sind sehr klein. Bei einem Flugzeug sind z.B. jedoch die vom Fluid benetzten Flächen und die Zuströmgeschwindigkeit wesentlich größer, so daß der Reibungswiderstand einen nicht unerheblichen Teil des Gesamtwiderstandes ausmacht. Daher ist man bestrebt, die Grenzschichten, so weit es möglich ist, laminar zu halten.

Die Stelle mit der Koordinate x_u berechnet sich zu:

$$Re_{x,krit} = \frac{U \cdot x_u}{\nu} \quad \Longrightarrow \quad \underline{x_u = \frac{Re_{x,krit} \cdot \nu}{U} = 0.75 m} \quad .$$

3 Grundgleichungen der Strömungsmechanik

3.1 Navier-Stokes Gleichungen

3.1.1 Inkompressible laminare Strömungen

Aufgabe N1

In einem senkrecht stehenden Kanal (s. Abb. N1) fließt ein Fluid mit der konstanten Dichte ρ und der dynamischen Zähigkeit μ unter dem Einfluß der Erdbeschleunigung g. Der Kanal besitzt die Breite h und seine Erstreckung b senkrecht zur Zeichenebene ist sehr viel größer als h (zweidimensionale Strömung). An der Stelle 1 ($x = 0$) befindet sich eine Druckbohrung, an der der statische Druck p_1 der Strömung gemessen werden kann. Der Abstand zwischen der Druckbohrung und dem Austrittsquerschnitt sei l. Im Austrittsquerschnitt herrsche der Umgebungsdruck p_0.

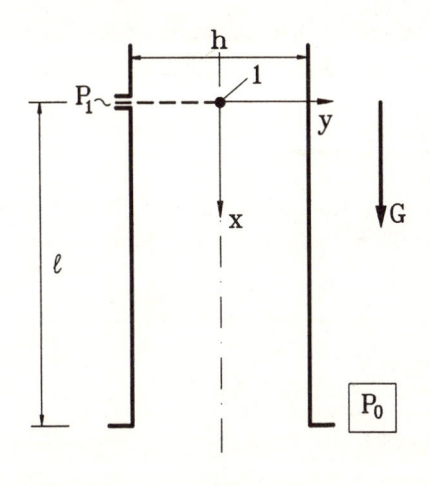

Abb. N1: laminare Kanalströmung

Es wird angenommen, daß es sich um eine ausgebildete, stationäre und laminare Kanalströmung mit Druckgradient handelt. Nacheinander soll folgendes berechnet werden:

a) Das Geschwindigkeitsprofil $u(x,y)$ in Abhängigkeit des Druckgradienten $\partial p/\partial x$.
b) Der Druck $p = f(x,y)$.
c) Der notwendige Druck $p_{1,\dot{m}}$ an der Stelle 1, um einen vorgegebenen Massenstrom $\dot{m}$ zu fördern.

Lösung:
gegeben: h, b, p_1, p_0, l, ρ, μ
gesucht: a) $u = f(x,y)$, b) $p = f(x,y)$, c) $p_{1,\dot{m}}$

a) Zur Lösung wird das in Abb. N1 gezeigte Koordinatensystem zugrunde gelegt. Es gelten die Kontinuitätsgleichung und die Navier-Stokes-Gleichung für inkompressible und stationäre Strömungen. Sie lauten:

$$\frac{\partial u}{\partial x} + \frac{\partial v}{\partial y} = 0 \qquad (16)$$

$$\rho \cdot \left(u \cdot \frac{\partial u}{\partial x} + v \cdot \frac{\partial u}{\partial y} \right) = f_x - \frac{\partial p}{\partial x} + \mu \cdot \left(\frac{\partial^2 u}{\partial x^2} + \frac{\partial^2 u}{\partial y^2} \right) \qquad (17)$$

$$\rho \cdot \left(u \cdot \frac{\partial v}{\partial x} + v \cdot \frac{\partial v}{\partial y} \right) = f_y - \frac{\partial p}{\partial y} + \mu \cdot \left(\frac{\partial^2 v}{\partial x^2} + \frac{\partial^2 v}{\partial y^2} \right) \quad . \qquad (18)$$

f_x und f_y sind die Komponenten der Volumenkräfte, die auf das Fluid wirken. Auf die betrachtete Strömung ist nur die Schwerkraft wirksam, so daß $f_x = \rho \cdot g$ und $f_y = 0$ ist.

Weiterhin handelt es sich um eine ausgeprägte Strömung, d.h. daß $\partial u / \partial x = 0$ ist. Mit der Gleichung (16) ergibt sich dann unmittelbar, daß auch $\partial v / \partial y = 0$ ist. An der Kanalwand haftet das Fluid, und die v-Komponente ist dort Null. Da $\partial v / \partial y = 0$ ist, ist mit der genannten Randbedingung auch v überall Null. Es gilt also: $v = 0$, für alle (x, y).

Mit $v = 0$, $\partial u / \partial x = 0$, $f_x = \rho \cdot g$ und $f_y = 0$ vereinfachen sich die Gleichungen (17) und (18) zu:

$$0 = \rho \cdot g - \frac{\partial p}{\partial x} + \mu \cdot \frac{\partial^2 u}{\partial y^2} \qquad (19)$$

$$0 = -\frac{\partial p}{\partial y} \quad . \qquad (20)$$

Aus der Gleichung (20) folgt, daß $p \neq f(y)$ ist und deshalb gilt: $\partial p / \partial x = dp/dx$. Berücksichtigt man in Gleichung (19), daß $u \neq f(x)$ ist, da $\partial u / \partial x = 0$ ist, so erhält man nach einer Umformung eine gewöhnliche Differentialgleichung für $u(y)$. Sie lautet:

$$\frac{d^2 u}{dy^2} = \frac{1}{\mu} \cdot \left(\frac{dp}{dx} - \rho \cdot g \right) \quad . \qquad (21)$$

Durch zweimaliges Integrieren ergibt sich:

$$\frac{du}{dy} = \frac{1}{\mu} \cdot \left(\frac{dp}{dx} - \rho \cdot g \right) \cdot y + C_1 \qquad (22)$$

$$u(y) = \frac{1}{2 \cdot \mu} \cdot \left(\frac{dp}{dx} - \rho \cdot g \right) \cdot y^2 + C_1 \cdot y + C_2 \quad . \qquad (23)$$

C_1 und C_2 sind Integrationskonstanten, die gemäß der beiden folgenden Randbedingungen bestimmt werden müssen. Da das Fluid an der Kanalwand haftet, lauten die Randbedingungen (Haftbedingungen):

$$1.\ u(y = +\frac{h}{2}) = 0 \qquad 2.\ u(y = -\frac{h}{2}) = 0 \quad . \qquad (24)$$

3.1 Navier-Stokes Gleichungen

Gemäß der Gleichung (23) ergeben sich mit den beiden Randbedingungen die beiden folgenden Bestimmungsgleichungen für die Konstanten C_1 und C_2:

$$0 = \frac{1}{8 \cdot \mu} \cdot \left(\frac{dp}{dx} - \rho \cdot g\right) \cdot h^2 + C_1 \cdot \frac{h}{2} + C_2 \quad (25)$$

$$0 = \frac{1}{8 \cdot \mu} \cdot \left(\frac{dp}{dx} - \rho \cdot g\right) \cdot h^2 - C_1 \cdot \frac{h}{2} + C_2 \quad (26)$$

Die Lösung der Bestimmungsgleichungen ergibt:

$$C_1 = 0 \qquad C_2 = \frac{h^2}{8 \cdot \mu} \cdot \left(\rho \cdot g - \frac{dp}{dx}\right) \quad . \quad (27)$$

C_1 und C_2 gemäß der Gleichungen (27) in Gleichung (23) eingesetzt, ergibt die folgende gesuchte Ergebnisformel:

$$u(y) = \frac{h^2}{8 \cdot \mu} \cdot \left(\rho \cdot g - \frac{dp}{dx}\right) \cdot \left(1 - 4 \cdot \left(\frac{y}{h}\right)^2\right) \quad . \quad (28)$$

b) Im Aufgabenteil a) wurde bereits herausgefunden, daß $p \neq f(y)$ ist. Weiterhin ist das Geschwindigkeitsprofil $u(y)$ nicht von x abhängig, und deshalb kann der Druckgradient, der auf der rechten Seite der Gleichung (28) steht, ebenfalls nicht von x abhängig sein. dp/dx ist also eine Konstante, d.h. der Druck verläuft linear in Strömungsrichtung.

An der Stelle 1 und im Austrittsquerschnitt ist der Druck bekannt. Da er in x-Richtung linear verläuft, ergibt sich:

$$p(x) = \frac{p_0 - p_1}{l} \cdot x + p_1 \quad , \quad (29)$$

und für dp/dx entsprechend:

$$\frac{dp}{dx} = \frac{p_0 - p_1}{l} \quad . \quad (30)$$

c) Der Massenstrom $\dot{m}$ berechnet sich gemäß der folgenden Integration:

$$\dot{m} = \rho \cdot \int_{-\frac{h}{2}}^{\frac{h}{2}} u(y) \cdot b \cdot dy \quad . \quad (31)$$

$u(y)$ gemäß der Gleichung (28) eingesetzt, ergibt:

$$\dot{m} = \rho \cdot \int_{-\frac{h}{2}}^{\frac{h}{2}} \frac{h^2}{8 \cdot \mu} \cdot \left(\rho \cdot g - \frac{dp}{dx}\right) \cdot \left(1 - 4 \cdot \left(\frac{y}{h}\right)^2\right) \cdot b \cdot dy \quad . \quad (32)$$

Mit der folgenden Rechnung erhält man für $\dot{m}$:

$$\dot{m} = \rho \cdot \int_{-\frac{1}{2}}^{\frac{1}{2}} \frac{h^3}{8 \cdot \mu} \cdot \left(\rho \cdot g - \frac{dp}{dx}\right) \cdot \left(1 - 4 \cdot \left(\frac{y}{h}\right)^2\right) \cdot b \cdot d\left(\frac{y}{h}\right)$$

$$\dot{m} = \frac{\rho \cdot h^3 \cdot b}{8 \cdot \mu} \cdot \left(\rho \cdot g - \frac{dp}{dx}\right) \cdot \int_{-\frac{1}{2}}^{\frac{1}{2}} \left(1 - 4 \cdot \left(\frac{y}{h}\right)^2\right) \cdot d\left(\frac{y}{h}\right)$$

$$\dot{m} = \frac{\rho \cdot h^3 \cdot b}{12 \cdot \mu} \cdot \left(\rho \cdot g - \frac{dp}{dx}\right) \quad . \quad (33)$$

Gleichung (33) liefert eine Beziehung zwischen dem Massenstrom $\dot{m}$ und dem Druckgradienten dp/dx. In Gleichung (33) den Druckgradienten gemäß Gleichung (30) eingesetzt, ergibt die folgende Bestimmungsgleichung für den erforderlichen Druck $p_{1,\dot{m}}$:

$$\dot{m} = \frac{\rho \cdot h^3 \cdot b}{12 \cdot \mu} \cdot \left(\rho \cdot g - \frac{p_0 - p_{1,\dot{m}}}{l} \right)$$

$$\Longrightarrow \quad p_{1,\dot{m}} = p_0 + l \cdot \left(\frac{12 \cdot \mu \cdot \dot{m}}{\rho \cdot h^3 \cdot b} - \rho \cdot g \right) \quad .$$

Aufgabe N2

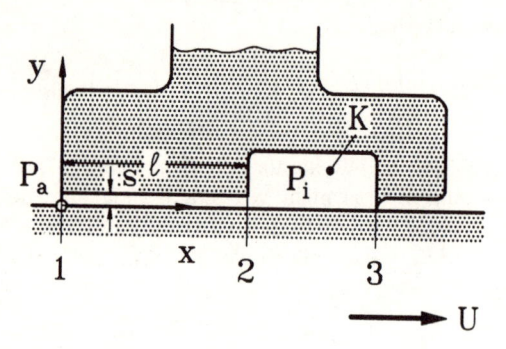

Abb. N2a: laminare Spaltströmung

Über einer horizontalen, ebenen Wand, die sich mit der konstanten Geschwindigkeit U bewegt, ist ein ruhendes Maschinenteil so angeordnet (vgl. Abb. N2a), daß der linke Teil der Unterseite zusammen mit der bewegten Wand einen ebenen Spalt der Länge l, der Höhe s und der Breite b (senkrecht zur Zeichenebene) bildet. Im Spalt und in der sich anschließenden Kammer K befindet sich Öl (Newtonsches Medium mit konstanter dynamischer Zähigkeit μ), das im unteren Teil des Spalts infolge der bewegten Wand in die Kammer K geschleppt wird und im oberen Teil des Spalts aus der Kammer wieder ausströmt.

An der Dichtlippe (Stelle 3) kann kein Öl austreten. Der Druck am linken Ende des Spalts an der Stelle 1 sei p_a; am rechten Ende an der Stelle 2 herrsche der Kammerdruck p_i. Die Strömung sei über die gesamte Länge l ausgebildet und laminar.

a) Wie sieht qualitativ das Geschwindigkeitsprofil im Spalt aus?
b) Wie lautet die Differentialgleichung für die Geschwindigkeit $u(x,y)$, und wie lautet die Beziehung für den Druck p in Abhängigkeit von p_a und p_i?
c) Es sollen das Geschwindigkeitsprofil $u(y)$ und der Druck p_i berechnet werden.

3.1 Navier-Stokes Gleichungen

Lösung:
gegeben: U, s, l, p_a, μ
gesucht: **a) Skizze des Geschwindigkeitsprofils, b) DGl. für u und Formel für p, c)** $u(y)$, p_i

a) Das Geschwindigkeitsprofil ist in der Abb. N2b skizziert. Folgendes sei dazu erklärt:

1. Unmittelbar auf der Wand wird das Fluid mit der Geschwindigkeit U bewegt, da es auf der Wand haftet.

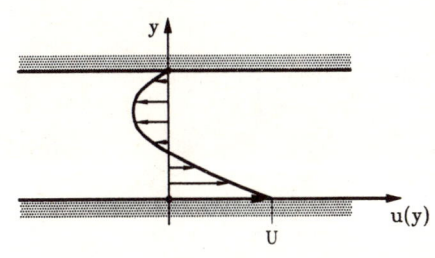

Abb. N2b: Geschwindigkeitsprofil

2. Auf der Oberfläche des Maschinenteils haftet ebenfalls das Fluid, und die Strömungsgeschwindigkeit ist dort Null.

3. Durch die Wand wird das Fluid in die Kammer geschleppt. Die gleiche Menge, die pro Zeiteinheit hineingeschleppt wird, strömt im oberen Bereich des Spaltes wieder zurück, so daß die Geschwindigkeitspfeile des Profils im unteren Bereich nach rechts und im oberen Teil des Spaltes nach links zeigen.

b) Die Differentialgleichung für $u(x,y)$ ergibt sich mit der Vereinfachung des Gleichungssystems, bestehend aus der Kontinuitätsgleichung und den Navier-Stokes-Gleichungen für zweidimensionale, inkompressible und stationäre Strömungen (s. dazu Aufgabe N1). Die Vereinfachungen der Gleichungen (16) bis (18) der Aufgabe N1 sind hier nochmals kurz zusammengefaßt:

- Die Strömung ist ausgebildet, d.h. $\partial u/\partial x = 0$. Dann folgt mit der Gleichung (16) unmittelbar, daß $\partial v/\partial y = 0$ ist. Mit der Haftbedingung $v = 0$ ergibt sich dann: $v = 0$ für alle (x, y).

- Mit $v = 0$ und $\partial u/\partial x = 0$ erhält man mit der Gleichung (17) bzw. mit der Gleichung (18) die beiden folgenden Gleichungen (die Volumenkräfte sind Null, also $f_x = f_y = 0$):

$$0 = -\frac{\partial p}{\partial x} + \mu \cdot \frac{\partial^2 u}{\partial y^2} \qquad (1)$$

$$0 = -\frac{\partial p}{\partial y} \qquad (2)$$

- Da $\partial p/\partial y = 0$ ist, ist p nur von x abhängig, und deshalb ist $\partial p/\partial x = dp/dx$. Weiterhin ist u nur eine Funktion von x ($\partial u/\partial x = 0$), so daß sich für u bei dem beschriebenen Problem die folgende Differentialgleichung ergibt:

$$\frac{d^2 u}{dy^2} = \frac{1}{\mu} \cdot \frac{dp}{dx} \qquad (3)$$

- Die linke Seite der Gleichung (3) ist nur von y abhängig. Der Druckgradient dp/dx auf der rechten Seite ist also eine Konstante, d.h. der Druck verläuft in x-Richtung linear. Für ihn gilt:

$$p(x) = \frac{p_i - p_a}{l} \cdot x + p_a \quad . \tag{4}$$

c) Durch zweimaliges Integrieren der Gleichung (3) auf beiden Seiten erhält man:

$$\frac{du}{dy} = \frac{1}{\mu} \cdot \frac{dp}{dx} \cdot y + C_1 \tag{5}$$

$$u = \frac{1}{2 \cdot \mu} \cdot \frac{dp}{dx} \cdot y^2 + C_1 \cdot y + C_2 \quad . \tag{6}$$

C_1 und C_2 sind Integrationskonstanten. Sie lassen sich mit den folgenden beiden Randbedingungen bestimmen:

$$1.\ u(y=0) = U \quad 2.\ u(y=s) = 0 \quad . \tag{7}$$

Mit den Randbedingungen (7) und der Gleichung (6) ergeben sich die beiden folgenden Bestimmungsgleichungen für C_1 und C_2:

$$C_2 = U$$

$$\frac{1}{2 \cdot \mu} \cdot \frac{dp}{dx} \cdot s^2 + C_1 \cdot s + C_2 = 0 \quad ,$$

mit deren Lösung man für C_1 und C_2 erhält:

$$C_1 = -\frac{1}{s} \cdot \left(\frac{1}{2 \cdot \mu} \cdot \frac{dp}{dx} \cdot s^2 + U \right) \qquad C_2 = U \tag{8}$$

Die Konstanten C_1 und C_2 gemäß der Gleichungen (8) eingesetzt, ergibt für $u(y)$:

$$u(y) = \frac{1}{2 \cdot \mu} \cdot \frac{dp}{dx} \cdot s^2 \cdot \left[\left(\frac{y}{s}\right)^2 - \frac{y}{s} \right] + U \cdot \left[1 - \frac{y}{s} \right] \quad . \tag{9}$$

Für den Druckgradienten dp/dx gilt gemäß der Gleichung (4): $dp/dx = (p_i - p_a)/l$. Durch Einsetzen des Druckgradienten in Gleichung (9), erhält man das Ergebnis für $u(y)$ zu:

$$u(y) = \frac{1}{2 \cdot \mu} \cdot \frac{p_a - p_i}{l} \cdot s^2 \cdot \left[\frac{y}{s} - \left(\frac{y}{s}\right)^2 \right] + U \cdot \left[1 - \frac{y}{s} \right] \quad . \tag{10}$$

Zuletzt wird noch der Druck p_i in der Kammer berechnet. Der Druck an Stelle 2 ist gleich dem Druck p_i (s. Aufgabenstellung). Er stellt sich so ein, daß der Volumenstrom $\dot{V}$ durch den Spalt Null ist (s. Lösung des Aufgabenteils a)). Die Bestimmungsgleichung für p_i erhält man mit der Gleichung $\dot{V} = 0$:

$$\dot{V} = \int_0^s u(y) \cdot b \cdot dy = 0 \quad . \tag{11}$$

3.1 Navier-Stokes Gleichungen

$u(y)$ gemäß der Gleichung (10) in Gleichung (11) eingesetzt, ergibt:

$$\int_0^s \left(\frac{1}{2\cdot\mu} \cdot \frac{p_a - p_i}{l} \cdot s^2 \cdot \left[\frac{y}{s} - \left(\frac{y}{s}\right)^2\right] + U \cdot \left[1 - \frac{y}{s}\right] \right) \cdot b \cdot dy = 0$$

$$\int_0^1 \frac{s^3 \cdot b}{2\cdot\mu} \cdot \frac{p_a - p_1}{l} \cdot \left[\frac{y}{s} - \left(\frac{y}{s}\right)^2\right] \cdot d\left(\frac{y}{s}\right) + \int_0^1 U \cdot s \cdot b \left(1 - \frac{y}{s}\right) \cdot d\left(\frac{y}{s}\right) = 0$$

$$\frac{s^3 \cdot b}{12\cdot\mu} \cdot \frac{p_a - p_i}{l} + \frac{1}{2} \cdot U \cdot s \cdot b = 0.$$

Diese Gleichung nach p_i aufgelöst, ergibt das gesuchte Ergebnis zu:

$$\underline{p_i = \frac{6\cdot\mu\cdot l}{s^2} \cdot U + p_a} \quad .$$

Aufgabe N3

Eine Fluidschicht mit der Dichte ρ und der Zähigkeit μ strömt eine senkrecht stehende Wand der Breite b hinunter. Die Strömung ist laminar und voll ausgeprägt. Auf die Oberfläche der Wasserschicht wird von der Luft die Schubspannung τ_0 übertragen. Die Dicke der Fluidschicht sei h (s. Abb. N3). Für diese Strömung gilt die folgende Differentialgleichung (Herleitung analog zu Aufgabe N1 und N2):

$$\frac{d^2 u}{dy^2} = \frac{\rho \cdot g}{\mu} \quad . \tag{1}$$

(Der Druckgradient $\partial p/\partial x = 0$, $f_x = \rho \cdot g$)

Es sollen das Geschwindigkeitsprofil $u(y)$ und die auf die Wand übertragene Wandschubspannung τ_w ermittelt werden.
Hinweis: $b \gg h$.

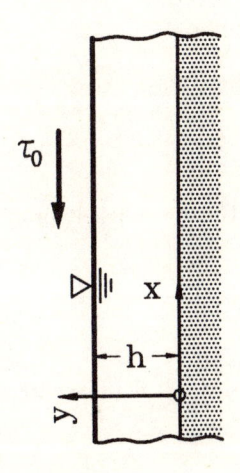

Abb. N3: Fluidschicht

Lösung:
gegeben: h, ρ, μ, τ_0, b
gesucht: $u(y)$, τ_w

Durch zweimaliges Integrieren der Gleichung (1) erhält man die folgenden Gleichungen mit den Integrationskonstanten C_1 und C_2:

$$\frac{du}{dy} = \frac{\rho \cdot g}{\mu} \cdot y + C_1 \qquad (2)$$

$$u(y) = \frac{\rho \cdot g}{2 \cdot \mu} \cdot y^2 + C_1 \cdot y + C_2 \quad . \qquad (3)$$

Zur Bestimmung der Integrationskonstanten werden zwei Randbedingungen benötigt. Die erste ergibt sich durch das Haften des Fluids auf der Wand, $u(y = 0) = 0$. Da auf die Oberfläche des Fluids die Schubspannung τ_0 übertragen wird, ergibt sich die zweite Randbedingung mit dem Newtonschen Reibungsgesetz zu:

$$\tau_0 = \mu \cdot \frac{du}{dy}\Big|_{y=h} \quad . \qquad (4)$$

Mit den Randbedingungen und den Gleichungen (2) und (3) ergeben sich die folgenden Bestimmungsgleichungen für die Konstanten C_1 und C_2:

$$C_2 = 0$$
$$\tau_0 = \mu \cdot \frac{du}{dy}\Big|_{y=h} = \mu \cdot \left(\frac{\rho \cdot g}{\mu} \cdot h + C_1\right)$$
$$\Longrightarrow C_1 = \frac{1}{\mu} \cdot (\tau_0 - \rho \cdot g \cdot h)) \quad .$$

C_1 und C_2 in Gleichung (3) eingesetzt, ergibt das gesuchte Geschwindigkeitsprofil $u(y)$.

$$\underline{u(y) = \frac{\rho \cdot g \cdot h^2}{2 \cdot \mu} \cdot \left(\frac{y}{h}\right)^2 + \frac{h}{\mu} \cdot (\tau_0 - \rho \cdot g \cdot h) \cdot \left(\frac{y}{h}\right)} \quad . \qquad (5)$$

Die Schubspannung τ_w, die auf die Wand wirkt, berechnet sich mit dem Newtonschen Reibungsgesetz. Es lautet:

$$\tau_w = \mu \cdot \frac{du}{dy}\Big|_{y=0} \quad . \qquad (6)$$

Mit der Gleichung (2) ergibt sich für $du/dy|_{y=0}$:

$$\frac{du}{dy}\Big|_{y=0} = C_1 = \frac{1}{\mu} \cdot (\tau_0 - \rho \cdot g \cdot h) \qquad (7)$$

und mit Gleichung (6) erhält man schließlich das gesuchte Ergebnis zu:

$$\underline{\tau_w = \tau_0 - \rho \cdot g \cdot h} \quad . \qquad (8)$$

3.1 Navier-Stokes Gleichungen

Aufgabe N4

Bei der Lösung des Problems der "plötzlich in Gang gesetzten ebenen Platte" (Rayleigh-Stokessches Problem, s. Lehrbuch Zierep S. 146) muß eine lineare partielle Differentialgleichung 2. Ordnung gelöst werden, die z.B. durch Vereinfachung der Kontinuitätsgleichung und der Navier-Stokes Gleichung hergeleitet werden kann.

In dieser Aufgabe soll die genannte Differentialgleichung _ohne_ Anwendung der Navier-Stokes Gleichung aufgestellt werden. Die partielle Differentialgleichung soll mittels eines Kräftegleichgewichts am Volumenelement hergeleitet werden. Dazu sollen nacheinander die folgenden Teilaufgaben gelöst werden:

a) An einem Volumenelement sollen die angreifenden Kräfte angezeichnet werden.
b) Es soll das Kräftegleichgewicht formuliert werden.
c) Die in der resultierenden Gleichung vorhandene Schubspannung soll durch das Newtonsche Reibungsgesetz ersetzt werden.
d) Es sollen die Randbedingungen für dieses Problem angegeben werden.

Lösung:
gegeben: μ, ρ, U
gesucht: a) Kräfte am Volumenelement, b) Kräftegleichgewicht aufstellen, c) Reibungsgesetz anwenden, d) Randbedingungen formulieren

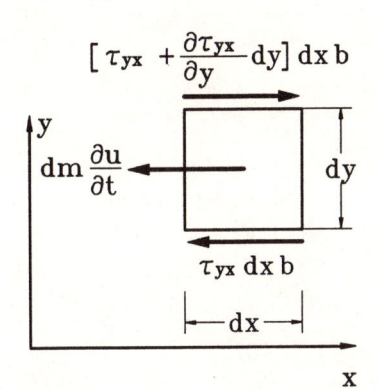

a) Die angreifenden Kräfte sind in der Abb. N4 am Volumenelement angetragen. Dazu sei folgendes ergänzend erwähnt:

1. Auf dem unteren und oberen Schnittufer wirken die entsprechenden Schubspannungen. Der erste Index an dem τ bezeichnet das Schnittufer (in diesem Fall $y = const$), und der zweite zeigt an, in welche Richtung (in diesem Fall in x-Richtung) die Schubspannungskraft wirkt.

Abb. N4: Kräfte am Volumenelement

2. Zeigt die Normale des Schnittufers in positive Achsrichtung, so werden die Schubspannungskräfte in positive Achsrichtung eingetragen; zeigt die Normale in negative Richtung, werden die Schubspannungskräfte entsprechend in negative Achsrichtung eingezeichnet.

3. In Abb. N4 sind die Druckkräfte nicht eingezeichnet, da in der Strömung kein Druckgradient wirksam ist.

4. Die Trägheitskraft dF_T lautet allgemein:

$$dF_T = \left(\frac{\partial u}{\partial t} + u \cdot \frac{\partial u}{\partial x} + v \cdot \frac{\partial u}{\partial y}\right) \cdot dm$$

$$dF_T = \rho \cdot \left(\frac{\partial u}{\partial t} + u \cdot \frac{\partial u}{\partial x} + v \cdot \frac{\partial u}{\partial y}\right) \cdot b \cdot dx \cdot dy \quad .$$

In der Abb. N4 ist die Trägheitskraft gemäß der Formel $dF_T = \partial u/\partial t \cdot dm = \rho \cdot \partial u/\partial t \cdot b \cdot dx \cdot dy$ eingezeichnet, da für die Strömung $\partial u/\partial x = 0$ und $v = 0$ sind.

b) Gemäß der eingetragenen Kräfte am Volumenelement, ergibt sich mit dem Kräftegleichgewicht:

$$\sum_i dF_i = 0 = -\rho \cdot \frac{\partial u}{\partial t} \cdot b \cdot dx \cdot dy + \left(\tau_{yx} + \frac{\partial \tau_{yx}}{\partial y} \cdot dy\right) \cdot b \cdot dx - \tau_{yx} \cdot b \cdot dx$$

$$\Longrightarrow \rho \cdot \frac{\partial u}{\partial t} = \frac{\partial \tau_{yx}}{\partial y} \quad . \tag{1}$$

c) Mit dem Newtonschen Reibungsgesetz erhält man:

$$\tau_{yx} = \mu \cdot \frac{\partial u}{\partial y} \quad \Longrightarrow \quad \frac{\partial \tau_{yx}}{\partial y} = \mu \cdot \frac{\partial^2 u}{\partial y^2} \quad . \tag{2}$$

Die partielle Ableitung von τ_{yx} gemäß Gleichung (2) in Gleichung (1) eingesetzt, ergibt die im Lehrbuch von Zierep angegebene Differentialgleichung für das Rayleigh-Stokessche Problem.

$$\underline{\rho \cdot \frac{\partial u}{\partial t} = \mu \cdot \frac{\partial^2 u}{\partial y^2}} \quad . \tag{3}$$

d) Für $t \leq 0$ ist u überall Null. Ist $t > 0$, so haftet das Fluid auf der plötzlich in Gang gesetzten Platte und bewegt sich auf der Wand mit der Geschwindigkeit U. Für $y \longrightarrow \infty$ ist u auch zum Zeitpunkt $t > 0$ Null. Die Randbedingungen lauten also:

$$1.\ u(y) = 0 \quad t \leq 0 \quad , \qquad 2.\ u(y=0) = U \quad t > 0$$
$$u(y \to \infty) = 0$$

Wie die Differentialgleichung mit den angegebenen Randbedingungen gelöst wird, ist im Lehrbuch von Zierep beschrieben. Dort wird die Lösung auch diskutiert.

Aufgabe N5

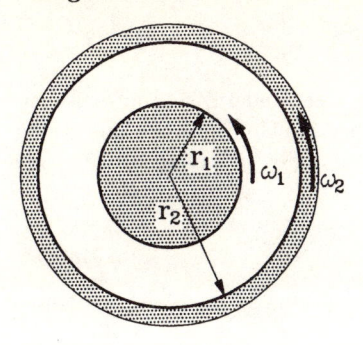

Abb. N5a: Zylinderspaltströmung

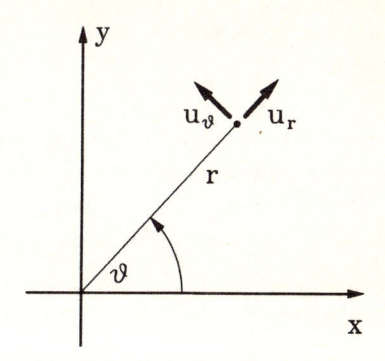

Abb. N5b: Polarkoordinaten

Ein Zylinder mit dem Radius r_1 ist von einem äußeren Zylinder mit dem Radius r_2 umgeben (s. Abb. N5a). Der innere Zylinder rotiert mit der Winkelgeschwindigkeit ω_1 und der äußere Zylinder mit der Winkelgeschwindigkeit ω_2. Zwischen den beiden Zylindern befindet sich ein Fluid.

In dieser Aufgabe soll das Geschwindigkeitsprofil des Fluids zwischen den beiden Zylindern ermittelt werden (laminare Strömung vorausgesetzt). Dazu soll von der Navier-Stokes Gleichung in Polarkoordinaten ausgegangen werden. Sie lauten für eine stationäre und inkompressible Strömung (s. dazu Abb. N5b):

Kontinuitätsgleichung:

$$\frac{\partial u_r}{\partial r} + \frac{u_r}{r} + \frac{1}{r} \cdot \frac{\partial u_\vartheta}{\partial \vartheta} = 0 \tag{1}$$

1. Navier-Stokes Gleichung:

$$\rho \cdot \left(u_r \cdot \frac{\partial u_r}{\partial r} + \frac{u_\vartheta}{r} \cdot \frac{\partial u_r}{\partial \vartheta} - \frac{u_\vartheta^2}{r} \right) =$$

$$f_r - \frac{\partial p}{\partial r} + \mu \cdot \left(\frac{\partial^2 u_r}{\partial r^2} + \frac{1}{r} \cdot \frac{\partial u_r}{\partial r} - \frac{u_r}{r^2} + \frac{1}{r^2} \cdot \frac{\partial^2 u_r}{\partial \vartheta^2} - \frac{2}{r^2} \cdot \frac{\partial u_\vartheta}{\partial \vartheta} \right) \tag{2}$$

2. Navier-Stokes Gleichung:

$$\rho \cdot \left(u_r \cdot \frac{\partial u_\vartheta}{\partial r} + \frac{u_\vartheta}{r} \cdot \frac{\partial u_\vartheta}{\partial \vartheta} + \frac{u_r \cdot u_\vartheta}{r} \right) =$$

$$f_\vartheta - \frac{1}{r} \cdot \frac{\partial p}{\partial \vartheta} + \mu \cdot \left(\frac{\partial^2 u_\vartheta}{\partial r^2} + \frac{1}{r} \cdot \frac{\partial u_\vartheta}{\partial r} - \frac{u_\vartheta}{r^2} + \frac{1}{r^2} \cdot \frac{\partial^2 u_\vartheta}{\partial \vartheta^2} + \frac{2}{r^2} \cdot \frac{u_r}{\partial \vartheta} \right) \quad . \tag{3}$$

Die Gleichungen sollen zuerst für das Problem vereinfacht werden, und anschließend soll $u(r)$ mit einer vereinfachten Gleichung ermittelt werden.

Lösung:
gegeben: r_1, r_2, ω_1, ω_2
gesucht: $u(r)$

Da sich die Strömungsgrößen in Umfangsrichtung nicht ändern, sind in den Gleichungen (1) bis (3) alle Ableitungen nach ϑ Null, und die Größen u_r, u_ϑ und p sind nur von r abhängig. Mit der Kontinuitätsgleichung ergibt sich dann die folgende gewöhnliche Differentialgleichung:

$$\frac{du_r}{dr} + \frac{u_r}{r} = 0 \quad . \tag{4}$$

Mit der folgenden einfachen Rechnung kann die Gleichung für u_r gelöst werden:

$$\frac{du_r}{dr} + \frac{u_r}{r} = 0 \implies \frac{du_r}{u_r} = -\frac{dr}{r} \implies u_r = \frac{C}{r} \quad . \tag{5}$$

C ist eine Integrationskonstante. Mit der Randbedingung $u_r(r = r_1) = 0$ ergibt sich für C der Wert $C = 0$. Gemäß Gleichung (5) ist u_r also für $r_1 \leq r \leq r_2$ Null, was auch sofort erkennbar ist.

Mit $\partial/\partial\vartheta = 0$ und $u_r = 0$ erhält man mit den Gleichungen (2) und (3) die beiden folgenden gewöhnlichen Differentialgleichungen für u und p ($u =: u_\vartheta$, Volumenkräfte f_r und f_ϑ gleich Null):

$$\rho \cdot \frac{u^2}{r} = \frac{dp}{dr} \tag{6}$$

$$\frac{d^2u}{dr^2} + \frac{1}{r} \cdot \frac{du}{dr} - \frac{u}{r^2} = 0 \tag{7}$$

In der ersten Differentialgleichung (6) sind u und p als zu bestimmende Größen vorhanden. Die zweite Differentialgleichung (7) enthält nur u. Deshalb wird die zweite Differentialgleichung weiter betrachtet. Sie kann mit der nachfolgenden Umschreibung sofort einmal integriert werden:

$$\frac{d^2u}{dr^2} + \frac{1}{r} \cdot \frac{du}{dr} - \frac{u}{r^2} = \frac{d^2u}{dr^2} + \frac{d}{dr} \cdot \left(\frac{u}{r}\right) = 0 \tag{8}$$

$$\implies \frac{du}{dr} + \frac{u}{r} = C_1 \quad . \tag{9}$$

C_1 ist eine Integrationskonstante. Sie muß später mittels der Randbedingungen ermittelt werden. Zur weiteren Lösung der Gleichung (9) wird zunächst die Lösung für die homogene Differentialgleichung bestimmt. Dazu wird die folgende Rechnung durchgeführt.

$$\frac{du}{dr} + \frac{u}{r} = 0 \implies \frac{du}{u} = -\frac{dr}{r} \implies \ln u = -\ln r + \bar{C}$$

$$\implies u = \frac{C}{r} \quad . \tag{10}$$

C ist in Gleichung (10) eine Konstante. In der weiteren Rechnung wird sie nun als eine Funktion $C = f(r)$ angesehen (Variation der Konstanten). Gleichung (10) auf beiden Seiten nach r differenziert, ergibt:

$$\frac{du}{dr} = \frac{1}{r} \cdot \frac{dC}{dr} - \frac{1}{r^2} \cdot C \quad . \tag{11}$$

3.1 Navier-Stokes Gleichungen

du/dr gemäß Gleichung (11) und $u(r)$ gemäß Gleichung (10) ($C = f(r)$) in Gleichung (9) eingesetzt, ergibt die folgende Differentialgleichung für $C(r)$, mit deren Lösung die Funktion $C(r)$ ermittelt wird:

$$\frac{1}{r} \cdot \frac{dC}{dr} = C_1 \quad \Longrightarrow \quad dC = C_1 \cdot r \cdot dr \quad \Longrightarrow \quad C(r) = C_1 \cdot \frac{r^2}{2} + C_2 \,. \tag{12}$$

C_2 ist eine weitere Integrationskonstante, die mit den noch anzugebenden Randbedingungen bestimmt werden muß. C gemäß der Gleichung (12) in Gleichung (10) eingesetzt, ergibt die folgende Funktion $u(r)$, für die die Konstanten C_1 und C_2 mit den Randbedingungen noch zu bestimmen sind:

$$u(r) = C_1 \cdot \frac{r}{2} + \frac{C_2}{r} \quad . \tag{13}$$

Auf dem inneren und äußeren Zylinder haftet das Fluid, so daß sich die folgenden Randbedingungen ergeben:

$$1.\ u(r = r_1) = \omega_1 \cdot r_1 \qquad 2.\ u(r = r_2) = \omega_2 \cdot r_2 \quad . \tag{14}$$

Mit den Randbedingungen (14) und der Gleichung (13) erhält man die folgenden beiden Bestimmungsgleichungen für die Konstanten C_1 und C_2. Sie lauten:

$$1.\ \omega_1 \cdot r_1 = C_1 \cdot \frac{r_1}{2} + \frac{C_2}{r_1} \qquad 2.\ \omega_2 \cdot r_2 = C_1 \cdot \frac{r_2}{2} + \frac{C_2}{r_2} \quad . \tag{15}$$

Die Lösung des Gleichungssystems ergibt für C_1 und C_2:

$$C_1 = 2 \cdot \frac{\omega_2 \cdot r_2^2 - \omega_1 \cdot r_1^2}{r_2^2 - r_1^2} \qquad C_2 = \frac{r_1^2 \cdot r_2^2}{r_2^2 - r_1^2} \cdot (\omega_1 - \omega_2) \quad . \tag{16}$$

Die Konstanten in die Gleichung (13) eingesetzt, ergibt das gesuchte Ergebnis zu:

$$\underline{u(r) = \frac{1}{r_2^2 - r_1^2} \cdot \left[r \cdot (\omega_2 \cdot r_2^2 - \omega_1 \cdot r_1^2) - \frac{r_1^2 \cdot r_2^2}{r} \cdot (\omega_2 - \omega_1) \right]} \quad .$$

$u(r)$ ist unabhängig von der Zähigkeit μ des Fluids. Mit der Differentialgleichung (6) könnte nun mit dem bekannten Geschwindigkeitsprofil $u(r)$ der Druck $p(r)$ ermittelt werden. Er ist ebenfalls nicht von μ abhängig, da in der Gleichung (6) die Zähigkeit nicht vorkommt.

Das Ergebnis ist für die speziellen Fälle ($\omega_1 \neq 0, \omega_2 = 0$) und ($\omega_1 = 0, \omega_2 \neq 0$) in der Abb. N5c dargestellt. Es werden dazu die folgenden Größen eingeführt: $\kappa = r_1/r_2$, $\alpha = r/r_2$, $u_1 = \omega_1 \cdot r_1$ und $u_2 = \omega_2 \cdot r_2$. Mit diesen Größen ergeben sich mit der Ergebnisformel für $u(r)$ die nachfolgenden Formeln zur Auswertung:

$$\frac{u(r)}{u_1} = \frac{\kappa}{1 - \kappa^2} \cdot \left(\frac{1 - \alpha^2}{\alpha} \right) \qquad \frac{u(r)}{u_2} = \frac{\kappa}{1 - \kappa^2} \cdot \left(\frac{\alpha}{\kappa} - \frac{\kappa}{\alpha} \right) \quad .$$

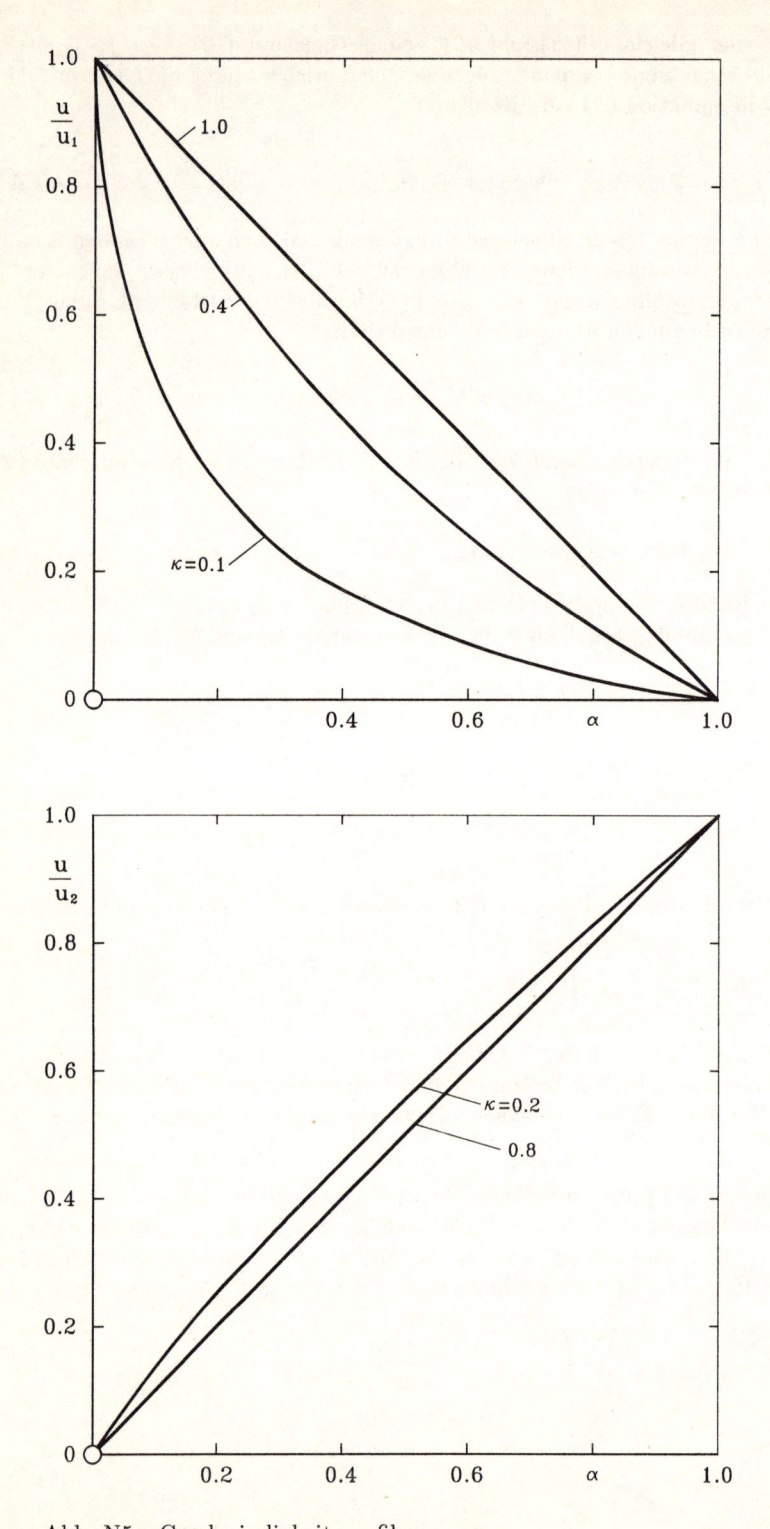

Abb. N5c: Geschwindigkeitsprofile

3.1.2 Reynolds-Gleichungen für turbulente Strömungen

Aufgabe RE1 (Einführung)

Sind turbulente Strömungen, streng genommen, immer instationäre Strömungen ? Wenn ja, was versteht man dann unter einer stationären bzw. instationären, turbulenten Strömung ?

Lösung:

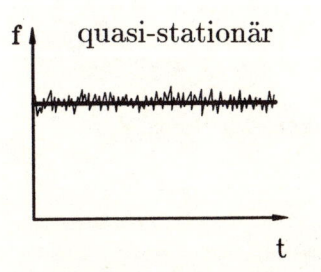

Abb. RE1a: quasi-stationäre turbulente Strömung

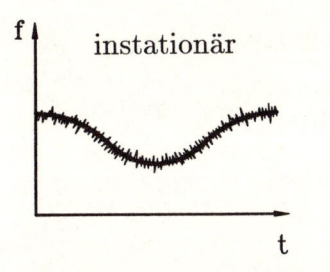

Abb. RE1b: instationäre turbulente Strömung

Turbulente Strömungen sind, streng genommen, immer instationäre Strömungen, da die Strömungsgrößen an einem festen Ort ständig um einen Mittelwert schwanken (s. Abb. RE1a). Wenn der Mittelwert zeitlich konstant ist, so wie es in der Abb. RE1a gezeigt ist, dann spricht man von einer quasi-stationären, turbulenten Strömung.

Ändert sich der Mittelwert der Strömungsgrößen mit der Zeit (s. Abb. RE1b), so bezeichnet man eine solche Strömung als eine instationäre, turbulente Strömung.

Der Mittelwert $\bar{f}$ einer Größe f an einem festen Ort im Strömungsfeld ist mit der Formel

$$\bar{f} = \frac{1}{T} \cdot \int_0^T f(t) \cdot dt \qquad (1)$$

definiert. Ist die turbulente Strömung instationär (s. Abb RE1b), so muß gemäß der Formel (1) die Zeit T, über die gemittelt wird, geeignet groß gewählt werden. Sie muß ausreichend groß sein, damit die Größe f genau gemittelt wird. Sie darf andererseits nicht beliebig groß gewählt werden, da sonst der instationäre Verlauf der Größe $\bar{f}$ herausgemittelt wird.

Aufgabe RE2

Zur Herleitung der Reynolds-Gleichung werden die in der Navier-Stokes Gleichung vorhandenen Größen f (f steht für eine beliebige Größe) durch den Mittelwert $\bar{f}$ plus der Schwankungsgröße f' ersetzt, also ist $f = \bar{f} + f'$. Aus der sich anschließenden Mittelung resultiert dann die bekannte Reynolds-Gleichung.

Zur Durchführung der Mittelung werden die nachfolgend aufgelisteten Rechenregeln benötigt. In dieser Aufgabe soll gezeigt werden, daß diese Rechenregeln richtig sind. Sie lauten:

1. $\bar{\bar{f}} = \bar{f}$ 2. $\overline{f + g} = \bar{f} + \bar{g}$ 3. $\overline{\bar{f} \cdot g} = \bar{f} \cdot \bar{g}$ 4. $\overline{\dfrac{\partial f}{\partial s}} = \dfrac{\partial \bar{f}}{\partial s}$

5. $\overline{\int_s f \cdot ds} = \int_s \bar{f} \cdot ds$.

g ist eine weitere beliebige Größe, s ist eine Längenkoordinate.

Lösung:
gegeben: s. Rechenregeln
verlangt: Überprüfung der Rechenregeln

Die Rechenregeln werden nacheinander überprüft. Die erste Rechenregel ist trivial und wird nicht weiter betrachtet. Die zeitliche Mittelung einer Größe m über das Intervall $[0,T]$ geschieht mit

$$\bar{m} = \frac{1}{T} \cdot \int_0^T m \cdot dt \quad . \tag{1}$$

Die Formel (1) auf die Mittelung von $f + g$ angewendet, ergibt:

$$\overline{f + g} = \frac{1}{T} \cdot \int_0^T (f+g) \cdot dt = \frac{1}{T} \cdot \int_0^T f \cdot dt + \frac{1}{T} \cdot \int_0^T g \cdot dt = \bar{f} + \bar{g} \quad . \tag{2}$$

Analog verläuft die Überprüfung der restlichen Rechenregeln.
Rechenregel 3:

$$\overline{\bar{f} \cdot g} = \frac{1}{T} \cdot \int_0^T \bar{f} \cdot g \cdot dt = \bar{f} \cdot \frac{1}{T} \cdot \int_0^T g \cdot dt = \bar{f} \cdot \bar{g} \quad . \tag{3}$$

Rechenregel 4:

$$\overline{\frac{\partial f}{\partial s}} = \frac{1}{T} \cdot \int_0^T \frac{\partial f}{\partial s} \cdot dt = \frac{\partial}{\partial s} \left(\frac{1}{T} \cdot \int_0^T f \cdot dt \right) = \frac{\partial \bar{f}}{\partial s} \quad . \tag{4}$$

Rechenregel 5:

$$\overline{\int_s f \cdot ds} = \frac{1}{T} \cdot \int_0^T \left(\int_s f \cdot ds \right) \cdot dt = \frac{1}{T} \cdot \int_s \left(\int_0^T f \cdot dt \right) \cdot ds =$$
$$\int_s \left(\frac{1}{T} \cdot \int_0^T f \cdot dt \right) \cdot ds = \int_s \bar{f} \cdot ds \tag{5}$$

Aufgabe RE3

Mit den in der Aufgabe RE2 überprüften Rechenregeln werden die allgemeinen Navier-Stokes Gleichungen gemittelt und aus deren Mittelung resultieren die Reynoldsgleichungen. In dieser Aufgabe soll die Gleichung

$$\rho \cdot \left(\frac{\partial u}{\partial t} + \frac{\partial u^2}{\partial x} + \frac{\partial (u \cdot v)}{\partial y}\right) = f_x - \frac{\partial p}{\partial x} + \mu \cdot \left(\frac{\partial^2 u}{\partial x^2} + \frac{\partial^2 u}{\partial y^2}\right) \qquad (1)$$

mit einer Mittelung in die entsprechende Reynolds-Gleichung überführt werden. Gleichung (1) entspricht der ersten Navier-Stokes Gleichung (für die x-Richtung) für eine zweidimensionale, instationäre und inkompressible Strömung.

Bei der Lösung der Aufgabe sollen die beiden Teilaufgaben nacheinander bearbeitet werden.

a) Es soll gezeigt werden, daß die linke Seite der Gleichung (1) der linken Seite der Gleichung (2) entspricht.

$$\rho \cdot \left(\frac{\partial u}{\partial t} + u \cdot \frac{\partial u}{\partial x} + v \cdot \frac{\partial u}{\partial y}\right) = f_x - \frac{\partial p}{\partial x} + \mu \cdot \left(\frac{\partial^2 u}{\partial x^2} + \frac{\partial^2 u}{\partial y^2}\right) \qquad . \qquad (2)$$

b) Die Größen u, v und p sollen in Gleichung (1) durch $u = \bar{u}+u'$, $v = \bar{v}+v'$ und $p = \bar{p} + p'$ ersetzt werden, und die daraus resultierende Gleichung soll über das Zeitintervall [0,T] gemittelt werden.

Lösung:
gegeben: Gleichung (1)
gesucht: a) Gleichung (1) = Gleichung (2) ? b) entspr. Reynolds-Gleichung

a) Mit der Anwendung der Produktregel läßt sich die linke Seite der Gleichung (1) in die folgende Form umschreiben:

$$\begin{aligned}\rho \cdot \left(\frac{\partial u}{\partial t} + \frac{\partial u^2}{\partial x} + \frac{\partial (u \cdot v)}{\partial y}\right) &= \rho \cdot \left(\frac{\partial u}{\partial t} + 2 \cdot u \cdot \frac{\partial u}{\partial x} + u \cdot \frac{\partial v}{\partial y} + v \cdot \frac{\partial u}{\partial y}\right) = \\ \rho \cdot \left(\frac{\partial u}{\partial t} + u \cdot \frac{\partial u}{\partial x} + v \cdot \frac{\partial u}{\partial y}\right) &+ \rho \cdot u \cdot \left(\frac{\partial u}{\partial x} + \frac{\partial v}{\partial y}\right) \qquad . \end{aligned} \qquad (3)$$

Der Term $\partial u/\partial x + \partial v/\partial y$ entspricht der linken Seite der Kontinuitätsgleichung. Er ist also Null, so daß gilt:

$$\rho \cdot \left(\frac{\partial u}{\partial t} + \frac{\partial u^2}{\partial x} + \frac{\partial (u \cdot v)}{\partial y}\right) = \rho \cdot \left(\frac{\partial u}{\partial t} + u \cdot \frac{\partial u}{\partial x} + v \cdot \frac{\partial u}{\partial y}\right) \qquad . \qquad (4)$$

b) u, v und p in Gleichung (1) durch die entsprechenden Ausdrücke $\bar{u}+u'$, $\bar{v}+v'$ und $\bar{p}+p'$ ersetzt, ergibt die folgende Gleichung, die über das Zeitintervall [0,T] auf beiden Seiten gemittelt wird. Die zeitliche Mittelung wird durch das Überstreichen der Gleichung angedeutet. Man erhält:

$$\overline{\rho \cdot \left(\frac{\partial (\bar{u}+u')}{\partial t} + \frac{\partial (\bar{u}+u')^2}{\partial x} + \frac{\partial ((\bar{u}+u') \cdot (\bar{v}+v'))}{\partial y} \right)} =$$
$$\overline{f_x - \frac{\partial (\bar{p}+p')}{\partial x} + \mu \cdot \left(\frac{\partial^2 (\bar{u}+u')}{\partial x^2} + \frac{\partial^2 (\bar{u}+u')}{\partial y^2} \right)} \quad . \tag{5}$$

Werden nacheinander die Rechenregeln 2 und 4 auf die Gleichung (5) angewendet, erhält man:

$$\rho \cdot \left(\frac{\partial \overline{(\bar{u}+u')}}{\partial t} + \frac{\overline{\partial (\bar{u}+u')^2}}{\partial x} + \frac{\overline{\partial ((\bar{u}+u') \cdot (\bar{v}+v'))}}{\partial y} \right) =$$
$$\overline{f_x} - \frac{\partial \overline{(\bar{p}+p')}}{\partial x} + \mu \cdot \left(\frac{\overline{\partial^2 (\bar{u}+u')}}{\partial x^2} + \frac{\overline{\partial^2 (\bar{u}+u')}}{\partial y^2} \right) \quad . \tag{6}$$

Mit der nochmaligen Anwendung der Rechenregel 2 auf die Gleichung (6) und mit $\overline{f_x} = f_x$ ergibt sich:

$$\rho \cdot \left(\frac{\partial \overline{\bar{u}}}{\partial t} + \frac{\partial \overline{u'}}{\partial t} + \frac{\partial \overline{(\bar{u}+u')^2}}{\partial x} + \frac{\partial \overline{((\bar{u}+u') \cdot (\bar{v}+v'))}}{\partial y} \right) =$$
$$f_x - \frac{\partial \overline{\bar{p}}}{\partial t} - \frac{\partial \overline{p'}}{\partial t} + \mu \cdot \left(\frac{\partial^2 \overline{\bar{u}}}{\partial x^2} + \frac{\partial^2 \overline{u'}}{\partial x^2} + \frac{\partial^2 \overline{\bar{u}}}{\partial y^2} + \frac{\partial^2 \overline{u'}}{\partial y^2} \right) \quad . \tag{7}$$

Die Gleichung (7) vereinfacht sich nun weiterhin mit der Rechenregel 1 und mit $\overline{u'}=0$ sowie $\overline{p'}=0$ zu:

$$\rho \cdot \left(\frac{\partial \bar{u}}{\partial t} + \frac{\partial \overline{(\bar{u}+u')^2}}{\partial x} + \frac{\partial \overline{((\bar{u}+u') \cdot (\bar{v}+v'))}}{\partial y} \right) = f_x - \frac{\partial \bar{p}}{\partial x} + \mu \cdot \left(\frac{\partial^2 \bar{u}}{\partial x^2} + \frac{\partial^2 \bar{u}}{\partial y^2} \right) \quad . \tag{8}$$

Die Terme

$$1. \quad \frac{\partial \overline{(\bar{u}+u')^2}}{\partial x} \quad , \quad 2. \quad \frac{\partial \overline{(\bar{u}+u') \cdot (\bar{v}+v')}}{\partial y}$$

werden nun noch gesondert behandelt. Für den 1. Term ergibt sich mit den Rechenregeln 1, 2, 3 und mit $\overline{u'}=0$ die folgende Rechnung:

$$\frac{\partial \overline{(\bar{u}+u')^2}}{\partial x} = \frac{\partial \overline{(\bar{u}^2 + 2 \cdot \bar{u} \cdot u' + u'^2)}}{\partial x} = \frac{\partial \overline{\bar{u}^2}}{\partial x} + \frac{\partial \overline{(2 \cdot \bar{u} \cdot u')}}{\partial x} + \frac{\partial \overline{u'^2}}{\partial x} =$$
$$\frac{\partial \bar{u}^2}{\partial x} + \frac{\partial \overline{u'^2}}{\partial x} \quad . \tag{9}$$

Für den 2. Term ergibt sich mit der entsprechenden Rechnung:

$$\frac{\partial \overline{(\bar{u}+u') \cdot (\bar{v}+v')}}{\partial y} = \frac{\partial \overline{(\bar{u} \cdot \bar{v} + \bar{u} \cdot v' + u' \cdot \bar{v} + u' \cdot v')}}{\partial y} =$$
$$\frac{\partial \overline{(\bar{u} \cdot \bar{v})}}{\partial y} + \frac{\partial \overline{(\bar{u} \cdot v')}}{\partial y} + \frac{\partial \overline{(u' \cdot \bar{v})}}{\partial y} + \frac{\partial \overline{(u' \cdot v')}}{\partial y} = \frac{\partial \overline{(\bar{u} \cdot \bar{v})}}{\partial y} + \frac{\partial \overline{(u' \cdot v')}}{\partial y} \quad . \tag{10}$$

3.1 Navier-Stokes Gleichungen

Der 1. Term und der 2. Term gemäß der Gleichungen (9) und (10) in Gleichung (8) eingesetzt, ergibt die folgende Reynolds-Gleichung:

$$\rho \cdot \left(\frac{\partial \bar{u}}{\partial t} + \frac{\partial \bar{u}^2}{\partial x} + \frac{\partial \overline{u'^2}}{\partial x} + \frac{\partial (\bar{u} \cdot \bar{v})}{\partial y} + \frac{\partial \overline{(u' \cdot v')}}{\partial y} \right) = f_x - \frac{\partial \bar{p}}{\partial x} + \mu \cdot \left(\frac{\partial^2 \bar{u}}{\partial x^2} + \frac{\partial^2 \bar{u}}{\partial y^2} \right) \quad (11)$$

Mit einer einfachen Umformung kann die Gleichung (11) anders geschrieben werden. Sie lautet:

$$\rho \cdot \left(\frac{\partial \bar{u}}{\partial t} + \frac{\partial \bar{u}^2}{\partial x} + \frac{\partial (\bar{u} \cdot \bar{v})}{\partial y} \right) = f_x - \frac{\partial \bar{p}}{\partial x} + \mu \cdot \left(\frac{\partial^2 \bar{u}}{\partial x^2} + \frac{\partial^2 \bar{u}}{\partial y^2} \right) + \rho \cdot \left(-\frac{\partial \overline{u'^2}}{\partial x} - \frac{\partial \overline{(u' \cdot v')}}{\partial y} \right) .$$

Die Reynolds-Gleichung unterscheidet sich einmal durch die gemittelten Größen $\bar{u}$, $\bar{v}$ und $\bar{p}$ von der Gleichung (1). Weiterhin treten auf der rechten Seite die ermittelten zusätzlichen Terme auf, die, physikalisch gesehen, Trägheitsterme sind; jedoch als *turbulente Schubspannungsterme* interpretiert werden. Bei der numerischen Lösung der Reynolds-Gleichungen müssen diese Terme geeignet modelliert werden (Turbulenzmodellierung).

3.2 Grenzschichtgleichungen

3.2.1 Inkompressible Strömungen

Aufgabe G1

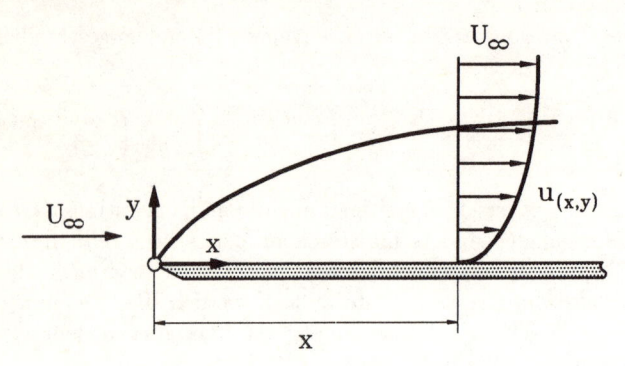

Abb. G1: Plattengrenzschichtströmung

Der Widerstand W_R der einseitig benetzten Platte der Länge x und der Breite b beträgt nach dem Impulssatz

$$W_R(x) = \int_0^x \tau_w(x) \cdot b \cdot dx = \rho \cdot \int_0^{\delta(x)} u \cdot (U_\infty - u) \cdot b \cdot dy \quad . \tag{1}$$

τ_w ist die Wandschubspannung. Mit Hilfe dieser Gleichung soll für die laminare Grenzschicht eine Formel für die Grenzschichtdicke δ in Abhängigkeit von der Lauflänge x, der Zähigkeit ν und der Anströmgeschwindigkeit U_∞ ermittelt werden. Dabei soll für die Geschwindigkeitsverteilung in der Grenzschicht das parabolische Gesetz

$$u(x,y) = U_\infty \cdot \left[2 \cdot \frac{y}{\delta} - \left(\frac{y}{\delta}\right)^2 \right] \tag{2}$$

angenommen werden. Die abzuleitende Formel ist mit der von Blasius angebenen Formel $\delta(x) = 5.2\sqrt{(\nu \cdot x)/U_\infty}$ zu vergleichen.

Lösung:
gegeben: $u(x,y); \nu; U_\infty$
gesucht: **Formel für $\delta(x)$**

Zur Lösung der Aufgabe wird zunächst die linke Seite der Gleichung

$$\int_0^x \tau_w(x) \cdot dx = \rho \cdot \int_0^{\delta(x)} u \cdot (U_\infty - u) \cdot dy \tag{3}$$

betrachtet. Die Wandschubspannung τ_w läßt sich mit dem Newtonschen Reibungsgesetz angeben:

$$\tau_w = \mu \cdot \frac{\partial u}{\partial y}\Big|_{y=0} \tag{4}$$

3.2 Grenzschichtgleichungen

Mit der parabolischen Geschwindigkeitsverteilung (2) erhält man für die Ableitung $\partial u/\partial y|_{y=0}$:

$$\frac{\partial u}{\partial y} = U_\infty \cdot \left[\frac{2}{\delta} - 2\cdot\frac{y}{\delta^2}\right] \implies \frac{\partial u}{\partial y}\bigg|_{y=0} = \frac{2\cdot U_\infty}{\delta} \quad, \tag{5}$$

so daß sich gemäß der Gleichung (4) die Wandschubspannung τ_w wie folgt ergibt:

$$\tau_w = \frac{2\cdot U_\infty \cdot \mu}{\delta} \quad. \tag{6}$$

Mit der Gleichung (6) erhält man für die linke Seite der Gleichung (3):

$$\int_0^x \tau_w(x)\cdot dx = 2\cdot U_\infty \cdot \mu \cdot \int_0^x \frac{dx}{\delta} \quad. \tag{7}$$

Zur weiteren Lösung der Aufgabe wird nun die rechte Seite der Gleichung (3) betrachtet. Mit der parabolischen Geschwindigkeitsverteilung wird die rechte Seite der Gleichung (3) berechnet. Es folgt:

$$\rho \cdot \int_0^{\delta(x)} u\cdot(U_\infty - u)\cdot dy = \rho\cdot U_\infty^2 \cdot \int_0^{\delta(x)} \frac{u}{U_\infty}\cdot\left(1 - \frac{u}{U_\infty}\right)\cdot dy =$$

$$\rho\cdot U_\infty^2 \cdot \delta \cdot \int_0^1 \left[2\cdot\frac{y}{\delta} - \left(\frac{y}{\delta}\right)^2\right]\left[1 - 2\cdot\frac{y}{\delta} + \left(\frac{y}{\delta}\right)^2\right]\cdot d\left(\frac{y}{\delta}\right) = \tag{8}$$

$$\frac{2\cdot\rho\cdot U_\infty^2 \cdot \delta}{15} \tag{9}$$

Die ermittelten Ausdrücke gemäß der Gleichung (7) und der Gleichung (9) in die Gleichung (3) eingesetzt, ergibt:

$$2\cdot U_\infty\cdot\mu\cdot\int_0^x \frac{dx}{\delta} = \frac{2\cdot\rho\cdot\delta\cdot U_\infty^2}{15}$$

$$\implies \int_0^x \frac{dx}{\delta} = \frac{\rho\cdot\delta\cdot U_\infty}{15\cdot\mu} \quad. \tag{10}$$

Durch Differenzierung der Gleichung (9) auf beiden Seiten nach x, ergibt sich die folgende Differentialgleichung für δ:

$$\frac{1}{\delta} = \frac{\rho\cdot U_\infty}{15\cdot\mu}\cdot\frac{d\delta}{dx} \implies dx = \frac{\rho\cdot U_\infty}{15\cdot\mu}\cdot\delta\cdot d\delta \quad.$$

Wird diese Gleichung auf beiden Seiten integriert, ergibt sich mit einer zusätzlichen einfachen Umformung das gesuchte Ergebnis:

$$\int_0^x dx = \int_0^{\delta(x)} \frac{\rho\cdot U_\infty}{15\cdot\mu}\cdot\delta\cdot d\delta \implies x = \frac{\rho\cdot U_\infty\cdot\delta^2}{30\cdot\mu}$$

$$\implies \delta = \sqrt{30}\cdot\sqrt{\frac{\mu}{\rho\cdot U_\infty}\cdot x} = \sqrt{30}\cdot\sqrt{\frac{\nu\cdot x}{U_\infty}} = 5.48\cdot\sqrt{\frac{\nu\cdot x}{U_\infty}} \quad.$$

Die Blasiusformel für $\delta(x)$ lautet:

$$\delta(x) = 5.2\cdot\sqrt{\frac{\nu\cdot x}{U_\infty}} \quad.$$

Die mit dem parabolischen Geschwindigkeitsprofil ermittelte Grenzschichtdicke stimmt also recht gut mit der genauen Lösung von Blasius überein.

Aufgabe G2

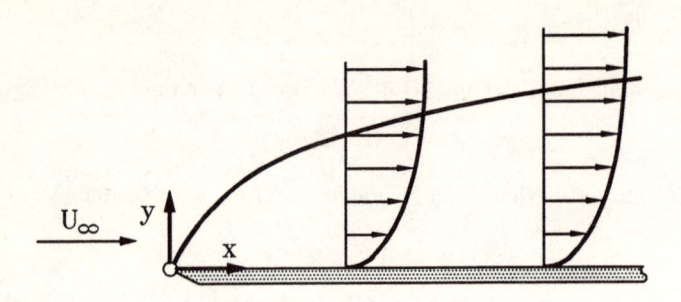

Abb. G2a: Plattengrenzschichtströmung

In der Abb. G2a sind zwei Geschwindigkeitsprofile der inkompressiblen Plattengrenzschichtströmung gezeigt. Es soll in dieser Aufgabe gezeigt werden, ob Grenzschichtprofile an verschiedenen Stellen x zueinander *ähnlich* sind. Die Grenzschichtprofile sind zueinander ähnlich, wenn die Geschwindigkeitsprofile $u(y)$ für zwei beliebige Stellen x über eine (noch anzugebende) Koordinate η gleich sind.

Zur Lösung der Aufgabe soll, wie nachfolgend aufgeführt, vorgegangen werden:

a) Es sollen für die Plattengrenzschichtströmung die Kontinuitäts- und Grenzschichtgleichung mit den geltenden Randbedingungen formuliert werden.

b) Es soll gezeigt werden, daß die Stromfunktion

$$\psi(x,y) = \sqrt{\nu \cdot x \cdot U_\infty} \cdot f(\eta) \qquad \eta = y \cdot \sqrt{\frac{U_\infty}{\nu \cdot x}}$$

die Kontinuitätsgleichung erfüllt.

c) Mit der Stromfunktion $\psi(x,y)$ und der Koordinate η sollen die in der Grenzschichtgleichung stehenden Geschwindigkeiten und partiellen Ableitungen bestimmt werden.

d) Die mit der Stromfunktion und der Koordinate η ausgedrückten Geschwindigkeiten und partiellen Ableitungen sollen in die Grenzschichtgleichung entsprechend eingesetzt werden (Randbedingungen angeben!). Erhält man dann eine gewöhnliche Differentialgleichung? Wenn ja, wie ist dies zu interpretieren?

3.2 Grenzschichtgleichungen

Lösung:

a) Die Kontinuitäts- und Grenzschichtgleichung lauten allgemein für eine zweidimensionale, inkompressible und stationäre Grenzschichtströmung:

$$\frac{\partial u}{\partial x} + \frac{\partial v}{\partial y} = 0 \tag{1}$$

$$u\frac{\partial u}{\partial x} + v\frac{\partial u}{\partial y} = U\frac{dU}{dx} + \nu\frac{\partial^2 u}{\partial y^2} \quad . \tag{2}$$

U ist die Geschwindigkeit am Grenzschichtrand. Sie ist für die Plattenströmung an jeder Stelle x gleich der Zuströmgeschwindigkeit. Es ist also $U = U_\infty$ und $dU/dx = 0$. Die Grenzschichtdifferentialgleichungen für die Plattengrenzschicht lauten also:

$$\frac{\partial u}{\partial x} + \frac{\partial v}{\partial y} = 0 \tag{3}$$

$$u\frac{\partial u}{\partial x} + v\frac{\partial u}{\partial y} = \nu\frac{\partial^2 u}{\partial y^2} \quad . \tag{4}$$

Das Fluid haftet auf der Oberfläche. Es gilt also die Haftbedingung:

$$u(x, y = 0) = 0 \qquad v(x, y = 0) = 0 \quad . \tag{5}$$

Für $y \longrightarrow \infty$ geht die Geschwindigkeit $u(x,y)$ in die freie Außenströmung über. Es gilt also:

$$u(x, y \longrightarrow \infty) = U_\infty \tag{6}$$

b) Die Stromfunktion $\psi(x,y)$ erfüllt die Kontinuitätsgleichung (s. dazu Lehrbuch Zierep S. 81).

c) Gemäß der Definition der Stromfunktion gilt (s. Lehrbuch Zierep S. 81):

$$u = \frac{\partial \psi}{\partial y} \qquad v = -\frac{\partial \psi}{\partial x} \quad . \tag{7}$$

Mit den Gleichungen (7) ergeben sich mit der Stromfunktion ψ (s. Aufgabenstellung) durch partielles Differenzieren die folgenden Ausdrücke:

$$\begin{aligned} u &= \frac{\partial \psi}{\partial y} = \frac{\partial \psi}{\partial \eta} \cdot \frac{\partial \eta}{\partial y} = \sqrt{\nu \cdot x \cdot U_\infty} \cdot f' \cdot \sqrt{\frac{U_\infty}{\nu \cdot x}} \\ u &= U_\infty \cdot f' \end{aligned} \tag{8}$$

(f' steht für die Ableitung der Funktion f nach η)

$$\begin{aligned} v &= -\frac{\partial \psi}{\partial x} = -\left(\frac{\partial \sqrt{\nu \cdot x \cdot U_\infty}}{\partial x} \cdot f + \sqrt{\nu \cdot x \cdot U_\infty} \cdot f' \cdot \frac{\partial \eta}{\partial x}\right) \\ v &= \frac{1}{2} \cdot \sqrt{\frac{\nu \cdot U_\infty}{x}} \cdot (f' \cdot \eta - f) \quad . \end{aligned} \tag{9}$$

3 GRUNDGLEICHUNGEN DER STRÖMUNGSMECHANIK

Die partiellen Ableitungen $\partial u/\partial x, \partial u/\partial y$ und $\partial^2 u/\partial y^2$ ergeben sich nun durch weiteres Differenzieren der Gleichung (8). Man erhält im einzelnen:

$$\frac{\partial u}{\partial x} = \frac{\partial}{\partial x}(U_\infty \cdot f') = U_\infty \cdot f'' \cdot \frac{\partial \eta}{\partial x} = U_\infty \cdot f'' \cdot y \cdot \sqrt{\frac{U_\infty}{\nu}} \cdot \left(-\frac{1}{2}\right) \cdot \frac{1}{x\sqrt{x}}$$

$$\frac{\partial u}{\partial x} = -U_\infty \cdot f'' \cdot \frac{\eta}{2x} \tag{10}$$

$$\frac{\partial u}{\partial y} = \frac{\partial}{\partial y}(U_\infty \cdot f') = U_\infty \cdot f'' \cdot \frac{\partial \eta}{\partial y}$$

$$\frac{\partial u}{\partial y} = U_\infty \cdot f'' \cdot \sqrt{\frac{U_\infty}{\nu \cdot x}} \tag{11}$$

$$\frac{\partial^2 u}{\partial y^2} = \frac{\partial}{\partial y}\left(U_\infty \cdot f'' \cdot \sqrt{\frac{U_\infty}{\nu \cdot x}}\right) = U_\infty \cdot \sqrt{\frac{U_\infty}{\nu \cdot x}} \cdot \frac{\partial f''}{\partial \eta} \cdot \frac{\partial \eta}{\partial y}$$

$$\frac{\partial^2 u}{\partial y^2} = \frac{U_\infty^2}{\nu \cdot x} \cdot f''' \tag{12}$$

d) Die Geschwindigkeiten u und v gemäß der Gleichungen (8) und (9) sowie die Ableitungen $\partial u/\partial x, \partial u/\partial y$ und $\partial u^2/\partial y^2$ in die Grenzschichtgleichung (4) eingesetzt, ergibt:

$$-U_\infty^2 \cdot f' \cdot f'' \cdot \eta \cdot \frac{1}{2x} + \frac{1}{2} \cdot \sqrt{\frac{\nu \cdot U_\infty}{x}} \cdot (f' \cdot \eta - f) \cdot U_\infty \cdot f'' \cdot \sqrt{\frac{U_\infty}{\nu \cdot x}} = \nu \cdot \frac{U_\infty^2}{\nu \cdot x} \cdot f'''$$

Durch Vereinfachung der Gleichung erhält man die folgende gewöhnliche Differentialgleichung:

$$f \cdot f'' + 2 \cdot f''' = 0 \tag{13}$$

Randbedingungen: $\eta = 0: \quad f = 0 \quad f' = 0 \qquad \eta \longrightarrow \infty: \quad f' = 1$

Die Gleichung (13) entspricht der Blasius-Gleichung. Sie ist eine gewöhnliche Differentialgleichung, die nur noch von η abhängig ist, d.h. daß $u/U = f'(\eta)$ (s. Gleichung (8)) über η für beliebige x- Stellen den gleichen Verlauf hat. Die Geschwindigkeitsprofile sind also ähnlich. Der Verlauf des Profils ist in Abb. G2b gezeigt.

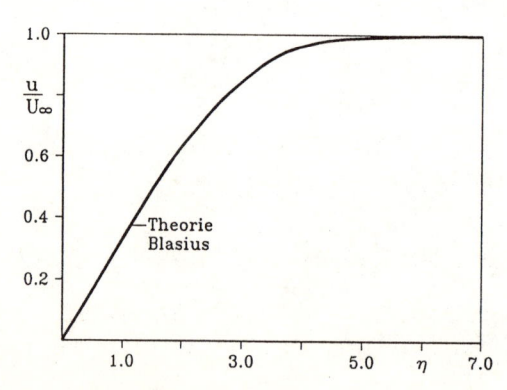

Abb. G2b: Blasius-Geschwindigkeitsprofil

3.3 Potentialgleichungen

3.3.1 Potentialgleichung für kompressible Strömungen

Aufgabe PK1 (Einführung)

Für die Potentialgleichung zur Berechnung kompressibler, reibungs- und drehungsfreier Strömungen

$$\Phi_{xx} \cdot \left(1 - \frac{\Phi_x^2}{a^2}\right) + \Phi_{yy} \cdot \left(1 - \frac{\Phi_y^2}{a^2}\right) - 2 \cdot \frac{\Phi_x \cdot \Phi_y}{a^2} \cdot \Phi_{xy} = 0 \tag{1}$$

gibt es keine geschlossene analytische Lösung. Trotzdem ist sie für technische Entwurfsaufgaben (z.B. Tragflächenentwurf) eine geeignete nichtlineare, partielle Differentialgleichung zweiter Ordnung.

Es sollen die drei mathematischen Techniken angegeben werden, mit denen die Potentialgleichung zusammen mit der Energiegleichung

$$a^2 + \frac{\kappa - 1}{2} \cdot \left(\Phi_x^2 + \Phi_y^2\right) = const \tag{2}$$

zweckmäßig gelöst werden kann. Es sollen die Vor- und Nachteile der drei verschiedenen Techniken aufgezählt werden.

Ergänzung: Gleichungen (1) und (2) sind zwei Gleichungen mit den Unbekannten Φ und a. a ist die Schallgeschwindigkeit, κ ist der Isentropenexponent.

Lösung:

Es gibt die folgenden drei Techniken, um das Gleichungssystem, bestehend aus den Gleichungen (1) und (2), zu lösen:

1. Die numerische Lösung: Die Strömungsgrößen des Strömungsfeldes werden nicht mit Formeln angegeben, sondern die Strömungsgrößen werden mittels einer numerischen Lösung an diskreten Stellen ermittelt.

   Die wesentlichen Vorteile sind:

   - Die Gleichungen werden ohne Vereinfachungen direkt gelöst. Die numerischen Fehler können durch numerische Maßnahmen (z.B. Netzverfeinerung) minimiert werden.
   - Die Gleichungen können für beliebige Geometrien gelöst werden. Die Lösungen beschränken sich nicht nur auf analytisch vorgegebene Konturen.

   Die wesentlichen Nachteile sind:

   - Der Einfluß der Parameter auf die Lösung geht nicht aus der Lösung hervor. Dazu sind dann mehrere numerische Rechnungen erforderlich.

- Zur Erstellung der Lösung ist ein Computer erforderlich, auf dem ein geeignetes numerisches Verfahren programmiert werden muß. Die Auswertung bzw. Darstellung der an den diskreten Stellen ermittelten Zahlenwerte erfordert zusätzlichen Aufwand.

2. <u>Transformation der Variablen</u>: Die Differentialgleichung wird z.B. für die Hodographenebene (u,v-Ebene) formuliert. Sie ist in dieser Form linear und für wenige Fälle exakt lösbar. Diese Methode ist in der Anwendung sehr begrenzt und wird in diesem Buch nicht weiter betrachtet.

3. <u>Linearisierte Lösungen</u>: Die Gleichung (1) wird linearisiert.

Der wesentliche Vorteil ist:

- Analytische Lösungen können mit der linearisierten Form ermittelt werden.

Die wesentlichen Nachteile sind:

- Die linearisierte Gleichung ist nur eine Näherung und damit nicht exakt.
- Sie kann nur für einfache Strömungsprobleme angewendet werden.

Aufgabe PK2

Welche Gleichung erhält man, wenn die Gleichung (1) der Aufgabe PK1 für eine inkompressible Strömung angewendet wird? Wie ist die anzugebende Gleichung einzuordnen?

Lösung:
gegeben: Gleichung (1) der Aufgabe PK1
gesucht: entspr. Gleichung für inkompressible Strömung

Die Definitionsgleichung der Schallgeschwindigkeit lautet: $a^2 = (\partial p/\partial \rho)_s$. In einer inkompressiblen Strömung ändert sich die Dichte nicht, so daß aus der Definitionsgleichung der Schallgeschwindigkeit der Grenzübergang $a \longrightarrow \infty$ hervorgeht.

Mit $a \longrightarrow \infty$ ergibt sich aus der Gleichung (1) der Aufgabe PK1 unmittelbar die partielle Differentialgleichung:

$$\frac{\partial^2 \Phi}{\partial x^2} + \frac{\partial^2 \Phi}{\partial y^2} = 0 \quad .$$

Diese Gleichung ist eine <u>lineare</u>, partielle Differentialgleichung <u>2. Ordnung</u>.

3.3 Potentialgleichungen

3.3.2 Linearisierte Potentialgleichung

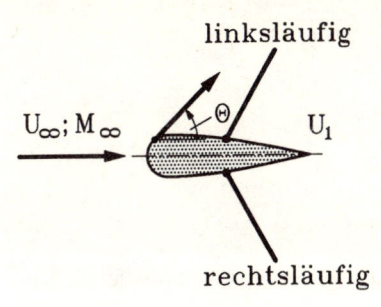

Abb. 1: Theorie kleiner Störungen

Die folgenden Aufgaben basieren auf der linearisierten Potentialgleichung (s. dazu Lehrbuch Oertel/Böhle)

$$(1 - M_\infty^2) \cdot \frac{\partial^2 \varphi}{\partial x^2} + \frac{\partial^2 \varphi}{\partial y^2} = 0 \quad . \tag{1}$$

φ ist das für die Linearisierung eingeführte Störpotential. Die Gleichung (1) ist gültig für die Umströmungen von schlanken Profilen bei Machzahlen $0 \leq M_\infty < 0.5$ und bei Machzahlen $1.2 < M_\infty < 3$ (die angegebenen Bereiche entsprechen Anhaltswerten). Die Gleichung (1) ist für den transsonischen Machzahlbereich und den Hyperschallbereich nicht gültig.

Für $M_\infty > 1$ (Überschallanströmung) entspricht die Gleichung (1) der Wellengleichung. Im Rahmen der Theorie kleiner Störungen kann mit ihr der dimensionslose Druckbeiwert $C_{p,k}$ auf der Kontur eines schlanken Profils analytisch bestimmt werden. Die Formel dazu lautet (s. dazu Abb. 1):

$$C_{p,k}(x) = \frac{p_k(x) - p_\infty}{\rho_\infty/2 \cdot U_\infty^2} = \pm \frac{2 \cdot \theta(x)}{\sqrt{M_\infty^2 - 1}} \quad . \tag{2}$$

θ ist bei sehnenparalleler Zuströmung der Winkel zwischen der Horizontalen und der Tangente an der Kontur (s. Abb. 1). Die Formel (2) wird mit einem Pluszeichen angewendet, wenn eine linksläufige Charakteristik von der Konturoberfläche ins Strömungsfeld verläuft (s. Abb. 1); verläuft eine rechtsläufige Charakteristik von der Konturoberfläche ins Strömungsfeld, so wird die Gleichung (2) mit einem Minuszeichen angewendet.

Aufgabe PL1

Es soll gezeigt werden, daß die Funktion $\varphi = f(x - a \cdot y) + g(x + a \cdot y)$ die linearisierte Potentialgleichung erfüllt ($a = \sqrt{M_\infty^2 - 1}$).

Lösung:

Zur Überprüfung werden die folgenden Größen eingeführt:

$$\xi = x - a \cdot y \qquad \eta = x + a \cdot y \quad . \tag{1}$$

Mit diesen Größen erhält man durch partielle Differenzierung von φ die folgenden Ableitungen:

$$\frac{\partial \varphi}{\partial x} = \frac{\partial f}{\partial \xi} \cdot \frac{\partial \xi}{\partial x} + \frac{\partial g}{\partial \eta} \cdot \frac{\partial \eta}{\partial x} = \frac{\partial f}{\partial \xi} + \frac{\partial g}{\partial \eta} \tag{2}$$

$$\frac{\partial^2 \varphi}{\partial x^2} = \frac{\partial^2 f}{\partial \xi^2} \cdot \frac{\partial \xi}{\partial x} + \frac{\partial^2 g}{\partial \eta^2} \cdot \frac{\partial \eta}{\partial x} = \frac{\partial^2 f}{\partial \xi^2} + \frac{\partial^2 g}{\partial \eta^2} \tag{3}$$

$$\frac{\partial \varphi}{\partial y} = \frac{\partial f}{\partial \xi} \cdot \frac{\partial \xi}{\partial y} + \frac{\partial g}{\partial \eta} \cdot \frac{\partial \eta}{\partial y} = a \cdot \left(\frac{\partial g}{\partial \eta} - \frac{\partial f}{\partial \xi} \right) \tag{4}$$

$$\frac{\partial^2 \varphi}{\partial y^2} = a \cdot \left(\frac{\partial^2 g}{\partial \eta^2} \cdot \frac{\partial \eta}{\partial y} - \frac{\partial^2 f}{\partial \xi^2} \cdot \frac{\partial \xi}{\partial y} \right) = a^2 \cdot \left(\frac{\partial^2 f}{\partial \xi^2} + \frac{\partial^2 g}{\partial \eta^2} \right) \quad . \tag{5}$$

Setzt man die Ableitungen gemäß den Gleichungen (3) und (5) in die linearisierte Potentialgleichung ein, so ergibt sich die linke Seite der Gleichung zu Null; die Funktion $\varphi = f(x - a \cdot y) + g(x + a \cdot y)$ erfüllt also die linearisierte Potentialgleichung.

Aufgabe PL2

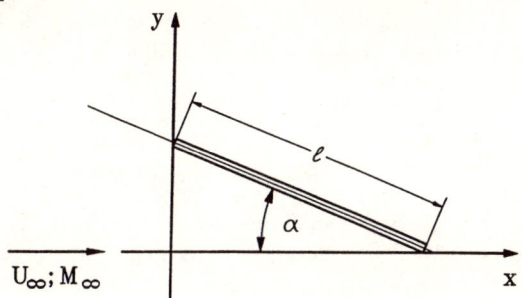

Abb. PL2: angestellte Platte in einer Überschallströmung

Eine ebene Platte der Dicke Null, der Tiefe l und der Breite b senkrecht zur Zeichenebene ($l \ll b$) wird bei einem kleinen Anstellwinkel α mit einer reibungslosen Überschallströmung der Machzahl M_∞ angeströmt (s. Abb. PL2).

a) Wie groß sind die dimensionslosen Druckbeiwerte $C_{p,o}$ und $C_{p,u}$ auf der Ober- bzw. Unterseite ?

b) Wie groß ist der Beiwert C_N der Normalkraft N (wirkt senkrecht auf die Platte) und der Beiwert C_T der Tangentialkraft T (wirkt längs der Platte) ?

$$C_N = \frac{N}{\rho_\infty/2 \cdot U_\infty^2 \cdot l \cdot b} \quad (1)$$

$$C_T = \frac{T}{\rho_\infty/2 \cdot U_\infty^2 \cdot l \cdot b} \quad . \quad (2)$$

c) Wie groß sind der Auftriebs- und Widerstandsbeiwert C_A und C_W ?

Lösung:
gegeben: α, M_∞
gesucht: a) $C_{p,o}$, $C_{p,u}$; b) C_N, C_T; c) C_A, C_W

a) Zur Bestimmung der Beiwerte $C_{p,o}$ und $C_{p,u}$ kann unmittelbar die bereits erläuterte Formel

$$C_{p,k}(x) = \frac{p_k(x) - p_\infty}{\rho_\infty/2 \cdot U_\infty^2} = \pm \frac{2 \cdot \theta(x)}{\sqrt{M_\infty^2 - 1}} \quad (3)$$

angewendet werden. Von der Oberseite der Platte verläuft eine linksläufige Charakteristik ins Strömungsfeld. Die Formel (3) muß deshalb mit dem positiven Vorzeichen angewendet werden. Weiterhin ist für die Oberseite der Strömungswinkel $\theta = -\alpha$, so daß sich für den Druckbeiwert $C_{p,o}$ die folgende Formel ergibt:

$$C_{p,o} = \frac{p_{k,o} - p_\infty}{\rho_\infty/2 \cdot U_\infty^2} = -\frac{2 \cdot \alpha}{\sqrt{M_\infty^2 - 1}} \quad . \quad (4)$$

Von der Unterseite der Platte läuft eine rechtsläufige Charakteristik ins Strömungsfeld. Die Formel (3) wird deshalb mit dem Minuszeichen angewendet. Der Strömungswinkel θ ist $\theta = -\alpha$, so daß sich für $C_{p,u}$ die folgende Formel ergibt:

$$C_{p,u} = \frac{p_{k,u} - p_\infty}{\rho_\infty/2 \cdot U_\infty^2} = +\frac{2 \cdot \alpha}{\sqrt{M_\infty^2 - 1}} \quad . \tag{5}$$

b) Die Drücke $p_{k,u}$ und $p_{k,o}$ sind gemäß den Formeln (4) und (5) auf der Unter- bzw. Oberseite konstant. Die Normalkraft N berechnet sich also zu:

$$N = (p_{k,u} - p_{k,o}) \cdot l \cdot b \quad . \tag{6}$$

Mit der Definitionsgleichung (2) und der Gleichung (6) erhält man:

$$\begin{aligned} C_N &= \frac{N}{\rho_\infty/2 \cdot U_\infty^2 \cdot l \cdot b} = \frac{p_{k,u} - p_{k,o}}{\rho_\infty/2 \cdot U_\infty^2} \\ &= \frac{p_{k,u} - p_\infty}{\rho_\infty/2 \cdot U_\infty^2} - \frac{p_{k,o} - p_\infty}{\rho_\infty/2 \cdot U_\infty^2} = C_{p,u} - C_{p,o} \quad . \end{aligned} \tag{7}$$

$C_{p,o}$ und $C_{p,u}$ gemäß den Gleichungen (4) und (5) eingesetzt, ergibt das gesuchte Ergebnis für den Beiwert C_N:

$$C_N = \frac{4 \cdot \alpha}{\sqrt{M_\infty^2 - 1}} \quad . \tag{8}$$

Die Tangentialkraft ist Null, da die Platte keine Profildicke besitzt und die Strömung als reibungslos angenommen wird. Also ist: $\underline{C_T = 0}$.

c) Die Auftriebskraft A wirkt in senkrechter Richtung zur Strömung, die Widerstandskraft W wirkt in Strömungsrichtung. Es ist also: $A = N \cdot \cos\alpha$ und $W = N \cdot \sin\alpha$. Da α ein kleiner Winkel ist, ist $\cos\alpha \approx 1$ und $\sin\alpha \approx \alpha$. Damit ergeben sich für C_A und C_W die folgenden Formeln:

$$C_A = C_N = \frac{4 \cdot \alpha}{\sqrt{M_\infty^2 - 1}} \qquad C_W = \frac{4 \cdot \alpha^2}{\sqrt{M_\infty^2 - 1}} \tag{9}$$

3.3 Potentialgleichungen

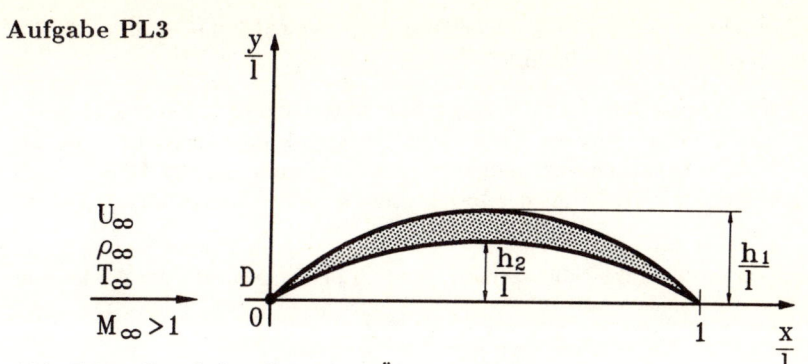

Aufgabe PL3

Abb. PL3a: Parabelprofil in einer Überschallströmung

Ein Profil mit der Breite b senkrecht zur Zeichenebene, dessen Konturen der Ober- und Unterseite mit den zwei Parabelgleichungen (1) gegeben sind, wird mit einer Überschallströmung der Machzahl M_∞ angeströmt (s. Abb. PL3a).

$$\frac{y_o}{l} = 4 \cdot \frac{h_1}{l} \cdot \frac{x}{l} \cdot \left(1 - \frac{x}{l}\right) \qquad \frac{y_u}{l} = 4 \cdot \frac{h_2}{l} \cdot \frac{x}{l} \cdot \left(1 - \frac{x}{l}\right) \quad . \tag{1}$$

Zahlenwerte (vgl. Abb. PL3a): $M_\infty = 2$, $l = 4m$, $b = 15m$, $h_1 = 0.1m$, $h_2 = 0.05m$, $\rho_\infty = 0.01 kg/m^3$, $U_\infty = 670 m/s$

a) Es soll der Druckverlauf auf der Ober- und Unterseite des Profils qualitativ über der x-Achse aufgetragen werden.

b) Es soll der Verlauf des C_p-Wertes auf der Ober- und Unterseite des Profils in Abhängigkeit von x angegeben werden.

c) Wie groß ist das um den Punkt D wirkende Moment M_D, das aus den Druckverteilungen auf der Ober- und Unterseite des Profils resultiert?

Lösung:
gegeben: $M_\infty = 2$, $l = 4m$, $b = 15m$, $h_1 = 0.1m$, $h_2 = 0.05m$, $\rho_\infty = 0.01 kg/m^3$, $U_\infty = 670 m/s$
gesucht: a) Druckverteilung, b) $C_{p,o}(x)$ und $C_{p,u}(x)$, c) M_D

a) Die Druckverteilung für die Ober- und Unterseite ist in Abb. PL3b dargestellt. Folgendes soll dazu ergänzt werden:

1. Die Druckverteilungen sind gemäß der Theorie kleiner Störungen ermittelt worden (s. Formeln zu Beginn dieses Abschnitts). An der Vorderkante wird die Strömung schlagartig umgelenkt. Auf der Oberseite wird das Gas komprimiert und auf der Unterseite expandiert. Der Drucksprung der Kompression auf der Oberseite ist größer als die Expansion auf der Unterseite, da auf der Oberseite die Strömung stärker umgelenkt wird als auf der Unterseite.

2. Der Druck verläuft sowohl auf der Ober- als auch auf der Unterseite linear, da der Strömungswinkel θ des Geschwindigkeitsvektors auf der Kontur linear über x verläuft. ($dy_{o,u}/dx = \tan\theta \approx \theta$).

3. An der Stelle $x/l = 0.5$ besitzt der Druck auf der Ober- und Unterseite den Druck p_∞ der Zuströmung, da dort $\theta = 0$ ist.

4. An der Hinterkante geht die Strömung wieder in eine Parallelströmung über. Die Strömung der Oberseite wird auf den Zuströmdruck p_∞ komprimiert, die Strömung der Unterseite entsprechend expandiert. Der Drucksprung auf der Oberseite ist gemäß der Geometrie größer als der Drucksprung auf der Unterseite (vgl. Vorderkante).

b) Die dimensionslosen Druckbeiwerte $C_{p,o}$ und $C_{p,u}$ berechnen sich mit der Formel:

$$C_{p,k}(x) = \frac{p_k(x) - p_\infty}{\rho_\infty/2 \cdot U_\infty^2} = \pm \frac{2 \cdot \theta(x)}{\sqrt{M_\infty^2 - 1}} \quad . \tag{2}$$

Mit der Gleichung (1) ergibt sich für $\theta(x)$ für die Ober- und Unterseite:

$$\theta_o \approx \tan \theta_o = \frac{dy_o}{dx} = 4 \cdot \left(1 - 2 \cdot \frac{x}{l}\right) \cdot \frac{h_1}{l} \tag{3}$$

$$\theta_u \approx \tan \theta_u = \frac{dy_u}{dx} = 4 \cdot \left(1 - 2 \cdot \frac{x}{l}\right) \cdot \frac{h_2}{l} \quad . \tag{4}$$

Auf der Oberseite laufen linksläufige Charakteristiken ins Strömungsfeld, auf der Unterseite rechtsläufige. Die Formel (2) muß deshalb für die Oberseite mit einem Pluszeichen und für die Unterseite mit einem Minuszeichen angewendet werden. Man erhält also für $C_{p,o}$ und $C_{p,u}$:

$$C_{p,o} = \frac{8 \cdot \left(1 - 2 \cdot \frac{x}{l}\right) \cdot \frac{h_1}{l}}{\sqrt{M_\infty^2 - 1}} \qquad C_{p,u} = -\frac{8 \cdot \left(1 - 2 \cdot \frac{x}{l}\right) \cdot \frac{h_2}{l}}{\sqrt{M_\infty^2 - 1}} \quad . \tag{5}$$

c) In Abb. PL3c ist der Nasenbereich des Profils groß herausgezeichnet. Die an der Stelle x/l eingezeichneten Kräfte $p_{k,o} \cdot dA_o$ und $p_{k,u} \cdot dA_u$ verursachen um den Punkt D das Moment dM_D. Es berechnet sich zu:

$$\begin{aligned}dM_D = \quad & x \cdot p_{k,u} \cdot dA_u \cdot \cos \theta_u - x \cdot p_{k,o} \cdot dA_o \cdot \cos \theta_o + \\ & y_u \cdot p_{k,u} \cdot dA_u \cdot \sin \theta_u - y_o \cdot p_{k,o} \cdot dA_o \cdot \sin \theta_o \quad .\end{aligned} \tag{6}$$

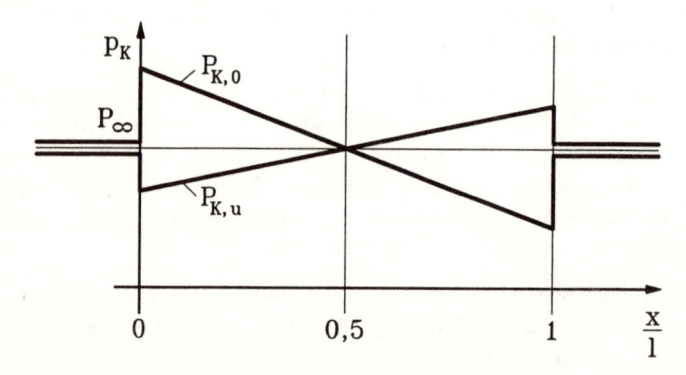

Abb. PL3b: Druckverteilung auf Ober- und Unterseite

3.3 Potentialgleichungen

Die Strömungswinkel θ_o und θ_u sind kleine Winkel, so daß mit guter Näherung gilt: $\cos\theta_{u,o} \approx 1$ und $\sin\theta_{u,o} \approx 0$. Berücksichtigt man diese Vereinfachungen in der Gleichung,(6) erhält man:

$$dM_D = x \cdot p_{k,u} \cdot dA_u - x \cdot p_{k,o} \cdot dA_o \quad . \tag{7}$$

Für die Flächen dA_u und dA_o ergibt sich:

$$dA_u = \frac{dx}{\cos\theta_u} \cdot b \approx dx \cdot b \qquad dA_o = \frac{dx}{\cos\theta_o} \cdot b \approx dx \cdot b \quad . \tag{8}$$

dA_u und dA_o gemäß den Gleichungen (8) eingesetzt, ergibt die einfache Gleichung

$$dM_D = (p_{k,u} - p_{k,o}) \cdot b \cdot x \cdot dx \quad . \tag{9}$$

Gleichung (9) kann, wie nachfolgend gezeigt, erweitert werden:

$$dM_D = \left(\frac{p_{k,u} - p_\infty}{\rho_\infty/2 \cdot U_\infty^2} - \frac{p_{k,o} - p_\infty}{\rho_\infty/2 \cdot U_\infty^2}\right) \cdot \frac{\rho_\infty}{2} \cdot U_\infty^2 \cdot b \cdot x \cdot dx \quad . \tag{10}$$

Mit den Gleichungen (5) ergibt sich dann:

$$\begin{aligned} dM_D &= (C_{p,u} - C_{p,o}) \cdot \frac{\rho_\infty}{2} \cdot U_\infty^2 \cdot b \cdot x \cdot dx = \\ &= \left[-8 \cdot \left(1 - 2 \cdot \frac{x}{l}\right) \cdot \left(\frac{h_2}{l} + \frac{h_1}{l}\right)\right] \frac{\rho_\infty \cdot U_\infty^2 \cdot b}{2 \cdot \sqrt{M_\infty^2 - 1}} \cdot x \cdot dx \quad . \end{aligned} \tag{11}$$

Mit der folgenden einfachen Rechnung und Integration erhält man für das Moment M_D die folgende Berechnungsformel:

$$M_D = -\frac{4 \cdot \rho_\infty \cdot U_\infty^2 \cdot b \cdot (h_1 + h_2) \cdot l}{\sqrt{M_\infty^2 - 1}} \int_0^1 \left(1 - 2 \cdot \frac{x}{l}\right) \cdot \frac{x}{l} \cdot d\left(\frac{x}{l}\right)$$

$$M_D = +\frac{2 \cdot \rho_\infty \cdot U_\infty^2 \cdot b \cdot (h_1 + h_2) \cdot l}{3 \cdot \sqrt{M_\infty^2 - 1}} \quad .$$

Als Zahlenwert ergibt sich für M_D $\underline{M_D = 15.55 kNm}$.

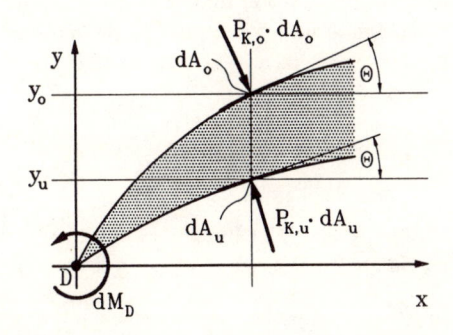

Abb. PL3c: Druckkräfte auf Ober- und Unterseite

3.3.3 Potentialgleichung für inkompressible Strömungen

Aufgabe PIK1

Ein zweidimensionales Strömungsfeld wird mit den Geschwindigkeitskomponenten

$$u = U \cdot \frac{y}{l} \qquad v = U \cdot \frac{x}{l} \tag{1}$$

beschrieben. U und l sind Konstanten, wobei U die Dimension einer Geschwindigkeit und l die Dimension einer Länge besitzt.

Es soll überprüft werden, ob das gegebene Strömungsfeld einer Potentialströmung entspricht, und ggf. soll die entsprechende Potentialfunktion Φ bestimmt werden. Wie lautet die Stromfunktion Ψ für das gegebene Strömungsfeld?

Lösung:
gegeben: $u = U \cdot y/l$, $v = U \cdot x/l$
gesucht: **Potentialströmung ?**, $\Phi = f(x,y)$, $\Psi = f(x,y)$

Potentialströmungen sind reibungs- und drehungsfreie Strömungen. Eine Strömung ist genau dann eine Potentialströmung, wenn ihre Geschwindigkeitskomponenten u und v die Kontinuitätsgleichung und die Gleichung für die Drehungsfreiheit erfüllen. Die genannten Gleichungen lauten:

$$\frac{\partial u}{\partial x} + \frac{\partial v}{\partial y} = 0 \qquad \frac{\partial v}{\partial x} - \frac{\partial u}{\partial y} = 0 \quad . \tag{2}$$

Für die Ableitungen erhält man die folgenden Gleichungen:

$$\frac{\partial u}{\partial x} = 0 \qquad \frac{\partial v}{\partial y} = 0 \qquad \frac{\partial u}{\partial y} = \frac{U}{l} \qquad \frac{\partial v}{\partial x} = \frac{U}{l} \quad . \tag{3}$$

Durch Einsetzen der entsprechenden Ableitungen in die Kontinuitätsgleichung und in die Gleichung für die Drehungsfreiheit wird ersichtlich, daß die Gleichungen (2) erfüllt sind, d.h.:
Das betrachtete Strömungsfeld entspricht einer Potentialströmung.

Zur Bestimmung der Potential- und Stromfunktion werden zunächst die vollständigen Differentiale der Funktionen Φ und Ψ formuliert. Sie lauten:

$$d\Phi = \frac{\partial \Phi}{\partial x} \cdot dx + \frac{\partial \Phi}{\partial y} \cdot dy \tag{4}$$

$$d\Psi = \frac{\partial \Psi}{\partial x} \cdot dx + \frac{\partial \Psi}{\partial y} \cdot dy \quad . \tag{5}$$

Für die partiellen Ableitungen in den Gleichungen (4) und (5) gelten die folgenden Gleichungen (s. Lehrbuch Zierep S. 81):

$$\frac{\partial \Phi}{\partial x} = u \qquad \frac{\partial \Phi}{\partial y} = v \qquad \frac{\partial \Psi}{\partial y} = u \qquad \frac{\partial \Psi}{\partial x} = -v \quad , \tag{6}$$

3.3 Potentialgleichungen

so daß sich für die vollständigen Differentiale $d\Phi$ und $d\Psi$ mit den Gleichungen (4) und (5) folgende Beziehungen ergeben:

$$d\Phi = u \cdot dx + v \cdot dy \qquad (7)$$

$$d\Psi = -v \cdot dx + u \cdot dy \quad . \qquad (8)$$

u und v gemäß den Gleichungen (1) in die Gleichungen (7) und (8) eingesetzt, ergibt die Gleichungen (9) und (10):

$$d\Phi = U \cdot \frac{y}{l} \cdot dx + U \cdot \frac{x}{l} \cdot dy \qquad (9)$$

$$d\Psi = -U \cdot \frac{x}{l} \cdot dx + U \cdot \frac{y}{l} \cdot dy \quad . \qquad (10)$$

Mit der Integration der Gleichungen (9) und (10) vom Punkt ($x = 0, y = 0$) zu einem beliebigen Punkt (x_1, y_1) erhält man:

$$\Phi(x_1, y_1) - \Phi_0 = \int_{x=0}^{x_1} \left(U \cdot \frac{y}{l}\right)_{y=0} \cdot dx + \int_{y=0}^{y_1} \left(U \cdot \frac{x}{l}\right)_{x=x_1} \cdot dy \qquad (11)$$

$$\Psi(x_1, y_1) - \Psi_0 = \int_{x=0}^{x_1} \left(-U \cdot \frac{x}{l}\right)_{y=0} \cdot dx + \int_{y=0}^{y_1} \left(U \cdot \frac{y}{l}\right)_{x=x_1} \cdot dy \quad . \qquad (12)$$

Die Werte für Φ_0 und Ψ_0 sind frei wählbar. Ihnen wird der Wert Null zugeordnet. Die Durchführung der angegebenen Integration ergibt dann die folgende Lösung:

$$\Phi(x_1, y_1) = U \cdot \frac{x_1 \cdot y_1}{l}$$

und

$$\Psi(x_1, y_1) = \frac{U}{2 \cdot l} \cdot (y_1^2 - x_1^2) \quad .$$

Das Strömungsfeld ist in der Abb. PIK1 skizziert. Betrachtet man die geradlinig verlaufenden Stromlinien als feste Wände, so kann man das Strömungsfeld als die reibungslose Strömung in einer Ecke interpretieren.

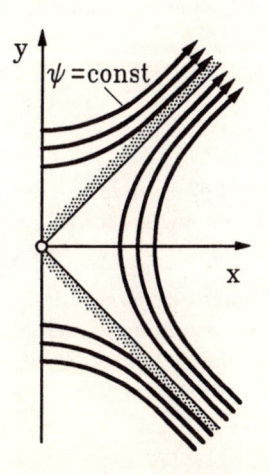

Abb. PIK1: reibungslose Eckenströmung

Aufgabe PIK2

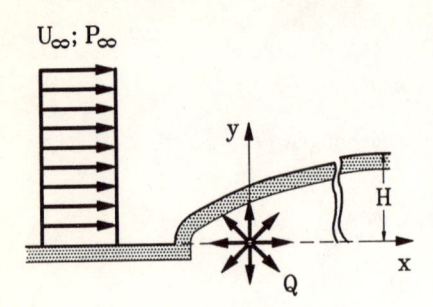

Abb. PIK2a: Strömung über Höhenzug

Ein Höhenzug mit der Höhe H (s. Abb. PIK2a), dessen Erstreckung senkrecht zur Zeichenebene als unendlich angesehen werden kann, besitzt im Profilschnitt (x-y-Ebene) die Form eines ebenen Halbkörpers. Er wird mit der Geschwindigkeit U_∞ angeströmt. Es sei angenommen, daß sich dabei die Strömung wie bei einer Potentialströmung einstellt.

a) Wie groß muß für die mathematische Nachbildung der Strömung die Quellstärke Q gewählt werden?

b) In welchem Bereich der x-y-Ebene muß sich ein Segelflugzeug mit der Sinkgeschwindigkeit v_s (relativ zur Luft) aufhalten, damit es keine Höhe verliert?

c) Wo liegt die Stelle (x_{max}, y_{max}), an der das Segelflugzeug den Hangaufwind nutzen kann, ohne an Höhe zu verlieren?

Zahlenwerte: $U_\infty = 8.33 m/s$, $H = 50m$, $v_s = 0.7 m/s$
Hinweis: Der Höhenzug besitzt im Bereich $x \longrightarrow \infty$ die Höhe H.

Lösung:
gegeben: $U_\infty = 8.33 m/s$, $H = 50m$, $v_s = 0.7 m/s$
gesucht: a) Q, **b) Bereich für** $v \geq v_s$,**c)** x_{max}, y_{max}

a) Die Kontur des Berges wird als Stromlinie aufgefaßt. Der aus der Quelle austretende Volumenstrom kann über diese Stromlinie nicht entweichen und strömt also unterhalb der Konturlinie nach hinten. Im Bereich großer x-Koordinaten ($x \longrightarrow \infty$) ist weiterhin der Einfluß der Quellenströmung nicht mehr vorhanden, und die Strömungsgeschwindigkeit entspricht der Geschwindigkeit U_∞ der Translationsströmung. Mit der Kontinuitätsgleichung erhält man die folgende Gleichung für Q:

$$Q = 2 \cdot H \cdot U_\infty = 833 \frac{m^2}{s} \quad . \tag{1}$$

b) Das Flugzeug sinkt relativ zur Luft mit der Geschwindigkeit v_s. Es muß also der Bereich bestimmt werden, in dem die v-Komponente der Strömung größer ist als die Sinkgeschwindigkeit v_s.

Die Funktion $v(x, y)$ wird nachfolgend mit der für die Strömung gültigen Potentialfunktion ermittelt. Für die Überlagerung einer Translationsströmung mit einer Quellenströmung ergibt sich die folgende Potentialfunktion (s. Lehrbuch Zierep S.86):

3.3 Potentialgleichungen

$$\Phi = \Phi_T + \Phi_Q$$
$$\Phi = U_\infty \cdot x + \frac{Q}{2 \cdot \pi} \cdot \ln(\sqrt{x^2 + y^2}) \quad . \tag{2}$$

$\Phi_T = U_\infty \cdot x$ ist die Potentialfunktion der Translationsströmung und $\Phi_Q = \frac{Q}{2 \cdot \pi} \cdot \ln(\sqrt{x^2 + y^2})$ steht für die Potentialfunktion der Quellenströmung. Die Funktion Φ partiell nach y abgeleitet, ergibt die Funktion $v(x,y)$:

$$\frac{\partial \Phi}{\partial y} = v(x,y) = \frac{Q}{2 \cdot \pi} \cdot \frac{y}{x^2 + y^2} \quad . \tag{3}$$

Mit der Gleichung (3) wird nachfolgend die Bereichsgrenze berechnet, die den Bereich $v < v_s$ vom Bereich $v \geq v_s$ trennt. Die Bestimmungsgleichung für die Bereichsgrenze lautet also:

$$v_s = \frac{Q}{2 \cdot \pi} \cdot \frac{y_s}{x_s^2 + y_s^2} \quad , \tag{4}$$

die mit einer einfachen Umformung in der folgenden Form geschrieben werden kann:

$$x_s^2 + \left(y_s - \frac{Q}{4 \cdot \pi \cdot v_s}\right)^2 = \left(\frac{Q}{4 \cdot \pi \cdot v_s}\right)^2 \quad . \tag{5}$$

Gleichung (5) entspricht der Gleichung eines Kreises mit dem Radius $R = Q/(4 \cdot \pi \cdot v_s) = 94.70 m$. Die Bereichsgrenze ist also eine Kreislinie, und der Kreismittelpunkt befindet sich im Abstand R über der x-Achse auf der y-Achse. Innerhalb des Kreises ist $v(x,y) > v_s$ (s. Abb. PIK2b).

c) Die höchste Stelle, an der sich das Segelflugzeug ohne Höhenverlust aufhalten kann, ist der höchste Punkt der Bereichsgrenze. Er liegt bei $x_{max} = 0$ und $y_{max} = 2 \cdot R = Q/(2 \cdot \pi \cdot v_s) = 189.39 m$ (s. Abb. PIK2b).

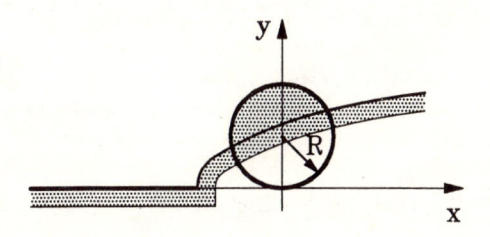

Abb. PIK2b: Bereichsgrenze

Aufgabe PIK3

Es soll die ebene Strömung untersucht werden, die durch Überlagerung einer Translationsströmung (parallel zur x-Achse) mit einer Quellen- und Senkenströmung entsteht. Die Translationsströmung habe die Geschwindigkeit U_∞, und die Quellen -und Senkenstärke betrage Q bzw. $-Q$. Die Quelle ist an der Stelle $x = -a$ und die Senke an der Stelle $x = +a$ angeordnet (s. Abb. PIK3).

Eine Stromlinie der Strömung entspricht einer geschlossenen ovalen Stromlinie, die im folgenden als Körperkontur aufgefaßt werden soll. Die zu untersuchende Strömung entspricht also der Umströmung eines zylindrischen Körpers mit ovalem Querschnitt.

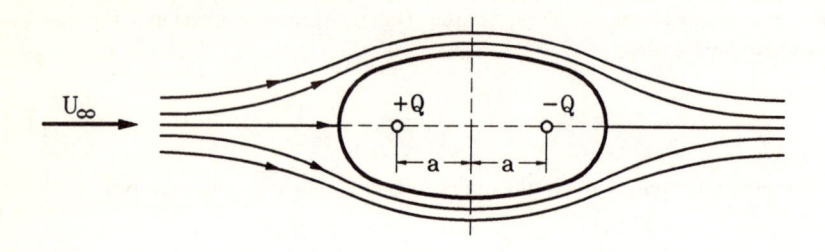

Abb. PIK3: Überlagerung einer Quellen-Senkenströmung mit einer Translationsströmung

a) Wie lauten für die Strömung die Potential- und Stromfunktion ?
b) In welchen Punkten $x_{s,i}, y_{s,i}$ liegen die Staupunkte ?
c) Wie lautet die Gleichung zur Berechnung der Kontur des Körpers ?

Lösung:
gegeben: U_∞, Q, a
gesucht: a) Φ, Ψ, b) $x_{s,i}$, c) $f(x_k, y_k) = 0$

a) Im Lehrbuch von Zierep sind die Potential- und Stromfunktionen für die Translations-, Quellen- und Senkenströmung angegeben. Diese Funktionen sind so angegeben, daß die Quelle bzw. die Senke im Ursprung des Koordinatensystems liegen.

Mit einer einfachen Koordinatentransformation erhält man deshalb für die Potential- und Stromfunktionen nicht die im Lehrbuch angegebenen, sondern die folgenden Funktionen:

$$\Phi_Q = \frac{Q}{2 \cdot \pi} \cdot \ln\left(\sqrt{(x+a)^2 + y^2}\right) \qquad \Psi_Q = \frac{Q}{2 \cdot \pi} \cdot \arctan\left(\frac{y}{x+a}\right) \qquad (1)$$

$$\Phi_S = -\frac{Q}{2 \cdot \pi} \cdot \ln\left(\sqrt{(x-a)^2 + y^2}\right) \qquad \Psi_S = -\frac{Q}{2 \cdot \pi} \cdot \arctan\left(\frac{y}{x-a}\right) \qquad (2)$$

Der Index "Q" deutet in der Gleichung (1) auf die Quelle hin, und in der Gleichung

3.3 Potentialgleichungen

(2) steht der Index "S" entsprechend für die Senke. Die Potential- und Stromfunktion für die Translationsströmung sind $\Phi_T = U_\infty \cdot x$ und $\Psi = U_\infty \cdot y$, so daß sich für die betrachtete Strömung mit dem Überlagerungsprinzip die folgenden Funktionen Φ und Ψ ergeben:

$$\Phi = U_\infty \cdot x + \frac{Q}{2 \cdot \pi} \cdot \ln\left(\sqrt{(x+a)^2 + y^2}\right) - \frac{Q}{2 \cdot \pi} \cdot \ln\left(\sqrt{(x-a)^2 + y^2}\right) \qquad (3)$$

und

$$\Psi = U_\infty \cdot y + \frac{Q}{2 \cdot \pi} \cdot \arctan\left(\frac{y}{x+a}\right) - \frac{Q}{2 \cdot \pi} \cdot \arctan\left(\frac{y}{x-a}\right) \quad . \qquad (4)$$

b) Das Strömungsfeld ist zur y-Achse symmetrisch. Die v-Komponenten der Geschwindigkeitsvektoren auf der y-Achse sind also überall Null. Zur Bestimmung der Lage der Staupunkte $(x_{s,i}, 0)$ mußsen nun noch die x-Stellen ermittelt werden, an denen die u-Komponente Null ist. Durch partielles Differenzieren der Stromfunktion nach y erhält man für die u-Komponente:

$$\frac{\partial \Psi}{\partial y} = u = U_\infty + \frac{Q}{2 \cdot \pi} \cdot \left(\frac{x+a}{(x+a)^2 + y^2} - \frac{x-a}{(x-a)^2 + y^2}\right) \quad . \qquad (5)$$

Die Bestimmungsgleichung für $x_{s,i}$ lautet dann mit $y_{s,i} = 0$:

$$0 = U_\infty + \frac{Q}{2 \cdot \pi} \cdot \left(\frac{1}{x+a} - \frac{1}{x-a}\right) \quad , \qquad (6)$$

deren Umformung nach $x_{s,1/2}$ die beiden folgenden Stellen für die Lage der Staupunkte liefert:

$$x_{s,1/2} = \pm a \cdot \sqrt{1 + \frac{Q}{U_\infty \cdot \pi \cdot a}} \quad . \qquad (7)$$

c) Die Kontur entspricht der Stromlinie, auf der die Staupunkte liegen. Die Staupunkte liegen auf der x-Achse (also $y = 0$) und mit der Gleichung (4) erhält man für den Stromfunktionswert Ψ_k der Konturstromlinie den Wert $\Psi_k = 0$.

Die Gleichung, die die Kontur beschreibt, lautet also:

$$U_\infty \cdot y_k + \frac{Q}{2 \cdot \pi} \cdot \left(\arctan\left(\frac{y_k}{x_k + a}\right) - \arctan\left(\frac{y_k}{x_k - a}\right)\right) = 0 \quad .$$

Aufgabe PIK4

Zwei entgegengesetzt drehende Potentialwirbel gleicher Stärke $|\Gamma|$ sind gemäß Abb. PIK4a im Abstand $2 \cdot a$ auf der Ordinate eines x-y-Koordinatensystems angeordnet. Das so gebildete Strömungsfeld besteht aus kreisförmigen Stromlinien, deren Kreismittelpunkte auf der Verbindungslinie der beiden Wirbel liegen.

Zwei dieser Stromlinien sollen als Begrenzungswände einer ebenen Luftdüse mit der Länge l und der Austrittshöhe h aufgefaßt werden. Wegen der Symmetrie der Anordnung fallen Düsen- und x-Achse zusammen.

Zahlenwerte: $\Gamma = 20 m^2/s$, $l = 0.6m$, $a = 1m$, $h = 0.4m$, $p_2 = 1bar$, $\rho = 1.226 kg/m^3$ (p_2 ist der Druck im Austrittsquerschnitt auf der x-Achse, ρ ist die Dichte der Luft).

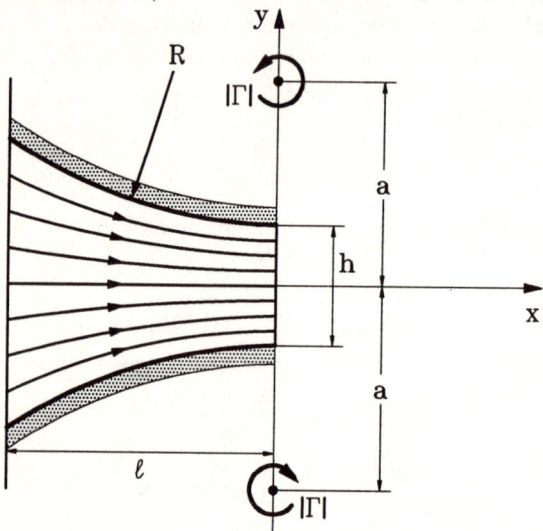

Abb. PIK4a: Düsenströmung

Zur Auslegung der Düse soll folgendes berechnet werden:

a) Die Geschwindigkeitsverteilung entlang der x-Achse innerhalb der Düse.
b) Die Geschwindigkeitsverteilung entlang der y-Achse im Austrittsquerschnitt.
c) Die Druckverteilung entlang der x-Achse innerhalb der Düse.
d) Wie groß ist der durch die Düse strömende Volumensstrom $\dot{V}$? Der Volumenstrom soll einmal mittels einer Integration der Geschwindigkeitsverteilung im Austrittsquerschnitt der Düse bestimmt werden, zum anderen mit der Anwendung der Stromfunktion Ψ. Die Breite b der Düse senkrecht zur Zeichenebene betrage $b = 2m$.

3.3 Potentialgleichungen

Lösung:
gegeben: $\Gamma = 20 m^2/s$, $l = 0.6 m$, $a = 1 m$, $h = 0.4 m$, $p_2 = 1 bar$, $b = 2 m$
gesucht: a) $u(x, y = 0)$, b) $u(x = 0, y)$, c) $p(x, y = 0)$, d) $\dot{V}$

a) Zur Berechnung der Geschwindigkeitskomponente $u(x,y)$ wird zuerst die für das Strömungsfeld gültige Stromfunktion Ψ ermittelt. Im Lehrbuch von Zierep ist auf Seite 86 die Stromfunktion für einen im Ursprung liegenden Potentialwirbel angegeben. Sie lautet für einen rechtsdrehenden Potentialwirbel:

$$\Psi_0 = \frac{\Gamma}{2 \cdot \pi} \cdot \ln\left(\sqrt{x^2 + y^2}\right) \quad . \tag{1}$$

Die beiden Wirbel dieser Aufgabe liegen nicht im Koordinatenursprung. Mittels einer einfachen Koordinatentransformation und der Anwendung des Überlagerungsprinzips erhält man für die Stromfunktion:

$$\Psi = \frac{|\Gamma|}{2 \cdot \pi} \cdot \left(\ln\left(\sqrt{x^2 + (y + a)^2}\right) - \ln\left(\sqrt{x^2 + (y - a)^2}\right) \right) \quad . \tag{2}$$

Der obere Wirbel ist linksdrehend. Deshalb steht in der Gleichung (2) ein Minuszeichen zwischen den äußeren Klammern. Durch partielles Differenzieren der Funktion Ψ nach y ergibt sich die Geschwindigkeitskomponente $u(x,y)$:

$$\frac{\partial \Psi}{\partial y} = u(x, y) = \frac{|\Gamma|}{2 \cdot \pi} \cdot \left(\frac{y + a}{x^2 + (y + a)^2} - \frac{y - a}{x^2 + (y - a)^2} \right) \quad . \tag{3}$$

Die Geschwindigkeitsverteilung entlang der x-Achse ergibt sich nun mit der Anwendung der Gleichung (3) für $y = 0$. Die v-Komponente ist wegen der Symmetrie des Strömungsfeldes auf der x-Achse Null. Für $y = 0$ erhält man nach einer einfachen Umformung der Gleichung (3):

$$u(x, y = 0) = \frac{|\Gamma|}{\pi \cdot a} \cdot \frac{1}{\left(\frac{x}{a}\right)^2 + 1} \quad . \tag{4}$$

Die Geschwindigkeitsverteilung entlang der x-Achse ist für $-l \leq x \leq 0$ gemäß der Gleichung (4) in Abb. PIK4b dargestellt.

b) Die u-Komponente der Strömung kann unmittelbar mit der Anwendung der Gleichung (3) für den Austrittsquerschnitt ($x = 0$) angegeben werden. Man erhält mit einer einfachen Umformung die folgende Gleichung:

$$u(x = 0, y) = \frac{|\Gamma|}{\pi \cdot a} \cdot \frac{1}{1 - \left(\frac{y}{a}\right)^2} \quad . \tag{5}$$

Gleichung (5) stellt bereits die Lösung dar. Die v-Komponente ist entlang der y-Achse Null, da $\partial \Psi / \partial x|_{x=0} = 0$ ist. Die Geschwindigkeitsverteilung ist in Abb. PIK4c für $-h/2 \leq y \leq h/2$ dargestellt.

c) Zur Berechnung der Druckverteilung entlang der x-Achse wird die Bernoulligleichung für inkompressible Strömungen entlang eines Stromfadens von einer beliebigen Stelle x ($-l \leq x < 0$) auf der x-Achse bis zur Stelle 2 (s. Abb PIK4b) angewendet. Sie lautet:

$$\frac{\rho}{2} \cdot u^2(x,0) + p(x) = \frac{\rho}{2} \cdot u_2^2 + p_2$$

$$\Longrightarrow p(x) = p_2 + \frac{\rho}{2} \cdot \left(u_2^2 - u^2(x,0)\right) \quad . \tag{6}$$

Die Geschwindigkeitsverteilung $u(x, y = 0)$ und die Geschwindigkeit u_2 an der Stelle 2 sind bereits mit der Gleichung (4) bekannt ($u_2 = |\Gamma|/(\pi \cdot a)$). u_2 und $u(x, y = 0)$ gemäß Gleichung (4) eingesetzt, ergibt das gesuchte Ergebnis:

$$p(x) = p_2 + \frac{\rho}{2} \cdot \left(\frac{\Gamma}{\pi \cdot a}\right)^2 \cdot \left(\frac{\left(\frac{x}{a}\right)^4 + 2 \cdot \left(\frac{x}{a}\right)^2}{\left(\frac{x}{a}\right)^4 + 2 \cdot \left(\frac{x}{a}\right)^2 + 1}\right) \quad . \tag{7}$$

d) 1. Möglichkeit: Der Volumenstrom wird mittels der folgenden Integration bestimmt:

$$\dot{V} = \int_{y=-h/2}^{y=+h/2} u(x=0,y) \cdot b \cdot dy = \int_{-h/(2a)}^{y=+h/(2a)} \frac{|\Gamma| \cdot b}{\pi} \cdot \frac{d\left(\frac{y}{a}\right)}{1 - \left(\frac{y}{a}\right)^2} =$$

$$= \frac{|\Gamma| \cdot b}{\pi} \cdot \left(artanh\left(\frac{h}{2 \cdot a}\right) - artanh\left(\frac{-h}{2 \cdot a}\right)\right) \quad . \tag{8}$$

2. Möglichkeit: Der Volumenstrom wird mittels der Stromfunktion ermittelt. Dazu gilt:

$$\dot{V} = \left(\Psi(x=0, y=\frac{h}{2}) - \Psi(x=0, y=-\frac{h}{2})\right) \cdot b \quad . \tag{9}$$

Mit beiden Formeln (8) und (9) erhält man für den Volumenstrom $\dot{V}$ den Wert $\dot{V} = 5.16 m^3/s$.

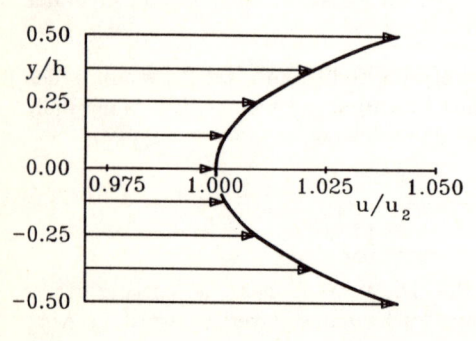

Abb. PIK4b: Druck- und Geschwindigkeitsverlauf entlang Düsenachse

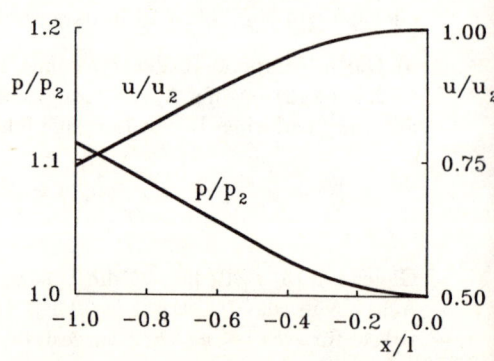

Abb. PIK4c: Geschwindigkeitsprofil in Düsenaustrittsquerschnitt

3.3 Potentialgleichungen

Aufgabe PIK5

Die Überlagerung einer Dipolströmung mit einer Translationsströmung ergibt die mathematische Nachbildung der reibungslosen Kreiszylinderströmung. Die Stromfunktionen Ψ_T und Ψ_D der Translations- bzw. Dipolströmung lauten (vgl. Lehrbuch Zierep S.86/87):

$$\Psi_T = U_\infty \cdot y \qquad \Psi_D = -\frac{m \cdot y}{x^2 + y^2} \quad . \tag{1}$$

In dieser Aufgabe sollen die Geschwindigkeits- und Druckverteilung auf einem Kreiszylinder mit dem Radius R berechnet werden. Dazu soll wie folgt vorgegangen werden:

a) Wie groß muß das Dipolmoment m gewählt werden, damit die Überlagerung der Translations- und Dipolströmung der Kreiszylinderströmung um den Kreiszylinder mit dem Radius R entspricht ? Wie lautet dann die Stromfunktion Ψ für die Kreiszylinderströmung ?
b) Es soll gezeigt werden, daß die Konturstromlinie eine Kreislinie mit dem Radius R ist.
c) Die Geschwindigkeitskomponenten u und v des Strömungsfeldes sollen in Polarkoordinaten (r, φ) angegeben werden.
d) Es soll die Strömungsgeschwindigkeit W_k in Abhängigkeit von φ ermittelt werden.
e) Es soll der dimensionslose Druckbeiwert $C_{p,k}$ für die Konturstromlinie in Abhängigkeit von φ angegeben werden.

Lösung:
gegeben: Gleichungen (1)
gesucht: a) m, b) Konturgleichung, c) $u(r,\varphi)$, $v(r,\varphi)$, d) $W_k(\varphi)$, e) $C_{p,k}(\varphi)$

a) Die resultierende Stromfunktion Ψ der betrachteten Strömung ergibt sich mit dem Überlagerungsprinzip:

$$\begin{aligned}\Psi(x,y) &= \Psi_T + \Psi_D \\ \Psi(x,y) &= U_\infty \cdot y - \frac{m \cdot y}{x^2 + y^2}\end{aligned} \quad . \tag{2}$$

Das Dipolmoment in Gleichung (2) muß so groß gewählt werden, daß auf der x-Achse an der Stelle $x = -R$ (R ist der Radius des Kreiszylinders) ein Staupunkt liegt. Auf der x-Achse ist die v-Komponente des Geschwindigkeitsvektors Null, da das Strömungsfeld symmetrisch ist. Die Bestimmungsgleichung für m ist also die Gleichung $u(x = -R, y = 0) = 0$. Durch partielle Differenzierung der Gleichung (2) nach y erhält man eine Gleichung für $u(x,y)$. Sie lautet:

$$u(x,y) = \frac{\partial \Psi}{\partial y} = U_\infty - \frac{m}{x^2 + y^2} + \frac{2 \cdot m \cdot y^2}{(x^2 + y^2)^2} \quad . \tag{3}$$

Die Bestimmungsgleichung $u(x = -R, y = 0) = 0$ für m lautet dann also:

$$U_\infty - \frac{m}{R^2} = 0 \quad , \tag{4}$$

und mit ihr erhält man für m schließlich: $\underline{m = U_\infty \cdot R^2}$.

Die Stromfunktion für die Kreiszylinderströmung lautet dann:

$$\Psi = U_\infty \cdot y - \frac{U_\infty \cdot R^2 \cdot y}{x^2 + y^2} \quad . \tag{5}$$

b) Die Konturstromlinie ist die Stromlinie, auf der die Staupunkte liegen. Da die Staupunkte auf der x-Achse liegen, ergibt sich mit der Gleichung (5) für ihren Stromfunktionswert Ψ_k der Wert $\Psi_k = 0$. Die Gleichung für die Kontur lautet dann gemäß der Gleichung (5):

$$U_\infty \cdot y_k - \frac{U_\infty \cdot R^2 \cdot y_k}{x_k^2 + y_k^2} = 0 \quad , \tag{6}$$

die mit einer einfachen Umformung folgendermaßen geschrieben werden kann:

$$\underline{x_k^2 + y_k^2 = R^2} \quad . \tag{7}$$

Die Gleichung (7) entspricht der Gleichung eines Kreises mit dem Radius R. Die Konturstromlinie ist also eine Kreislinie, deren Mittelpunkt im Ursprung liegt.

c) Mit der Gleichung (3) und $m = U_\infty \cdot R^2$ ergibt sich für $u(x,y)$:

$$u(x,y) = U_\infty \cdot \left(1 - \frac{R^2}{x^2 + y^2} + \frac{2 \cdot R^2 \cdot y^2}{(x^2 + y^2)^2}\right) \quad . \tag{8}$$

Nun gilt bei der Einführung der Polarkoordinaten:

$$x^2 + y^2 = r^2 \qquad \cos\varphi = \frac{x}{r} \qquad \sin\varphi = \frac{y}{r} \quad . \tag{9}$$

Unter Berücksichtigung der Gleichungen (9) erhält man für $u(r,\varphi)$:

$$\underline{u(r,\varphi) = U_\infty \cdot \left(1 - \left(\frac{R}{r}\right)^2 + 2 \cdot \left(\frac{R}{r}\right)^2 \cdot \sin^2\varphi\right)} \quad . \tag{10}$$

Zur Bestimmung von $v(r,\varphi)$ wird zunächst $v(x,y)$ mit der Stromfunktion $\Psi(x,y)$ der Gleichung (5) bestimmt. Man erhält durch partielles Differenzieren:

$$v = -\frac{\partial \Psi}{\partial x} = 2 \cdot U_\infty \cdot R^2 \cdot \frac{x \cdot y}{(x^2 + y^2)^2} \quad . \tag{11}$$

Unter Berücksichtigung der Gleichungen (9) erhält man für $v(r,\varphi)$:

$$\underline{v(r,\varphi) = 2 \cdot U_\infty \cdot \left(\frac{R}{r}\right)^2 \cdot \cos\varphi \cdot \sin\varphi} \quad . \tag{12}$$

d) Für die u- und v-Komponente auf der Kontur gilt gemäß der Gleichungen (10) und (11):

$$u(\varphi)|_{r=R} = 2 \cdot U_\infty \cdot \sin^2\varphi \qquad v(\varphi)|_{r=R} = 2 \cdot U_\infty \cdot \cos\varphi \cdot \sin\varphi \quad . \tag{13}$$

Die Geschwindigkeit $W_k(\varphi)$ auf der Kontur ergibt sich dann mit der folgenden Rechnung:

$$\underline{W_k(\varphi) = \sqrt{u^2(\varphi)|_{r=R} + v^2(\varphi)|_{r=R}} = 2 \cdot U_\infty \cdot \sin\varphi} \quad . \tag{14}$$

3.3 Potentialgleichungen

e) Der dimensionslose Druckbeiwert $C_{p,k}$ ist für den Kreiszylinder wie folgt definiert:

$$C_{p,k} = \frac{p_k - p_\infty}{\frac{\rho}{2} \cdot U_\infty^2} \quad . \tag{15}$$

Zur Bestimmung der Druckdifferenz $p_k - p_\infty$ wird die Bernoulligleichung für inkompressible Strömungen entlang der Staupunktstromlinie angewendet. Weit entfernt von der Kontur besitzt die Strömung die ungestörten Zuströmgrößen U_∞, p_∞ und auf der Kontur entsprechend W_k, p_k. Es gilt also:

$$\frac{\rho}{2} \cdot U_\infty^2 + p_\infty = \frac{\rho}{2} \cdot W_k^2 + p_k \implies p_k - p_\infty = \frac{\rho}{2} \cdot \left(U_\infty^2 - W_k^2\right) \quad . \tag{16}$$

Die Differenz $p_k - p_\infty$ gemäß Gleichung (16) in Gleichung (15) eingesetzt, ergibt für $C_{p,k}$:

$$C_{p,k} = 1 - \left(\frac{W_k}{U_\infty}\right)^2 \quad . \tag{17}$$

W_k/U_∞ ergibt sich mit der Gleichung (14) zu $W_k/U_\infty = 2 \cdot \sin\varphi$. Dies in Gleichung (17) eingesetzt, ergibt das gesuchte Ergebnis:

$$\underline{C_{p,k} = 1 - 4 \cdot \sin^2\varphi} \quad . \tag{18}$$

Die Druck- und die Geschwindigkeitsverteilung sind in der Abb. PIK5 über dem Winkel φ aufgetragen.

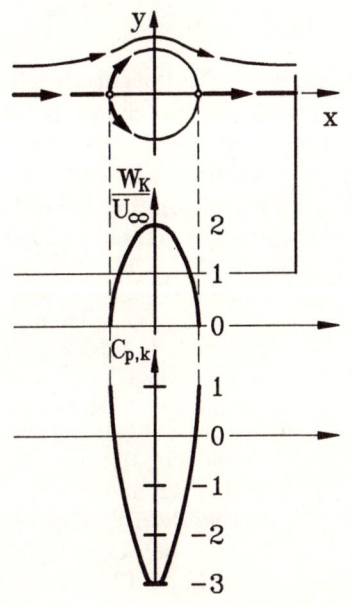

Abb. PIK5: Druck- und Geschwindigkeitsverlauf entlang der Kreiszylinderkontur

Aufgabe PIK6

Die reibungslose Umströmung eines Dachfirstes entsprechend der Abb. PIK6a erhält man, wenn man der Strömung um einen mit der Geschwindigkeit U_∞ ($U_\infty = 120 km/h$) angeströmten Kreiszylinder vom Radius R noch zusätzlich die Strömung eines Potentialwirbels überlagert. Der Radius R des Dachfirstes beträgt $R = 7.5cm$, der Firstwinkel α ist $\alpha = 120°$.

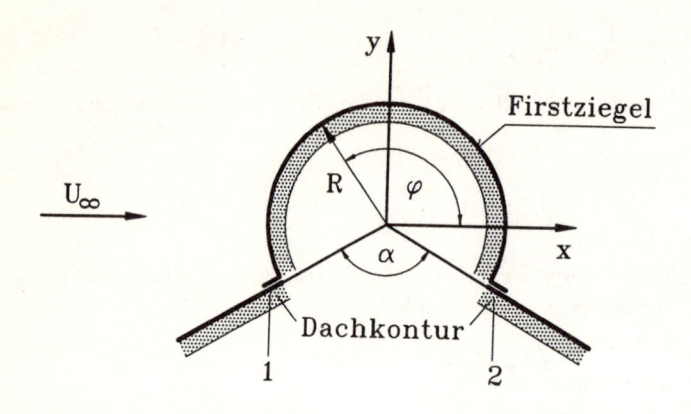

Abb. PIK6a: Dachfirst

a) Wie groß muß die Zirkulation Γ des Potentialwirbels gewählt werden, damit die reibungslose Strömung entsprechend der Abb. PIK6a um den Dachfirst richtig nachgebildet wird?

b) Wie groß ist die auf den Dachfirst wirkende Kraft F_A, wenn unter dem Dachfirst der Druck p_∞ der Zuströmung herrscht und der Dachfirst die Länge $b = 1m$ (b senkrecht zur Zeichenebene) hat? Die Dichte ρ der Zuströmung beträgt $\rho = 1.226 kg/m^3$.

Lösung:
gegeben: $U_\infty = 120 km/h$, $\rho = 1.226 kg/m^3$, $R = 7.5cm$, $b = 1m$
gesucht: a) Γ, b) F_A

a) Die Zirkulation muß so groß gewählt werden, daß auf der Konturstromlinie an den Stellen 1 und 2 (s. Abb. PIK6a) Staupunkte liegen. Dazu ist es erforderlich, die Strömungsgeschwindigkeit auf der Kontur zu ermitteln. Die Stromfunktion Ψ der betrachteten Strömung ergibt sich aus der Addition der Stromfunktionen der Translations-, Dipol- und Wirbelströmung, wobei das Dipolmoment m der Dipolströmung $m = U_\infty \cdot R^2$ entspricht (s. Aufgabe PIK5). Ψ lautet also:

$$\Psi = \Psi_T + \Psi_D + \Psi_W$$

3.3 Potentialgleichungen

$$\Psi = U_\infty \cdot y - U_\infty \cdot R^2 \cdot \frac{y}{x^2+y^2} + \frac{\Gamma}{2\cdot\pi} \cdot \ln\left(\sqrt{x^2+y^2}\right) \quad . \tag{1}$$

Durch partielles Differenzieren der Stromfunktion Ψ ergeben sich die Geschwindigkeitskomponenten $u(x,y)$ und $v(x,y)$:

$$u(x,y) = \frac{\partial \Psi}{\partial y} = U_\infty \cdot \left(1 - \frac{R^2}{x^2+y^2} + 2\cdot R^2 \cdot \frac{y^2}{(x^2+y^2)^2}\right) + \frac{\Gamma}{2\cdot\pi} \cdot \frac{y}{x^2+y^2} \tag{2}$$

$$v(x,y) = -\frac{\partial \Psi}{\partial x} = -2\cdot U_\infty \cdot R^2 \cdot \frac{x\cdot y}{(x^2+y^2)^2} - \frac{\Gamma}{2\cdot\pi} \cdot \frac{x}{x^2+y^2} \quad . \tag{3}$$

Mit der Einführung von Polarkoordinaten (r,φ) gemäß

$$x^2+y^2 = r^2 \qquad \cos\varphi = \frac{x}{r} \qquad \sin\varphi = \frac{y}{r} \tag{4}$$

lauten die Funktionen $u(r,\varphi)$ und $v(r,\varphi)$:

$$u(r,\varphi) = U_\infty \cdot \left(1 - \left(\frac{R}{r}\right)^2 + 2\cdot\left(\frac{R}{r}\right)^2 \cdot \sin^2\varphi\right) + \frac{\Gamma}{2\cdot\pi} \cdot \frac{\sin\varphi}{r} \tag{5}$$

$$v(r,\varphi) = -2\cdot U_\infty \cdot \left(\frac{R}{r}\right)^2 \cdot \cos\varphi \cdot \sin\varphi - \frac{\Gamma}{2\cdot\pi} \cdot \frac{\cos\varphi}{r} \quad . \tag{6}$$

Das Quadrat der Strömungsgeschwindigkeit W_k^2 auf der Kontur läßt sich nun mit den Gleichungen (5) und (6) berechnen. Man erhält:

$$W_k^2(\varphi) = u^2(r=R,\varphi) + v^2(r=R,\varphi)$$

$$W_k^2(\varphi) = 4\cdot U_\infty^2 \cdot \sin^2\varphi + 2\cdot U_\infty \cdot \frac{\Gamma}{\pi} \cdot \frac{\sin\varphi}{R} + \left(\frac{\Gamma}{2\cdot\pi}\right)^2 \cdot \frac{1}{R^2} \quad . \tag{7}$$

Wie bereits erwähnt, muß die Zirkulation Γ so groß gewählt werden, daß auf der Konturstromlinie an den Stellen 1 und 2 bzw. für die Winkel $\varphi_{s,1} = 210°$ und $\varphi_{s,2} = -30°$ die Staupunkte der Strömung liegen. Die Bestimmungsgleichung ergibt sich also aus der Beziehung $W_k^2(\varphi_{s,1}) = 0$. Mit der Gleichung (7) und $W_k^2(\varphi_{s,1}) = 0$ erhält man eine quadratische Gleichung für Γ. Sie lautet:

$$\Gamma^2 + 8\cdot\pi\cdot R\cdot U_\infty \cdot \sin\varphi_{s,1} \cdot \Gamma + 16\cdot\pi^2\cdot U_\infty^2 \cdot R^2 \cdot \sin^2\varphi_{s,1} = 0 \quad . \tag{8}$$

Die Auflösung der Bestimmungsgleichung (8) ergibt für Γ nur eine Lösung. Sie lautet:

$$\Gamma = -4\cdot\pi\cdot U_\infty \cdot R \cdot \sin\varphi_{s,1} \quad ,$$

und mit $\sin\varphi_{s,1} = \sin 210° = -1/2$:

$$\underline{\Gamma = 2\cdot\pi\cdot U_\infty \cdot R} \quad . \tag{9}$$

b) Zur Bestimmung der auf den Dachfirst wirkenden Kraft wird zuerst die Druckverteilung auf der Kontur ermittelt. Mit der Bernoulligleichung für inkompressible Strömungen erhält man:

$$\frac{\rho}{2}\cdot U_\infty^2 + p_\infty = \frac{\rho}{2}\cdot W_k^2(\varphi) + p_k(\varphi) \quad \Longrightarrow \quad p_k(\varphi) = p_\infty + \frac{\rho}{2}\cdot\left(U_\infty^2 - W_k^2(\varphi)\right) \tag{10}$$

3 GRUNDGLEICHUNGEN DER STRÖMUNGSMECHANIK

Die Geschwindigkeit zum Quadrat $W_k^2(\varphi)$ auf der Kontur ergibt mit Gleichung (7) und mit $\Gamma = 2 \cdot \pi \cdot U_\infty \cdot R$ die folgende Gleichung:

$$W_k^2(\varphi) = U_\infty^2 \cdot (4 \cdot \sin^2\varphi + 4 \cdot \sin\varphi + 1) \quad . \tag{11}$$

$W_k^2(\varphi)$ gemäß Gleichung (11) in Gleichung (10) eingesetzt, ergibt für den Druck $p_k(\varphi)$ die Gleichung:

$$p_k(\varphi) = p_\infty - \frac{\rho}{2} \cdot U_\infty^2 \cdot (4 \cdot \sin^2\varphi + 4 \cdot \sin\varphi) \quad . \tag{12}$$

Da die Druckverteilung symmetrisch zur y-Achse verläuft, wirkt in horizontaler Richtung keine Kraft auf den Dachfirst. Die Kraft, die in vertikaler Richtung auf den Dachfirst wirkt, wird mittels der Integration der Vertikalkomponenten der Kräfte dF ermittelt (s. Abb PIK6b). Für die Vertikalkomponente dF_A der Kraft dF erhält man:

$$dF_A = dF \cdot \sin\varphi = (p_\infty - p_k) \cdot \sin\varphi \cdot dA \tag{13}$$
$$dA = R \cdot b \cdot d\varphi \tag{14}$$
$$dF_A = (p_\infty - p_k) \cdot \sin\varphi \cdot R \cdot b \cdot d\varphi \quad . \tag{15}$$

p_k gemäß Gleichung (12) in Gleichung (15) eingesetzt, ergibt für dF_A:

$$dF_A = 2 \cdot \rho \cdot U_\infty^2 \cdot R \cdot b \cdot (\sin^3\varphi + \sin^2\varphi) \cdot d\varphi \quad . \tag{16}$$

Mit der folgenden Integration

$$F_A = \int_{F_{A,y}} dF_{A,y} = \int_{-\frac{\pi}{6}}^{\frac{7}{6}\pi} 2 \cdot \rho \cdot U_\infty^2 \cdot R \cdot b \cdot (\sin^3\varphi + \sin^2\varphi) \cdot d\varphi$$

$$F_A = 2 \cdot \rho \cdot U_\infty^2 \cdot R \cdot b \cdot \int_{-\frac{\pi}{6}}^{\frac{7}{6}\pi} (\sin^3\varphi + \sin^2\varphi) \cdot d\varphi$$

erhält man schließlich für F_A das folgende Ergebnis:

$$F_A = 2 \cdot \rho \cdot U_\infty^2 \cdot R \cdot b \cdot \left(\frac{\sqrt{3}}{2} + \frac{2}{3} \cdot \pi\right) = \left(\sqrt{3} + \frac{4}{3} \cdot \pi\right) \cdot \rho \cdot U_\infty^2 \cdot R \cdot b \quad .$$

Als Zahlenwert ergibt sich für F_A der Wert: $\underline{F_A = 604.9 N}$.

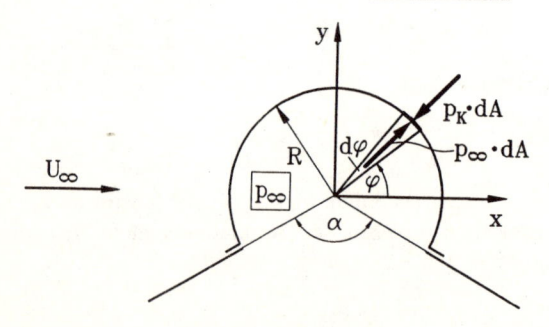

Abb. PIK6b: Druckkräfte auf Dachfirstkontur

4 Methoden der Strömungsmechanik

4.1 Analytische Methoden

4.1.1 Dimensionsanalyse

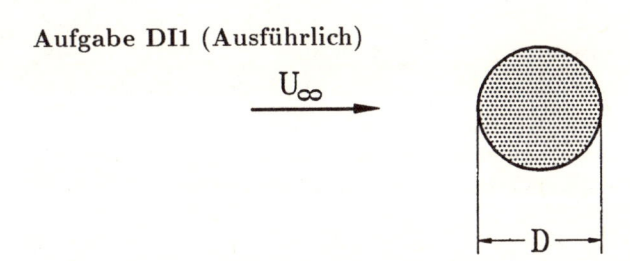

Aufgabe DI1 (Ausführlich)

Abb. DI1: Kugelumströmung

Auf eine glatte Kugel mit dem Durchmesser D, die mit der Geschwindigkeit U_∞ eines inkompressiblen Mediums angeströmt wird, wirkt die Widerstandskraft W (s. Abb. DI1)

a) Es sollen alle geometrischen und physikalischen Größen, die einen Einfluß auf den Widerstand W haben, aufgelistet und der funktionale Zusammenhang formuliert werden.

b) Wieviele Basisdimensionen hat das Problem, und welche werden ausgewählt?

c) Auf wieviele Kennzahlen läßt sich das Problem reduzieren?

d) Wie lauten die dimensionslosen Kennzahlen und der neue funktionale Zusammenhang? Was ist mittels der Rechnung erreicht worden?

Lösung:
gegeben: Kugelumströmung
gesucht: a) geometr. u. physik. Größen, b) Basisgrößen, c) Anzahl der Kennzahlen, d) Formeln der Kennzahlen

a) Die folgenden Größen haben einen Einfluß auf die Widerstandskraft W:

1. Die Zuströmgeschwindigkeit U_∞,
2. Der Durchmesser D der Kugel,
3. Die Dichte ρ des Mediums,
4. Die kinematische Zähigkeit ν des Mediums.

Der funktionale Zusammenhang lautet dann also:

$$W = f(U_\infty, D, \rho, \nu) \ . \tag{1}$$

b) Dieses mechanische Problem besitzt <u>drei</u> Basisgrößen. Zur Bestimmung der dimensionslosen Kennzahlen werden die folgenden Größen ausgewählt: U, D, ρ .

c) Der funktionale Zusammenhang (1) beinhaltet die fünf Größen W, U_∞, D, ρ und ν. Mit den drei Basisgrößen kann das Problem auf zwei dimensionslose Kennzahlen (5-3=2) reduziert werden.

d) Zur Bestimmung der Kennzahlen werden die Dimensionen der nach der Auswahl der Basisgrößen verbleibenden Größen W und ν mit dem nachfolgenden Exponentenansatz der Dimensionen der Basisgrößen ausgedrückt:

$$[W] = [U_\infty]^\alpha \cdot [D]^\beta \cdot [\rho]^\gamma \qquad [\nu] = [U_\infty]^\alpha \cdot [D]^\beta \cdot [\rho]^\gamma \quad . \tag{2}$$

Die in Gleichung (2) vorhandenen Dimensionen lassen sich mit der Dimension der Kraft F, der Länge L und der Zeit T (kurz: mit F, L, T) ausdrücken:

$$\begin{aligned}[W] &= F^1 \cdot L^0 \cdot T^0 & [U_\infty] &= F^0 \cdot L^1 \cdot T^{-1} & [D] &= F^0 \cdot L^1 \cdot T^0 \\ [\rho] &= F^1 \cdot L^{-4} \cdot T^2 & [\nu] &= F^0 \cdot L^2 \cdot T^{-1} & & \end{aligned} \tag{3}$$

Die Dimensionen gemäß der Gleichungen (3) in die Gleichungen (2) eingesetzt, ergibt die beiden nachfolgenden Gleichungen:

$$[W] = F^1 \cdot L^0 \cdot T^0 = (F^0 \cdot L^1 \cdot T^{-1})^\alpha \cdot (F^0 \cdot L^1 \cdot T^0)^\beta \cdot (F^1 \cdot L^{-4} \cdot T^2)^\gamma \tag{4}$$
$$[\nu] = F^0 \cdot L^2 \cdot T^{-1} = (F^0 \cdot L^1 \cdot T^{-1})^\alpha \cdot (F^0 \cdot L^1 \cdot T^0)^\beta \cdot (F^1 \cdot L^{-4} \cdot T^2)^\gamma \tag{5}$$

Mit einem Exponentenvergleich für Gleichung (4) und Gleichung (5) ergeben sich die folgenden beiden Gleichungssysteme jeweils mit den Unbekannten α, β und γ:

$$\begin{aligned}1 &= + \gamma & 0 &= + \gamma \\ 0 &= \alpha + \beta - 4\cdot\gamma & 2 &= \alpha + \beta - 4\cdot\gamma \\ 0 &= -\alpha + 2\cdot\gamma & -1 &= -\alpha + 2\cdot\gamma\end{aligned}$$

Die Lösung des linken Gleichungssystems ergibt die Lösung $\alpha = 2, \beta = 2, \gamma = 1$, und die des rechten Gleichungssystems die Lösung $\alpha = 1, \beta = 1, \gamma = 0$. Mit den Gleichungen (2) ergeben sich also folgende dimensionslose Kennzahlen:

$$\pi_1' = \frac{W}{\rho \cdot U_\infty^2 \cdot D^2} \qquad \pi_2' = \frac{\nu}{U_\infty \cdot D} \quad . \tag{6}$$

Die Multiplikation der Kennzahl π_1' mit der Zahl 2 und der Kehrwert der Kennzahl π_2' ergeben die endgültigen (für die Strömungsmechanik geläufigen) Kennzahlen.

$$\underline{C_w = 2 \cdot \pi_1' = \frac{W}{\frac{\rho}{2} \cdot U_\infty^2 \cdot D^2}} \qquad \underline{Re = \frac{1}{\pi_2'} = \frac{U_\infty \cdot D}{\nu}} \quad . \tag{7}$$

Folgendes ist erreicht worden: Das Problem der Kugelumströmung ist von fünf Größen auf zwei Kennzahlen reduziert worden. Der einfache funktionale Zusammenhang

$$\underline{C_w = \bar{f}(Re)} \tag{8}$$

kann mit <u>einer</u> Meßreihe ermittelt werden.

4.1 Analytische Methoden

Aufgabe DI2

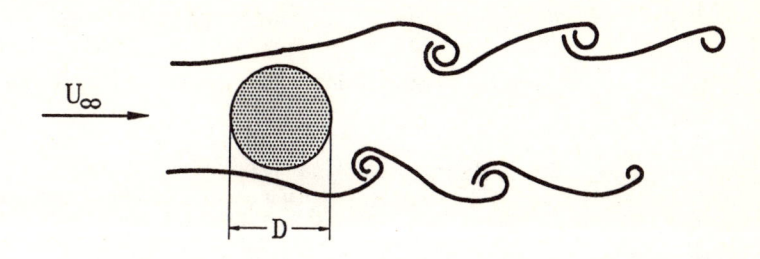

Abb. DI2: Nachlaufströmung hinter der Kugel

Im Nachlaufgebiet einer angeströmten Kugel (s. Abb. DI2) entsteht für bestimmte Reynoldszahlen eine periodische Wirbelanordnung, die durch wechselseitiges periodisches Ablösen der Strömung auf der Kugeloberseite und Kugelunterseite verursacht wird (Kármánsche Wirbelstraße). In dieser Aufgabe sollen die Kennzahlen bestimmt werden, die die Frequenz der abgehenden Wirbel bestimmen.

Lösung:
gegeben: Kugelumströmung
gesucht: Kennzahlen für die Frequenz der Wirbelablösung

Die Frequenz f ist von den folgenden Größen abhängig: der Zuströmgeschwindigkeit U_∞, des Kugeldurchmessers D, der Dichte ρ und der kinematischen Zähigkeit ν (vgl. Aufgabe DI1). Der funktionale Zusammenhang F lautet also:

$$f = F(U_\infty, D, \rho, \nu) \quad . \tag{1}$$

Das Problem der fünf Größen kann mit den ausgewählten Basisgrößen U_∞, D und ρ auf zwei Kennzahlen reduziert werden. Dazu werden die Dimensionen der Frequenz f und der Zähigkeit ν mit den Dimensionen der Basisgrößen mittels des folgenden Exponentenansatzes ausgedrückt:

$$[f] = [U_\infty]^\alpha \cdot [D]^\beta \cdot [\rho]^\gamma \qquad [\nu] = [U_\infty]^\alpha \cdot [D]^\beta \cdot [\rho]^\gamma \quad . \tag{2}$$

Die Exponenten der rechten Gleichung der Gleichungen (2) sind bereits in Aufgabe DI1 ermittelt worden. Sie haben folgende Werte: $\alpha = 1$, $\beta = 1$, $\gamma = 0$. Mit ihnen erhält man die Reynoldszahl als Kennzahl (s. Aufgabe DI1). Es muß also noch die zweite Kennzahl ermittelt werden. Die Einheiten für die vier physikalischen Größen f, U_∞, D und ρ lauten:

$$\begin{aligned}[][f] &= F^0 \cdot L^0 \cdot T^{-1} \qquad [U_\infty] = F^0 \cdot L^1 \cdot T^{-1} \qquad [D] = F^0 \cdot L^1 \cdot T^0 \\ [\rho] &= F^1 \cdot L^{-4} \cdot T^2 \end{aligned} \tag{3}$$

Setzt man die Dimensionen gemäß Gleichung (3) in die linke Gleichung der Gleichungen (2) ein, erhält man:

$$F^0 \cdot L^0 \cdot T^{-1} = (F^0 \cdot L^1 \cdot T^{-1})^\alpha \cdot (F^0 \cdot L^1 \cdot T^0)^\beta \cdot (F^1 \cdot L^{-4} \cdot T^2)^\gamma \quad . \tag{4}$$

Mit einem Exponentenvergleich ergibt sich das folgende Gleichungssystem:

$$\begin{aligned} 0 &= &&&+\gamma \\ 0 &= &\alpha &+\beta &-4\cdot\gamma \\ -1 &= &-\alpha & &+2\cdot\gamma \quad . \end{aligned}$$

Das Gleichungssystem liefert als Lösung $\alpha = 1$, $\beta = -1$ und $\gamma = 0$, so daß man mit der linken Gleichung der Gleichungen (2) die folgende Kennzahl erhält:

$$\pi = f \cdot \frac{D}{U_\infty} \quad . \tag{5}$$

Die Kennzahl π entspricht der Strouhalzahl Str (s. Lehrbuch Zierep). Der vereinfachte funktionale Zusammenhang $\bar{F}$ lautet also:

$$\underline{Str = \bar{F}(Re)} \quad .$$

Aufgabe DI3

Durch geeignete Versuche in einem Modellkanal soll der Schleppwiderstand F_s eines Schiffskörpers mit einer vorgegebenen Geometrie der charakteristischen Länge l und des Verdrängungsvolumens V bestimmt werden (s. Abb. DI3). Wie lauten die dimensionslosen Kennzahlen und der vereinfachte funktionale Zusammenhang des Problems ?

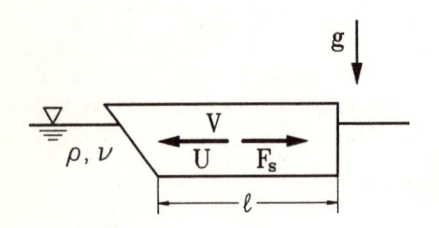

Abb. DI3: Schiffmodell

Lösung:
gegeben: **Geometrie des Schiffes**
gesucht: $\pi_1 \ldots \pi_n$, $\bar{G}$

Der Schleppwiderstand F_s ist abhängig von der Schleppgeschwindigkeit U, der charakteristischen Länge l des Körpers, des Verdrängungsvolumens V, der Erdbeschleunigung g, der Dichte ρ der Flüssigkeit und der kinematischen Zähigkeit ν, also:

$$F_s = G(U, l, V, g, \rho, \nu) \quad . \tag{1}$$

4.1 Analytische Methoden

Wählt man als Basisgrößen die Größen U, l und ρ aus, so läßt sich mit ihnen und mit den folgenden Gleichungen das Problem auf vier dimensionslose Kennzahlen reduzieren. Die Gleichungen lauten:

$$
\begin{aligned}
{[F_s]} &= [U]^\alpha \cdot [l]^\beta \cdot [\rho]^\gamma & [V] &= [U]^\alpha \cdot [l]^\beta \cdot [\rho]^\gamma \\
{[g]} &= [U]^\alpha \cdot [l]^\beta \cdot [\rho]^\gamma & [\nu] &= [U]^\alpha \cdot [l]^\beta \cdot [\rho]^\gamma
\end{aligned} \quad (2)
$$

Die Dimensionen der Größen lauten:

$$
\begin{aligned}
{[F_s]} &= F^1 \cdot L^0 \cdot T^0 & [U] &= F^0 \cdot L^1 \cdot T^{-1} & [l] &= F^0 \cdot L^1 \cdot T^0 \\
{[V]} &= F^0 \cdot L^3 \cdot T^0 & [g] &= F^0 \cdot L^1 \cdot T^{-2} & [\rho] &= F^1 \cdot L^{-4} \cdot T^2 \\
{[\nu]} &= F^0 \cdot L^2 \cdot T^{-1}
\end{aligned} \quad (3)
$$

Die Dimensionen der Größen gemäß der Gleichungen (3) in die Gleichungen (2) eingesetzt, ergibt:

$$
\begin{aligned}
F_s: \quad & F^1 \cdot L^0 \cdot T^0 = (F^0 \cdot L^1 \cdot T^{-1})^\alpha + (F^0 \cdot L^1 \cdot T^0)^\beta + (F^1 \cdot L^{-4} \cdot T^2)^\gamma \\
V: \quad & F^0 \cdot L^3 \cdot T^0 = (F^0 \cdot L^1 \cdot T^{-1})^\alpha + (F^0 \cdot L^1 \cdot T^0)^\beta + (F^1 \cdot L^{-4} \cdot T^2)^\gamma \\
g: \quad & F^0 \cdot L^1 \cdot T^{-2} = (F^0 \cdot L^1 \cdot T^{-1})^\alpha + (F^0 \cdot L^1 \cdot T^0)^\beta + (F^1 \cdot L^{-4} \cdot T^2)^\gamma \\
\nu: \quad & F^0 \cdot L^2 \cdot T^{-1} = (F^0 \cdot L^1 \cdot T^{-1})^\alpha + (F^0 \cdot L^1 \cdot T^0)^\beta + (F^1 \cdot L^{-4} \cdot T^2)^\gamma
\end{aligned} \quad (4)
$$

Mit einem Exponentenvergleich ergeben sich aus den Gleichungen (4) die folgenden Gleichungssysteme:

					F_s	V	g	ν
$F:$			γ	$=$	1	0	0	0
$L:$	α	$+\beta$	$-4\cdot\gamma$	$=$	0	3	1	2
$T:$	$-\alpha$		$+2\cdot\gamma$	$=$	0	0	-2	-1

Zur Darstellung der Gleichungssysteme: Die vierte Spalte von rechts (über dieser Spalte steht F_s) entspricht der rechten Seite des Gleichungssystems, das aus dem Exponentenvergleich für der obersten Gleichung der Gleichungen (4) resultiert. Die dritte Spalte von rechts ist die rechte Seite des Gleichungssystems für die zweite oberste Gleichung der Gleichungen (4) usw.. Die linken Seiten der vier resultierenden Gleichungssysteme sind jeweils gleich.

Die Lösung des ersten Gleichungssystems liefert $\alpha = 2$, $\beta = 2$ und $\gamma = 1$. Mit der ersten Gleichung der Gleichungen (2) ergibt sich die folgende Kennzahl:

$$\pi_1 = \frac{F_s}{\rho \cdot U^2 \cdot l^2} \quad . \quad (5)$$

Die restlichen Kenngrößen $\pi_2 \ldots \pi_4$ ermitteln sich mit der gleichen Vorgehensweise. Sie lauten:

$$\pi_2 = \frac{V}{l^3} \qquad \pi_3 = \frac{g}{U^2} \cdot l \qquad \pi_4 = \frac{\nu}{U \cdot l} \quad . \quad (6)$$

Die Kennzahlen können noch in die für die Strömungsmechanik übliche Form umgeschrieben werden. Es gilt:

$$C = \frac{F_s}{\frac{\rho}{2} \cdot U^2 \cdot l^2} = 2 \cdot \pi_1 \qquad Fr = \frac{1}{\pi_3} = \frac{U^2}{g \cdot l} \qquad Re = \frac{1}{\pi_4} = \frac{U \cdot l}{\nu} \quad . \quad (7)$$

Fr ist die Froude-Zahl, Re ist die Reynolds-Zahl (s. Lehrbuch Zierep). Der vereinfachte funktionale Zusammenhang lautet mit den Kennzahlen:

$$C = \bar{G}(\frac{V}{l^3}, Fr, Re) \quad . \tag{8}$$

Aufgabe DI4

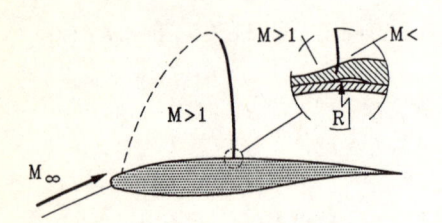

Abb. DI4a: Transsonischer Tragflügel

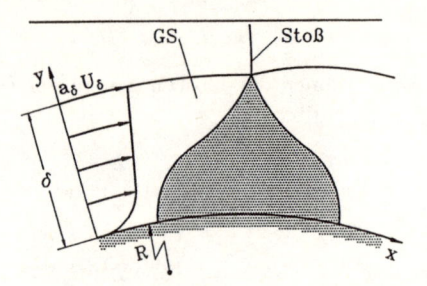

Abb. DI4b: Stoß-Grenzschichtwechselwirkung (Zierep)

Auf einem Tragflügelprofil, das mit einer Unterschallströmung großer Machzahl M_∞ angeströmt wird, entsteht auf der Saugseite ein lokales Überschallgebiet, das mit einem Verdichtungsstoß stromabwärts abschließt (s. Abb. DI4a). Der Verdichtungsstoß interferiert mit der turbulenten Grenzschicht und kann gegebenenfalls die Ablösung der Grenzschicht bewirken.

In dieser Aufgabe sollen die dimensionslosen Kennzahlen ermittelt werden, die die Ablösung der Grenzschicht bestimmen. Nacheinander sollen die folgenden Teilaufgaben gelöst werden:

a) Wie lautet in diesem Fall (zweidimensionale Strömung) das Ablösekriterium?
b) Welche in Abb. DI4b eingezeichneten physikalischen Größen bestimmen das Ablösekriterium? (U_δ-Strömungsgeschwindigkeit am Grenzschichtrand, a_δ-örtliche Schallgeschwindigkeit am Grenzschichtrand, R-Krümmungsradius der Profilkontur, δ- Dicke der Grenzschicht)
c) Es sollen die dimensionslosen Kennzahlen bestimmt werden. Wie lautet der neue funktionale Zusammenhang, und was beschreibt er?

4.1 Analytische Methoden

Lösung:
gegeben: Transsonische Profilumströmung
gesucht: a) Ablösekriterium, b) Einflußgrößen, c) dimensionslose Kennzahlen

a) Das Ablösekriterium für eine zweidimensionale Grenzschicht lautet:

$$\tau_w = \mu \cdot \frac{du}{dy}\Big|_w = 0 \quad . \tag{1}$$

τ_w ist die vom Fluid auf die Wand übertragene Wandschubspannung. Ist sie an einer Stelle Null, so löst sich die Grenzschicht an dieser Stelle (Ablösestelle) ab.

b) Die Wandschubspannung hängt von den in Abb. DI4b eingezeichneten Größen sowie von der Zähigkeit und der Dichte ab, also:

$$\tau_w = F(U_\delta, a_\delta, \delta, R, \nu, \rho) = 0 \quad . \tag{2}$$

ν ist die kinematische Zähigkeit, und ρ ist die Dichte des strömenden Mediums unmittelbar vor dem Stoß.

c) Zur Bestimmung der dimensionslosen Kennzahlen können z.B. als neue Basis die Dimensionen der Geschwindigkeit U_δ, der Dichte ρ und der Grenzschichtdicke δ ausgewählt werden. Die Dimensionen der verbleibenden Größen a_δ, ν und R lassen sich dann wie folgt ausdrücken:

$$[a_\delta] = [U_\delta]^\alpha \cdot [\rho]^\beta \cdot [\delta]^\gamma \qquad [R] = [U_\delta]^\alpha \cdot [\rho]^\beta \cdot [\delta]^\gamma \qquad [\nu] = [U_\delta]^\alpha \cdot [\rho]^\beta \cdot [\delta]^\gamma \quad . \tag{3}$$

Die einzelnen Dimensionen durch die Dimensionen der Kraft, der Länge und der Zeit ausgedrückt, ergeben:

$$[a_\delta] = F^0 \cdot L^1 \cdot T^{-1} \quad [U_\delta] = F^0 \cdot L^1 \cdot T^{-1} \quad [R] = F^0 \cdot L^1 \cdot T^0 \tag{4}$$

$$[\delta] = F^0 \cdot L^1 \cdot T^0 \quad [\rho] = F^1 \cdot L^{-4} \cdot T^2 \quad [\nu] = F^0 \cdot L^2 \cdot T^{-1} \quad . \tag{5}$$

Die Dimensionen gemäß der Gleichungen (5) in die Gleichungen (3) eingesetzt, ergeben die folgenden Gleichungen:

$$\begin{aligned} F^0 \cdot L^1 \cdot T^{-1} &= (F^0 \cdot L^1 \cdot T^{-1})^\alpha \cdot (F^1 \cdot L^{-4} \cdot T^2)^\beta \cdot (F^0 \cdot L^1 \cdot T^0)^\gamma \\ F^0 \cdot L^1 \cdot T^0 &= (F^0 \cdot L^1 \cdot T^{-1})^\alpha \cdot (F^1 \cdot L^{-4} \cdot T^2)^\beta \cdot (F^0 \cdot L^1 \cdot T^0)^\gamma \\ F^0 \cdot L^2 \cdot T^{-1} &= (F^0 \cdot L^1 \cdot T^{-1})^\alpha \cdot (F^1 \cdot L^{-4} \cdot T^2)^\beta \cdot (F^0 \cdot L^1 \cdot T^0)^\gamma \end{aligned} \tag{6}$$

Mit einem Exponentenvergleich für jede Gleichung der Gleichungen (6) ergeben sich die folgenden Gleichungssysteme:

					a_δ	R	ν
$F:$		β		$=$	0	0	0
$L:$	α	$-4 \cdot \beta$	$+\gamma$	$=$	1	1	2
$T:$	$-\alpha$	$+2 \cdot \beta$		$=$	-1	0	-1 .

Das erste Gleichungssystem (Kennzahl bzgl. a_δ) ergibt für α, β, γ die Lösung $\alpha = 1$, $\beta = 0$ und $\gamma = 0$. Die Kennzahl lautet also (s. Gleichungen (3)):

$$\pi_1 = \frac{a_\delta}{U_\delta} \quad . \tag{7}$$

Die noch zu bestimmenden Kennzahlen π_2 und π_3 ergeben sich mit der entsprechenden Rechnung:

$$\pi_2 = \frac{R}{\delta} \qquad \pi_3 = \frac{\nu}{U_\delta \cdot \delta} \quad . \tag{8}$$

Die ermittelten Kennzahlen π_1 und π_3 können noch in die für die Strömungsmechanik geläufigen Kennzahlen umgeschrieben werden.

$$M_\delta = \frac{1}{\pi_1} = \frac{U_\delta}{a_\delta} \qquad Re_\delta = \frac{1}{\pi_3} = \frac{U_\delta \cdot \delta}{\nu} \quad . \tag{9}$$

Der vereinfachte funktionale Zusammenhang lautet also:

$$\bar{G}(M_\delta, \frac{R}{\delta}, Re_\delta) = 0 \qquad bzw. \qquad \underline{M_\delta = G(\frac{R}{\delta}, Re_\delta)} \quad . \tag{10}$$

Kennt man den funktionalen Zusammenhang G aufgrund weiteren experimentellen oder theoretischen Untersuchungen, so ist es z.B. möglich, bei gegebener Reynoldszahl Re_δ und gegebenem Verhältnis R/δ am Grenzschichtrand die Strömungsmachzahl M_δ zu bestimmen, bei der die Grenzschicht gerade ablöst. Ist die Strömungsmachzahl größer als die mit dem funktionalen Zusammenhang berechnete, löst die Grenzschicht ab.

Der funktionale Zusammenhang G ist von Bohning und Zierep ermittelt worden. Er ist in Abb. DI4c dargestellt. Man erkennt, daß eine Vergrößerung des Verhältnisses R/δ und/oder der Reynoldszahl Re_δ eine Ablösung verhindert. Durch eine Erhöhung der Strömungsmachzahl wird der Abstand zur Ablösung kleiner.

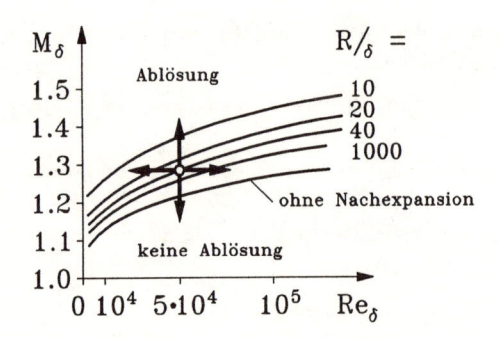

Abb. DI4c: Funktionaler Zusammenhang nach Bohning u. Zierep

4.1.2 Linearisierung

Aufgabe L1

In einem langen Rohr, in dem sich ein ruhendes Gas befindet, wird an der Stelle 1 eine schwache Druckstörung eingeleitet. Die Störung breitet sich im Rohr nach links und rechts als Schallwelle aus. Die eindimensionale Schallausbreitung wird, wenn man von den auftretenden Reibungseinflüssen absieht, mit der nicht-linearen Kontinuitäts- und Eulergleichung

$$\frac{\partial \rho}{\partial t} + \frac{\partial (\rho \cdot u)}{\partial x} = \frac{\partial \rho}{\partial t} + \rho \cdot \frac{\partial u}{\partial x} + u \cdot \frac{\partial \rho}{\partial x} = 0$$
$$\rho \cdot \frac{\partial u}{\partial t} + \rho \cdot u \cdot \frac{\partial u}{\partial x} = -\frac{\partial p}{\partial x} \qquad (1)$$

exakt beschrieben. Diese Gleichungen sind allerdings zur Berechnung der Schallausbreitung zu aufwendig und sollen deshalb linearisiert werden.

Dazu soll davon ausgegangen werden, daß das ruhende Gas, das im ungestörten Zustand die Dichte ρ_0 und den Druck p_0 hat, durch kleine Dichte- ρ', Druck-p' und Geschwindigkeitsänderungen u' gestört wird. Die Zustandsänderungen, die das Gas erfährt, verlaufen wegen der kleinen Störungen isentrop. Im einzelnen sollen nacheinander folgende Teilaufgaben gelöst werden:

a) Es soll der Störansatz formuliert werden.

b) Es soll gezeigt werden, daß für den Druck $p = p(\rho, s)$ folgendes gilt (s steht für die Entropie des Gases):

$$\frac{\partial p}{\partial x} = \left(\frac{\partial p}{\partial \rho}\right)_s \frac{\partial \rho}{\partial x} = a^2 \cdot \frac{\partial \rho}{\partial x} \quad . \qquad (2)$$

$(\partial p/\partial \rho)_s = a^2$ ist die Definitionsgleichung für die Schallgeschwindigkeit a.

c) Der Störansatz soll in die Kontinuitäts- und in die Eulergleichung eingesetzt werden. Dabei soll $\partial p/\partial x$ gemäß der Gleichung (2) ersetzt werden. Wie lauten die vereinfachten (immer noch exakten) Gleichungen?

d) Die Schallgeschwindigkeit a hat den Charakter einer thermodynamischen Zustandsgröße, da sie durch zwei Zustandsgrößen z.B. $a = a(\rho, s)$, festgelegt ist. Sie soll zu einer geeigneten Taylorreihe entwickelt werden.

e) Die Gleichungen sollen unter Berücksichtigung der in Aufgabenteil d) entwickelten Taylorreihe linearisiert werden. Wie lauten die <u>Akustik-Gleichungen</u>?

Lösung:
gegeben: Kontinuitäts- und Eulergleichung

a) Das ungestörte Gas hat die Dichte ρ_0, den Druck p_0 und befindet sich in Ruhe. Das gestörte Gas besitzt dann die Größen:

$$\rho = \rho_0 + \rho' \qquad p = p_0 + p' \qquad u = 0 + u' = u' \quad . \tag{3}$$

b) Das vollständige Differential für den Druck $p = p(\rho, s)$ lautet:

$$dp = \left(\frac{\partial p}{\partial \rho}\right)_s \cdot d\rho + \left(\frac{\partial p}{\partial s}\right)_\rho \cdot ds \quad . \tag{4}$$

Da die Zustandsänderungen des Gases isentrop verlaufen, ist $ds = 0$. Es gilt:

$$dp = \left(\frac{\partial p}{\partial \rho}\right)_s \cdot d\rho \quad . \tag{5}$$

Gleichung (5) auf die Rohrachse (x-Richtung) angewendet, ergibt:

$$\frac{\partial p}{\partial x} = \left(\frac{\partial p}{\partial \rho}\right)_s \cdot \frac{\partial \rho}{\partial x} = a^2 \cdot \frac{\partial \rho}{\partial x} \quad . \tag{6}$$

c) Die Dichte ρ und die Geschwindigkeit u' gemäß der Gleichungen (3) in die Kontinuitätsgleichung eingesetzt, ergibt die folgende Gleichung:

$$\frac{\partial(\rho_0 + \rho')}{\partial t} + (\rho_0 + \rho') \cdot \frac{\partial u'}{\partial x} + u' \cdot \frac{\partial(\rho_0 + \rho')}{\partial x} = 0 \quad . \tag{7}$$

Da ρ_0 eine Konstante ist und sich deshalb zeitlich und räumlich nicht ändert, vereinfacht sich die Gleichung (7) zur folgenden (immer noch exakten) Gleichung:

$$\frac{\partial \rho'}{\partial t} + \rho_0 \cdot \frac{\partial u'}{\partial x} + \rho' \cdot \frac{\partial u'}{\partial x} + u' \cdot \frac{\partial \rho'}{\partial x} = 0 \quad . \tag{8}$$

Die zweite Gleichung erhält man mit der gleichen Vorgehensweise. Wird in die Eulergleichung der Störansatz gemäß den Gleichungen (3) und $\partial p/\partial x$ gemäß der Gleichung (6) eingesetzt, ergibt die folgende Gleichung:

$$(\rho_0 + \rho') \cdot \frac{\partial u'}{\partial t} + (\rho_0 + \rho') \cdot u' \cdot \frac{\partial u'}{\partial x} = -a^2 \cdot \frac{\partial(\rho_0 + \rho')}{\partial x} \quad . \tag{9}$$

Mit $\partial \rho_0 / \partial x = 0$ erhält man die folgende Gleichung als Ergebnis dieser Teilaufgabe:

$$\rho_0 \cdot \frac{\partial u'}{\partial t} + \rho' \cdot \frac{\partial u'}{\partial t} + \rho_0 \cdot u' \cdot \frac{\partial u'}{\partial x} + \rho' \cdot u' \cdot \frac{\partial u'}{\partial x} = -a^2 \cdot \frac{\partial \rho'}{\partial x} \quad . \tag{10}$$

4.1 Analytische Methoden

d) a ist mit zwei Zustandsgrößen festgelegt, z.B. mit $a = a(\rho, s)$. Da die Zustandsänderungen des Gases isentrop verlaufen, also $s = const$ ist, gilt: $a = a(\rho)$. Entwickelt man vom Punkt (ρ_0, a_0) aus a^2 in eine Taylorreihe, dann lautet diese:

$$a^2 = a_0 + \left(\frac{\partial a^2}{\partial \rho}\right) \cdot (\rho - \rho_0) + \ldots = a_0 + \left(\frac{\partial a^2}{\partial \rho}\right) \cdot \rho' + \ldots \quad . \tag{11}$$

e) Zunächst wird die Gleichung (8) betrachtet. Da die Größen ρ', u' und ihre Ableitungen $\partial \rho'/\partial x$, $\partial u'/\partial x$ sehr klein sind, sind die Produkte

$$\rho' \cdot \frac{\partial u'}{\partial x} \qquad u' \cdot \frac{\partial \rho'}{\partial x} \tag{12}$$

extrem klein, so daß sie in der Gleichung (8) vernachlässigt werden können. Die erste Akustikgleichung lautet also:

$$\frac{\partial \rho'}{\partial t} + \rho_0 \cdot \frac{\partial u'}{\partial x} = 0 \quad . \tag{13}$$

Die zweite Akustikgleichung erhält man durch Einsetzen von a^2 gemäß der Gleichung (11) in die Gleichung (10). Man erhält:

$$\rho_0 \cdot \frac{\partial u'}{\partial t} + \rho' \cdot \frac{\partial u'}{\partial t} + \rho_0 \cdot u' \cdot \frac{\partial u'}{\partial x} + \rho' \cdot u' \cdot \frac{\partial u'}{\partial x} = -\left(a_0 + \left(\frac{\partial a^2}{\partial \rho}\right) \cdot \rho' + \ldots\right) \cdot \frac{\partial \rho'}{\partial x} \tag{14}$$

Die Produkte

$$\rho' \cdot \frac{\partial u'}{\partial t} \qquad \rho_0 \cdot u' \cdot \frac{\partial u'}{\partial x} \qquad \rho' \cdot u' \cdot \frac{\partial u'}{\partial x} \qquad \left(\frac{\partial a^2}{\partial \rho}\right) \cdot \rho' \cdot \frac{\partial \rho'}{\partial x} \tag{15}$$

sind extrem klein und können in der Gleichung (14) vernachlässigt werden. Die zweite Akustikgleichung lautet dann:

$$\rho_0 \cdot \frac{\partial u'}{\partial t} + a_0 \cdot \frac{\partial \rho'}{\partial x} = 0 \quad . \tag{16}$$

Die Gleichungen (13) und (16) entsprechen zwei linearen partiellen Differentialgleichungen 1. Ordnung für die Störgrößen u' und ρ'. Sie gelten für die eindimensionale Ausbreitung kleiner Störungen und können analytisch gelöst werden.

Aufgabe L2

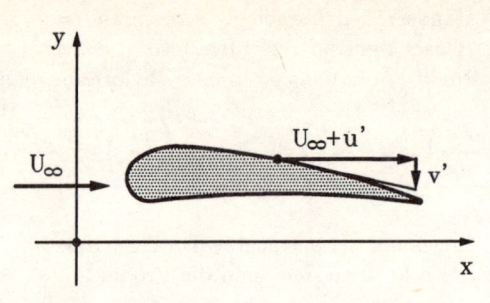

Abb. L2: Tragflügel in kompressibler Strömung

Ein <u>schlankes</u> Tragflügelprofil stört in einer reibungslosen, kompressiblen Strömung die ungestörte Anströmung (s. Abb. L2). Die Anströmung des Profils ist parallel zur x-Achse des Koordinatensystems und hat die Geschwindigkeit U_∞. An einer beliebigen Stelle (z.B. Stelle 1) auf der Profilkontur besitzt die Strömung die Geschwindigkeit $\vec{U} = ((U_\infty + u'), v', w')^T$. u', v' und w' sind die durch das Profil verursachten Störgeschwindigkeiten für die x-, y- und z-Richtung. In dieser Aufgabe soll der <u>linearisierte Druckbeiwert</u> in Abhängigkeit von den Störgrößen und der Zuströmgeschwindigkeit U_∞ ermittelt werden. Dazu soll, wie nachfolgend gefordert, vorgegangen werden.

a) Es soll gezeigt werden, daß für den Druckbeiwert C_p folgendes gilt:

$$C_p = \frac{p - p_\infty}{\frac{p_\infty}{2} \cdot U_\infty^2} = \frac{2}{\kappa \cdot M_\infty^2} \cdot \left(\frac{p}{p_\infty} - 1\right) \quad . \tag{1}$$

κ ist der Isentropenexponent des Gases und M_∞ steht für die Machzahl der ungestörten Anströmung.

b) Mit der Bernoulligleichung für isentrope Zustandsänderungen soll gezeigt werden, daß für das betrachtete Strömungsfeld folgendes gilt:

$$\frac{T}{T_\infty} = 1 + \frac{\kappa - 1}{2} \cdot \frac{U_\infty^2 - U^2}{a_\infty^2} \quad . \tag{2}$$

Alle Größen mit dem Index ∞ beziehen sich auf die ungestörte Anströmung. Größen ohne diesen Index sind einem beliebigen Punkt im Strömungsfeld zugeordnet. T ist die Temperatur und a steht für die örtliche Schallgeschwindigkeit.

c) Wie lautet das Verhältnis p/p_∞ in Abhängigkeit von den (kleinen) Störgrößen und der Zuströmgeschwindigkeit ? Die Formel für p/p_∞ soll mit der Anwendung der binomischen Reihe $(1-x)^n = 1 - n \cdot x \ldots$ (Glieder höherer Ordnung werden vernachlässigt) vereinfacht werden.

d) Der vereinfachte Ausdruck für p/p_∞ soll in die Gleichung (1) eingesetzt werden. Mittels einer Linearisierung ist der linearisierte Druckbeiwert anzugeben.

4.1 Analytische Methoden

Lösung:

a) Mit der Erweiterung des Nenners der Definitionsgleichung (1) erhält man für C_p folgendes:

$$C_p = \frac{p - p_\infty}{\frac{\rho_\infty}{2} \cdot U_\infty^2} = \frac{p - p_\infty}{\frac{\rho_\infty}{2} \cdot a_\infty^2 \cdot \frac{U_\infty^2}{a_\infty^2}} = \frac{p - p_\infty}{\frac{\rho_\infty}{2} \cdot a_\infty^2 \cdot M_\infty^2} \quad . \tag{3}$$

Für die Schallgeschwindigkeit eines idealen Gases gilt (s. Lehrbuch Zierep): $a^2 = \kappa \cdot p/\rho$. Mit der Anwendung dieser Gleichung auf a_∞^2 im Nenner der rechten Seite der Gleichung (3) erhält man:

$$C_p = \frac{p - p_\infty}{\frac{\rho_\infty}{2} \cdot \kappa \cdot \frac{p_\infty}{\rho_\infty} \cdot M_\infty^2} = \frac{2}{\kappa \cdot M_\infty^2} \cdot \left(\frac{p}{p_\infty} - 1\right) \quad . \tag{4}$$

b) Die Bernoulligleichung für isentrope Zustandsänderungen entlang einer Stromlinie von der ungestörten Anströmung bis zu einer beliebigen Stelle des Strömungsfeldes (z.B. entlang der Staupunktstromlinie bis zur Stelle 1) angewendet, ergibt:

$$\frac{U_\infty^2}{2} + \frac{a_\infty^2}{\kappa - 1} = \frac{U^2}{2} + \frac{a^2}{\kappa - 1}$$

$$\implies 1 + \frac{\kappa - 1}{2} \cdot \frac{U_\infty^2 - U^2}{a_\infty^2} = \left(\frac{a}{a_\infty}\right)^2 \quad . \tag{5}$$

Ersetzt man in der Gleichung (5) auf der rechten Seite die Schallgeschwindigkeiten a und a_∞ durch $a = \sqrt{\kappa \cdot R \cdot T}$ bzw. durch $a_\infty = \sqrt{\kappa \cdot R \cdot T_\infty}$ (R ist die spezifische Gaskonstante), so ergibt sich die in der Aufgabenstellung bereits erwähnte Gleichung (2)

$$\frac{T}{T_\infty} = 1 + \frac{\kappa - 1}{2} \cdot \frac{U_\infty^2 - U^2}{a_\infty^2} \quad . \tag{6}$$

c) Da die Zustandsänderungen des Gases in der Strömung isentrop verlaufen, ist die folgende Isentropengleichung gültig. Sie lautet:

$$\frac{p}{p_\infty} = \left(\frac{T}{T_\infty}\right)^{\frac{\kappa}{\kappa-1}} \quad . \tag{7}$$

Mit ihr und der Gleichung (6) erhält man die folgende (immer noch exakte) Gleichung für das Verhältnis p/p_∞:

$$\frac{p}{p_\infty} = \left(1 + \frac{\kappa - 1}{2} \cdot \frac{U_\infty^2 - U^2}{a_\infty^2}\right)^{\frac{\kappa}{\kappa-1}} \quad . \tag{8}$$

Die Geschwindigkeit U setzt sich gemäß der Formel $U^2 = (U_\infty + u')^2 + v'^2 + w'^2$ aus der Geschwindigkeit der Anströmung und den Störgeschwindigkeiten zusammen. U^2 gemäß der genannten Formel in (8) eingesetzt, ergibt:

$$\frac{p}{p_\infty} = \left(1 - \frac{\kappa - 1}{2 \cdot a_\infty^2} \cdot (2 \cdot u' \cdot U_\infty + u'^2 + v'^2 + w'^2)\right)^{\frac{\kappa}{\kappa-1}} \quad . \tag{9}$$

Mit der Machzahl $M_\infty = U_\infty/a_\infty$ lautet die Gleichung (9):

$$\frac{p}{p_\infty} = \left[1 - \frac{\kappa-1}{2}\cdot M_\infty^2 \cdot \left(2\cdot\frac{u'}{U_\infty} + \frac{u'^2+v'^2+w'^2}{U_\infty^2}\right)\right]^{\frac{\kappa}{\kappa-1}} \quad . \tag{10}$$

Die Verhältnisse u'/U_∞, v'/U_∞ und w'/U_∞ sind kleine Größen. Mit der angegebenen binomischen Reihe kann unter Vernachlässigung der Glieder höherer Ordnung die Gleichung (9) wie folgt vereinfacht werden:

$$\frac{p}{p_\infty} = 1 - \frac{\kappa}{2}\cdot M_\infty^2 \cdot \left(2\cdot\frac{u'}{U_\infty} + \frac{u'^2+v'^2+w'^2}{U_\infty^2}\right) + \ldots \quad . \tag{11}$$

d) p/p_∞ gemäß der Gleichung (11) in die Gleichung (4) eingesetzt, ergibt:

$$\begin{aligned}C_p &= \frac{2}{\kappa\cdot M_\infty^2}\cdot\left(1 - \frac{\kappa}{2}\cdot M_\infty^2\cdot\left(2\cdot\frac{u'}{U_\infty} + \frac{u'^2+v'^2+w'^2}{U_\infty^2}\right) + \ldots - 1\right)\\ C_p &= -\left(2\cdot\frac{u'}{U_\infty} + \frac{u'^2+v'^2+w'^2}{U_\infty^2}\right) \quad .\end{aligned} \tag{12}$$

Die Verhältnisse u'/U_∞, v'/U_∞ und w'/U_∞ sind kleine Größen, da das Tragflügelprofil schlank ist. Die Größen $(u'/U_\infty)^2$, $(v'/U_\infty)^2$ und $(w'/U_\infty)^2$ sind dann so klein, daß sie in der Gleichung (12) vernachlässigt werden können. Die Formel für den linearisierten Druckbeiwert lautet also:

$$C_p = -2\cdot\frac{u'}{U_\infty} \quad .$$

4.1.3 Separationsmethode

Aufgabe S1

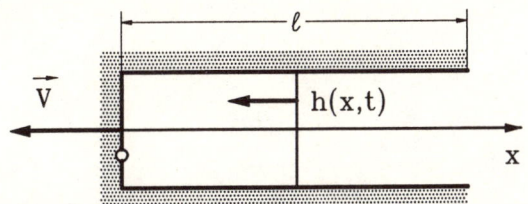

Abb. S1: Mit Luft gefüllte Röhre

Eine halbseitig geschlossene Röhre (Länge L) konstanten Querschnitts bewegt sich mit konstanter Geschwindigkeit $\vec{V}$ in Luft in Achsrichtung (s. Abb. S1).

Zur Zeit $t = 0$ wird die Röhre schlagartig zum Stillstand gebracht. Aufgrund der Trägheit der Luft in der Röhre verschieben sich die Luftteilchen einer Querschnittsfläche A um $h(x,t)$. Es wird eine reibungslose, kompressible Strömung vorausgesetzt; dann gehorcht die Verschiebung $h(x,t)$ der partiellen Differentialgleichung

$$\frac{\partial^2 h}{\partial t^2} - a^2 \cdot \frac{\partial^2 h}{\partial x^2} = 0 \quad . \tag{1}$$

a ist die Schallgeschwindigkeit im Gas und eine Konstante. Als Randbedingungen hat man zu fordern:

$$x = 0: \qquad h(0,t) = 0 \qquad x = L: \qquad \frac{\partial h}{\partial x}(L,t) = 0 \quad . \tag{2}$$

Die Anfangsbedingungen für die gesuchte Funktion $h(x,t)$ lauten:

$$t = 0: \qquad h(x,0) = 0 \qquad \frac{\partial h(x,0)}{\partial t} = v = |\vec{V}| \tag{3}$$

a) Zur Lösung der Differentialgleichung (2) soll der Separationsansatz $h(x,t) = p(x) \cdot q(t)$ angewendet werden. Welche Differentialgleichungen ergeben sich mit ihm?

b) λ sei der Separationsparameter. Es soll anhand der Randbedingungen entschieden werden, für welche der drei folgenden Fälle (1. Fall: $\lambda > 0$, 2. Fall: $\lambda = 0$, 3. Fall: $\lambda < 0$) nichttriviale Lösungen möglich sind?

c) Es soll das Spektrum der Eigenwerte λ_n für den nichttrivialen Fall bestimmt werden.

d) Wie lautet die Lösung der Differentialgleichung (1) mit den gegebenen Anfangs- und Randbedingungen?

Lösung:

a) Die Funktionen $p(x)$ und $q(t)$ des Separationsansatzes $h(x,t) = p(x) \cdot q(t)$ sind nur Funktionen von x bzw. von t. Gemäß des Ansatzes lauten dann die partiellen Ableitungen der Differentialgleichung (1):

$$\frac{\partial^2 h}{\partial t^2} = p(x) \cdot q''(t) \qquad \frac{\partial^2 h}{\partial x^2} = p''(x) \cdot q(t) \quad . \tag{4}$$

Die Striche stehen für die Ableitungen der Funktionen $p(x)$ und $q(t)$ nach x bzw. t. Setzt man die Ableitungen (4) in die Differentialgleichung (1) ein, so erhält man:

$$p(x) \cdot q''(t) - a^2 \cdot p''(x) \cdot q(t) = 0 \quad . \tag{5}$$

Dividiert man die Gleichung (5) auf beiden Seiten durch $p(x) \cdot q(t) \neq 0$ erhält man:

$$\frac{q''(t)}{q(t)} - a^2 \cdot \frac{p''(x)}{p(x)} = 0 \implies \frac{q''(t)}{q(t)} = a^2 \cdot \frac{p''(x)}{p(x)} =: \lambda \quad . \tag{6}$$

λ ist eine Konstante, da q''/q nur eine Funktion von t und p''/p nur eine Funktion von x ist. Mit der Gleichung (6) erhält man also die folgenden gewöhnlichen Differentialgleichungen für p und q:

$$\underline{q'' - \lambda \cdot q = 0} \qquad \underline{p'' - \frac{\lambda}{a^2} \cdot p = 0} \quad . \tag{7}$$

b) Nachfolgend sollen die in der Aufgabenstellung genannten drei Fälle untersucht werden.

1. Fall, $(\lambda = c^2 > 0)$:
Wenn $\lambda = c^2 > 0$ ist, dann lauten die allgemeinen Lösungen der Differentialgleichungen für p und q:

$$q(t) = A_1 \cdot e^{c \cdot t} + A_2 \cdot e^{-c \cdot t} \qquad p(x) = B_1 \cdot e^{(c/a) \cdot x} + B_2 \cdot e^{-(c/a) \cdot x} \quad . \tag{8}$$

Die Lösung $h(x,t)$ lautet dann gemäß dem Ansatz:

$$h(x,t) = \left(A_1 \cdot e^{c \cdot t} + A_2 \cdot e^{-c \cdot t}\right) \cdot \left(B_1 \cdot e^{(c/a) \cdot x} + B_2 \cdot e^{-(c/a) \cdot x}\right) \quad . \tag{9}$$

Die partielle Ableitung $\partial h/\partial x$, die zum Einarbeiten der Randbedingungen in die Lösung benötigt wird, lautet:

$$\frac{\partial h}{\partial x} = \left(A_1 \cdot e^{c \cdot t} + A_2 \cdot e^{-c \cdot t}\right) \cdot \left(B_1 \cdot \frac{c}{a} \cdot e^{(c/a) \cdot x} - B_2 \cdot \frac{c}{a} \cdot e^{-(c/a) \cdot x}\right) \quad . \tag{10}$$

Aus den Randbedingungen (2) resultieren nun die beiden folgenden Gleichungen:

$$\left(A_1 \cdot e^{c \cdot t} + A_2 \cdot e^{-c \cdot t}\right) \cdot (B_1 + B_2) = 0 \tag{11}$$

$$\left(A_1 \cdot e^{c \cdot t} + A_2 \cdot e^{-c \cdot t}\right) \cdot \left(B_1 \cdot \frac{c}{a} \cdot e^{(c/a) \cdot L} - B_2 \cdot \frac{c}{a} \cdot e^{-(c/a) \cdot L}\right) = 0 \quad . \tag{12}$$

4.1 Analytische Methoden

Aus der Gleichung (11) folgt, daß entweder $B_1 + B_2 = 0$ oder $A_1 \cdot e^{c \cdot t} + A_2 \cdot e^{-c \cdot t} = 0$ ist. Der zuletzt genannte Ausdruck kann für beliebige t nicht Null sein, da man sonst die physikalisch sinnlose Lösung $h(x,t) = 0$ erhält. Also muß gelten: $B_2 = -B_1$. Dieses in die Gleichung (12) eingesetzt, ergibt:

$$\left(A_1 \cdot e^{c \cdot t} + A_2 \cdot e^{-c \cdot t}\right) \cdot \left(B_1 \cdot \frac{c}{a} \cdot e^{(c/a) \cdot L} + B_1 \cdot \frac{c}{a} \cdot e^{-(c/a) \cdot L}\right) = 0 \quad . \tag{13}$$

Der linke Klammerausdruck kann nicht Null sein. Also muß gelten:

$$B_1 \cdot \frac{c}{a} \cdot e^{(c/a) \cdot L} + B_1 \cdot \frac{c}{a} \cdot e^{-(c/a) \cdot L} = 0 \quad . \tag{14}$$

B_1 kann ebenfalls nicht Null sein, da sonst $B_2 = 0$ ist und sich die physikalisch sinnlose Lösung $h(x,t) = 0$ ergibt. Ein positiver Separationsparameter führt also nicht zum Ziel.

2. Fall ($\lambda = 0$):
Für $\lambda = 0$ folgt mit Gleichung (7): $q''(t) = 0$ und $p''(x) = 0$. Durch zweimaliges Integrieren ergeben sich für $p(x)$ und $q(t)$ die folgenden, allgemeinen Lösungen:

$$q(t) = A_1 \cdot t + A_2 \qquad p(x) = B_1 \cdot x + B_2 \quad . \tag{15}$$

Die Lösung $h(x,t)$ und ihre partielle Ableitung nach x lauten dann:

$$h(x,t) = (A_1 \cdot t + A_2) \cdot (B_1 \cdot x + B_2) \qquad \frac{\partial h}{\partial x} = (A_1 \cdot t + A_2) \cdot B_1 \quad . \tag{16}$$

Mit den Randbedingungen (2) erhält man dann die folgenden Gleichungen:

$$(A_1 \cdot t + A_2) \cdot B_2 = 0 \qquad (A_1 \cdot t + A_2) \cdot B_1 = 0 \quad . \tag{17}$$

$A_1 \cdot t + A_2$ kann nicht für beliebige t Null sein, da sich sonst die physikalisch sinnlose Lösung $h(x,t) = 0$ ergibt. Allerdings folgt dann auch sofort, daß $B_1 = 0$ und $B_2 = 0$ sind. Damit ergibt sich wieder die physikalisch sinnlose Lösung.

3. Fall ($\lambda = -c^2 < 0$):
Für $\lambda < 0$ erhält man als Lösung der Differentialgleichungen (7) die beiden folgenden Gleichungen mit den entsprechenden Konstanten:

$$q(t) = A_1 \cdot \cos(c \cdot t) + A_2 \cdot \sin(c \cdot t) \qquad p(x) = B_1 \cdot \cos(\frac{c}{a} \cdot x) + B_2 \cdot \sin(\frac{c}{a} \cdot x). \tag{18}$$

Die Lösung $h(x,t)$ und ihre partielle Ableitung nach x lauten dann:

$$\begin{aligned} h(x,t) &= (A_1 \cdot \cos(c \cdot t) + A_2 \cdot \sin(c \cdot t)) \cdot \\ & \quad \left(B_1 \cdot \cos(\frac{c}{a} \cdot x) + B_2 \cdot \sin(\frac{c}{a} \cdot x)\right) \end{aligned} \tag{19}$$

$$\begin{aligned} \frac{\partial h}{\partial x} &= (A_1 \cdot \cos(c \cdot t) + A_2 \cdot \sin(c \cdot t)) \cdot \\ & \quad \left(-B_1 \cdot \frac{c}{a} \cdot \sin(\frac{c}{a} \cdot x) + B_2 \cdot \frac{c}{a} \cdot \cos(\frac{c}{a} \cdot x)\right). \end{aligned} \tag{20}$$

Mit den Randbedingungen ergeben sich nun die beiden folgenden Gleichungen:

$$(A_1 \cdot \cos(c \cdot t) + A_2 \cdot \sin(c \cdot t)) \cdot B_1 = 0$$

$$(A_1 \cdot \cos(c \cdot t) + A_2 \cdot \sin(c \cdot t)) \cdot \left(-B_1 \cdot \frac{c}{a} \cdot \sin(\frac{c}{a} \cdot L) + B_2 \cdot \frac{c}{a} \cdot \cos(\frac{c}{a} \cdot L)\right) = 0.$$

Der Ausdruck $A_1 \cdot \cos(c \cdot t) + A_2 \cdot \sin(c \cdot t)$ kann für beliebige t nicht Null sein (physikalisch sinnlose Lösung). Also muß $B_1 = 0$ sein. Damit vereinfacht sich die zweite Gleichung auf die Gleichung:

$$B_2 \cdot \frac{c}{a} \cdot \cos(\frac{c}{a} \cdot L) = 0 \quad . \tag{21}$$

Da $B_1 = 0$ ist, kann die Konstante B_2 in der allgemeinen Lösungsgleichung (19) mit dem Ausdruck in der linken Klammer multipliziert werden, so daß sie sich mit den Konstanten A_1 und A_2 vereinigt. Sie bedarf also in der Gleichung (21) keiner weiteren Betrachtung. Für $\lambda = -c^2$ erhält man nichttriviale Lösungen.

c) Gleichung (21) auf beiden Seiten durch $B_2 \cdot (c/a)$ dividiert, ergibt die Bestimmungsgleichung für die Parameter c_n:

$$\cos(\frac{c}{a} \cdot L) = 0 \quad . \tag{22}$$

Gleichung (22) ist für die Werte

$$\sqrt{-\lambda_n} = c_n = (\frac{\pi}{2} + n \cdot \pi) \cdot \frac{a}{L} \qquad n = 0, 1, 2, \ldots \tag{23}$$

erfüllt. λ_n sind die Eigenwerte und die dazugehörigen Funktionen $\sin((c_n/a) \cdot x)$ (s. Gleichung (18)) heißen Eigenfunktionen. Die nachfolgenden Lösungen $h_n(x,t)$ für verschiedene n erfüllen die Differentialgleichung (1) und die Randbedingungen. Die Lösungen lauten:

$$h_n(x,t) = \sin(\frac{c_n}{a} \cdot x) \cdot \left(\bar{A}_{1n} \cdot \cos(c_n \cdot t) + \bar{A}_{2n} \cdot \sin(c_n \cdot t)\right) \tag{24}$$

$$c_n = (\frac{\pi}{2} + n \cdot \pi) \cdot \frac{a}{L} \qquad n = 0, 1, 2, 3 \ldots \tag{25}$$

$$\bar{A}_1 = B_2 \cdot A_1 \qquad \bar{A}_2 = B_2 \cdot A_2 \quad . \tag{26}$$

d) Die endgültige Lösung für $h(x,t)$ ergibt sich mit der Bestimmung der Koeffizienten $\bar{A}_{1n}$ und $\bar{A}_{2n}$. Zur Bestimmung der Koeffizienten werden die Anfangsbedingungen ausgenutzt. Mit der ersten Bedingung $h(x,0) = 0$ erhält man mit der Gleichung (24) die folgende Gleichung:

$$\sin(\frac{c_n}{a} \cdot x) \cdot \bar{A}_{1n} = 0 \quad . \tag{27}$$

Da sie für alle x gelten muß, folgt unmittelbar $\bar{A}_{1n} = 0$.

Um die zweite Anfangsbedingung zu berücksichtigen, wird die partielle Ableitung der Gleichung (24) nach t benötigt. Sie lautet mit $A_{1n} = 0$:

$$\frac{\partial h}{\partial t} = \sin(\frac{c_n}{a} \cdot x) \cdot \bar{A}_{2n} \cdot c_n \cdot \cos(c_n \cdot t) \quad . \tag{28}$$

4.1 Analytische Methoden

Mit der noch nicht eingearbeiteten Anfangsbedingung ergibt sich die folgende Gleichung:

$$\frac{\partial h_n}{\partial t}\Big|_{t=0} = v = \sin(\frac{c_n}{a} \cdot x) \cdot \bar{A}_{2n} \cdot c_n \qquad (29)$$

Diese Gleichung zeigt, daß die Anfangsbedingung $\partial h_n/\partial t|_{t=0} = v$ für eine spezielle Lösung h_n für alle x nicht zu erfüllen ist. Da die Differentialgleichung (1) linear ist, können Lösungen der Differentialgleichung, die die Randbedingungen erfüllen, überlagert werden. Es wird nun versucht, mit der Überlagerung von Lösungen h_n die noch verbleibende Anfangsbedingung zu erfüllen. Die Überlagerung ergibt $\bar{A}_{1n} = 0$:

$$h(x,t) = \sum_n h_n = \sum_n \sin(\frac{c_n}{a} \cdot x) \cdot \bar{A}_{2n} \cdot \sin(c_n \cdot t) \quad . \qquad (30)$$

Die rechte Seite der Gleichung (30)

- erfüllt die Differentialgleichung (1)
- erfüllt die angegebenen Randbedingungen (2)
- erfüllt die Anfangsbedingung $h(x,0) = 0$

Die partielle Ableitung $\partial h/\partial t$ lautet nun:

$$\frac{\partial h}{\partial t} = \sum_n \sin(\frac{c_n}{a} \cdot x) \cdot c_n \cdot \bar{A}_{2n} \cdot \cos(c_n \cdot t) \quad . \qquad (31)$$

Mit der Anfangsbedingung $\partial h/\partial t|_{t=0} = v$ ergibt sich dann:

$$\begin{aligned} v &= \sum_n c_n \cdot \bar{A}_{2n} \cdot \sin(\frac{c_n}{a} \cdot x) = \sum_n c_n \cdot \bar{A}_{2n} \cdot \sin\left((1+2\cdot n) \cdot \frac{x}{2 \cdot L} \cdot \pi\right) \\ n &= 0, 1, 2, 3, \ldots \end{aligned} \qquad (32)$$

Die Produkte der Konstanten $c_n \cdot \bar{A}_{2n} =: D_n$ müssen nun so bestimmt werden, daß die Anfangsbedingung (32) erfüllt wird. Wie man sieht, handelt es sich bei der Gleichung (32) um eine Fourier-Reihe. Die Bestimmung ihrer Koeffizienten erfolgt mit einer Tabelle (z.B. aus Bronstein/Semendjajew). Sie lauten:

$$D_n = c_n \cdot \bar{A}_{2n} = \frac{4 \cdot v}{\pi} \cdot \frac{1}{1+2\cdot n} \qquad n = 0, 1, 2, 3, \ldots$$

$$\Rightarrow \bar{A}_{2n} = \frac{4 \cdot v}{\pi} \cdot \frac{1}{1+2\cdot n} \cdot \frac{1}{c_n} = \frac{8 \cdot v}{\pi^2} \cdot \frac{1}{(1+2\cdot n)^2} \cdot \frac{L}{a} \quad . \qquad (33)$$

Die Koeffizienten $\bar{A}_{2n}$ in die Gleichung (30) eingesetzt, ergibt die folgende gesuchte Lösung für $h(x,t)$:

$$h(x,t) = \frac{8 \cdot v}{\pi^2} \cdot \frac{L}{a} \cdot \sum_{n=0}^{\infty} \frac{1}{(1+2\cdot n)^2} \cdot \sin\left(\frac{c_n}{a} \cdot x\right) \cdot \sin(c_n \cdot t)$$

mit $c_n = (1+2\cdot n) \cdot (a/L) \cdot (\pi/2)$ und $n = 0, 1, 2, 3, \ldots$.

Aufgabe S2

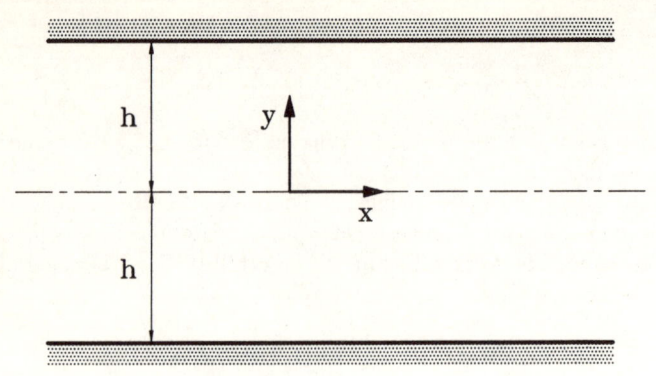

Abb. S2a: Flüssigkeit im Strömungskanal

In einem sehr langen Kanal mit der Höhe $2 \cdot h$ befindet sich eine ruhende, inkompressible Flüssigkeit mit der Dichte ρ und der dynamischen Zähigkeit μ (s. Abb. S2a). Für Zeit $t \geq 0$ wirkt auf die Flüssigkeit ein zeitlich und räumlich konstanter Druckgradient dp/dx.

In dieser Aufgabe soll das Geschwindigkeitsprofil $u(y,t)$ ermittelt werden. Dazu soll, wie nachfolgend gefordert, vorgegangen werden:

a) Welche Differentialgleichung beschreibt dieses Problem?

b) Wie lauten die Anfangsbedingung und Randbedingungen?

c) Die Differentialgleichung soll mit dem Ansatz

$$u(y,t) = u_1(y) + u_2(y,t) \tag{1}$$

gelöst werden. Welche Differentialgleichungen erhält man für u_1 und u_2?

d) Wie lautet die Lösung für die Differentialgleichung für u_1 und was stellt sie dar?

e) Die Differentialgleichung für u_2 soll mit dem Separationsansatz gelöst werden. Dabei kann davon ausgegangen werden, daß für den Separationsparameter λ gilt: $\lambda = -c^2 < 0$.

f) Wie müssen die Integrationskonstanten und die Werte für c gewählt werden, damit die Randbedingungen erfüllt sind?

g) Wie lautet die Lösung für $u(y,t)$ für die gegebenen Anfangs- und Randbedingungen?

4.1 Analytische Methoden

Lösung:

a) Die das Problem beschreibende Differentialgleichung ergibt sich durch Vereinfachung der Kontinuitäts- und Navier-Stokes Gleichung für eine inkompressible und instationäre 2D-Strömung. Die Gleichungen lauten:

$$\frac{\partial u}{\partial x} + \frac{\partial v}{\partial y} = 0 \quad (2)$$

$$\rho \cdot \left(\frac{\partial u}{\partial t} + u \cdot \frac{\partial u}{\partial x} + v \cdot \frac{\partial u}{\partial y} \right) = -\frac{\partial p}{\partial x} + \mu \cdot \left(\frac{\partial^2 u}{\partial x^2} + \frac{\partial^2 u}{\partial y^2} \right) \quad . \quad (3)$$

Der Kanal ist sehr lang. Deshalb gilt: $\partial u/\partial x = 0$. Mit der Gleichung (2) folgt dann, daß auch $\partial v/\partial y = 0$ ist. Mit der Randbedingung $v(y = \pm h, t) = 0$ und $\partial v/\partial y = 0$ ergibt sich dann: $v = 0$ für alle y.

Nutzt man diese Bedingungen zur Vereinfachung der Gleichung (3), erhält man die folgende einfache partielle Differentialgleichung:

$$\rho \cdot \frac{\partial u}{\partial t} = -\frac{\partial p}{\partial x} + \mu \cdot \frac{\partial^2 u}{\partial y^2} \quad . \quad (4)$$

Berücksichtigt man, daß $\partial p/\partial x = dp/dx$ und $\nu = \mu/\rho$ ist, erhält man mit einer einfachen Umformung die gesuchte Differentialgleichung. Sie lautet:

$$\frac{\partial u}{\partial t} - \nu \cdot \frac{\partial^2 u}{\partial y^2} = -\frac{1}{\rho} \cdot \frac{dp}{dx} =: P \quad . \quad (5)$$

P ist eine bekannte Konstante.

b) Die Randbedingungen für die Differentialgleichung (5) ergeben sich aus der Haftbedingung. Sie lauten:

$$y = h : \quad \underline{u(y = h, t) = 0} \qquad y = -h : \quad \underline{u(y = -h, t) = 0} \quad . \quad (6)$$

Zum Zeitpunkt $t = 0$ ist die Flüssigkeit in Ruhe. Deshalb lautet die Anfangsbedingung:

$$t = 0 : \quad \underline{u(y, t = 0) = 0} \quad . \quad (7)$$

c) Mit dem Ansatz $u(y, t) = u_1(y) + u_2(y, t)$ erhält man die folgenden Ableitungen:

$$\frac{\partial u}{\partial t} = \frac{\partial u_2}{\partial t} \qquad \frac{\partial u}{\partial y} = \frac{\partial u_1}{\partial y} + \frac{\partial u_2}{\partial y}$$

$$\frac{\partial^2 u}{\partial y^2} = \frac{\partial^2 u_1}{\partial y^2} + \frac{\partial^2 u_2}{\partial y^2} \quad . \quad (8)$$

Setzt man die entsprechenden Ableitungen in die Differentialgleichung (5) ein, erhält man mit einer einfachen Umformung:

$$\left(\frac{\partial u_2}{\partial t} - \nu \cdot \frac{\partial^2 u_2}{\partial y^2} \right) + \left(-P - \nu \cdot \frac{\partial^2 u_1}{\partial y^2} \right) = 0 \quad . \quad (9)$$

In der linken Klammer steht eine Funktion $f(y,t)$. Der rechte Klammerausdruck beinhaltet eine Funktion $f(y)$. Da die Summe der beiden Klammern für beliebige (y,t) Null ergibt, ist es für die weitere Rechnung sinnvoll, die beiden Klammerausdrücke gleich Null zu setzen:

$$\underline{\frac{\partial u_2}{\partial t} - \nu \cdot \frac{\partial^2 u_2}{\partial y^2} = 0} \qquad \underline{-P - \nu \cdot \frac{\partial^2 u_1}{\partial y^2} = 0} \quad . \tag{10}$$

d) u_1 ist nur eine Funktion von y. Deshalb gilt: $\partial^2 u_1/\partial y^2 = d^2 u_1/dy^2$. Die gewöhnliche Differentialgleichung für u_1 lautet also:

$$\frac{d^2 u_1}{dy^2} = -\frac{P}{\nu} \quad . \tag{11}$$

Durch zweimaliges Integrieren erhält man:

$$u_1 = -\frac{P}{\nu} \cdot \frac{y^2}{2} + A_1 \cdot y + A_2 \quad . \tag{12}$$

A_1 und A_2 sind Integrationskonstanten, die gemäß den Randbedingungen bestimmt werden müssen. Da $u(y = \pm h, t) = 0$ ist, darf man auch für u_1 setzen: $u_1(y = \pm h) = 0$. Mit der Gleichung (12) erhält man folglich die beiden folgenden Bestimmungsgleichungen für A_1 und A_2:

$$-\frac{P}{\nu} \cdot \frac{h^2}{2} + A_1 \cdot h + A_2 = 0 \qquad -\frac{P}{\nu} \cdot \frac{h^2}{2} - A_1 \cdot h + A_2 = 0 \quad .$$

Mit ihnen erhält man für $A_1 = 0$ und für $A_2 = (P/\nu) \cdot (h^2/2)$, so daß sich mit der Gleichung (12) die folgende Lösung für $u_1(y)$ ergibt:

$$\underline{u_1(y) = \frac{P \cdot h^2}{2 \cdot \nu} \cdot \left(1 - \left(\frac{y}{h}\right)^2\right)} \qquad P = -\frac{1}{\rho} \cdot \frac{dp}{dx} \quad . \tag{13}$$

Die Lösung für u_1 stellt die Geschwindigkeitsverteilung der stationären Kanalströmung ($t \longrightarrow \infty$) dar.

e) Die Lösung der Differentialgleichung für u_2 erfolgt mit dem Separationsansatz

$$u_2 = p(x) \cdot q(t) \quad . \tag{14}$$

Mit dem Ansatz ergeben sich die folgenden Ableitungen:

$$\frac{\partial u_2}{\partial t} = p(y) \cdot q'(t) \qquad \frac{\partial u_2}{\partial y} = p'(y) \cdot q(t)$$

$$\frac{\partial^2 u_2}{\partial y^2} = p''(y) \cdot q(t) \quad . \tag{15}$$

Die Striche deuten die Ableitungen nach t bzw. y an. Setzt man die Ableitungen in die Differentialgleichung für u_2 ein, erhält man:

$$p(y) \cdot q'(t) - \nu \cdot p''(y) \cdot q(t) = 0 \quad \Longrightarrow \quad \frac{1}{\nu} \cdot \frac{q'(t)}{q(t)} = \frac{p''(y)}{p(y)} = \lambda \quad . \tag{16}$$

4.1 Analytische Methoden

λ ist der Separationsparameter und für ihn gilt laut Aufgabenstellung: $\lambda = -c^2 < 0$. Aus der Gleichung (16) ergeben sich nun die beiden folgenden gewöhnlichen Differentialgleichungen:

$$q' - \nu \cdot \lambda \cdot q = 0 \qquad p'' - \lambda \cdot p = 0 \quad . \tag{17}$$

Die erste Differentialgleichung für q kann mit der Methode "Trennung der Veränderlichen" gelöst werden. Bei der Lösung der Differentialgleichung für $p(y)$ kann davon ausgegangen werden, daß $\lambda = -c^2 < 0$ ist. Es ergeben sich die folgenden Lösungen:

$$q(t) = A \cdot e^{-\nu \cdot c^2 \cdot t} \qquad p(y) = B_1 \cdot \cos(c \cdot y) + B_2 \cdot \sin(c \cdot y) \tag{18}$$

Die allgemeine Lösung lautet also:

$$u_2(x,t) = A \cdot e^{-\nu \cdot c^2 \cdot t} \cdot (B_1 \cdot \cos(c \cdot y) + B_2 \cdot \sin(c \cdot y)) \quad . \tag{19}$$

f) Mit den Randbedingungen (6) und der Gleichung (19) ergeben sich nun die beiden folgenden Gleichungen (wegen $u_1(y = \pm h, t) = 0$ muß gefordert werden: $u_2(y = \pm h, t) = 0)$:

$$B_1 \cdot \cos(c \cdot h) + B_2 \cdot \sin(c \cdot h) = 0 \qquad B_1 \cdot \cos(c \cdot h) - B_2 \cdot \sin(c \cdot h) = 0 \quad . \tag{20}$$

Die Randbedingungen (6) werden eingehalten, wenn $\underline{B_2 = 0}$ ist und c die folgenden Werte annimmt [1]:

$$\underline{c_n = (\frac{\pi}{2} + n \cdot \pi) \cdot \frac{1}{h} \qquad n = 0, 1, 2, 3, \ldots} \quad . \tag{21}$$

Die Konstante B_1 vereinigt sich in der Gleichung (19) mit der Konstanten A zur Konstanten $\bar{A}$. Die folgenden Lösungen u_{2n} erfüllen die Differentialgleichung (10) und die Randbedingungen $u_{2n}(y = \pm h, t) = 0$. Die Lösungen lauten:

$$u_{2n} = \bar{A}_n \cdot e^{-\nu \cdot c_n^2 \cdot t} \cdot \cos(c_n \cdot y) \tag{22}$$

$$c_n = (\frac{\pi}{2} + n \cdot \pi) \cdot \frac{1}{h} \qquad n = 0, 1, 2, \ldots \quad . \tag{23}$$

g) Die Lösungen

$$u_n = u_1(y) + u_{2n}(y,t)$$

$$u_n = \frac{P \cdot h^2}{2 \cdot \nu} \cdot \left(1 - \left(\frac{y}{h}\right)^2\right) + \bar{A}_n \cdot e^{-\nu \cdot c_n^2 \cdot t} \cdot \cos(c_n \cdot y) \tag{24}$$

erfüllen die Differentialgleichung (5) und die entsprechenden Randbedingungen (6). Mit der Festlegung der Konstanten $\bar{A}_{2n}$ einer Lösung u_n kann die Anfangsbedingung $u_n(y, t = 0) = 0$ nicht erfüllt werden. Deshalb wird nun versucht, durch Überlagerung der Lösungen u_{2n} (die Differentialgleichung für u_{2n} ist linear !) die Anfangsbedingung einzuhalten. Durch die Überlagerung erhält man für $u(y,t)$:

$$u(y,t) = u_1 + \sum_n u_{2n} = \frac{P \cdot h^2}{2 \cdot \nu} \cdot \left(1 - \left(\frac{y}{h}\right)^2\right) + \sum_n \bar{A}_n \cdot e^{-\nu \cdot c_n^2 \cdot t} \cdot \cos(c_n \cdot y) \quad . \tag{25}$$

---

[1] da die Strömung symmetrisch zur x-Achse ist, müssen die Sinusanteile verschwinden

Die Konstanten A_{2n} sollen nun so bestimmt werden, daß sie die Anfangsbedingung erfüllen. Mit der Anfangsbedingung (7) und der Gleichung (25) ergibt sich für ihre Bestimmung die folgende Gleichung:

$$0 = \frac{P \cdot h^2}{2 \cdot \nu} \cdot \left(1 - \left(\frac{y}{h}\right)^2\right) + \sum_n \bar{A}_n \cdot \cos(c_n \cdot y)$$

$$\Longrightarrow \quad -\frac{P \cdot h^2}{2 \cdot \nu} \cdot \left(1 - \left(\frac{y}{h}\right)^2\right) = \sum_n \bar{A}_n \cdot \cos((1 + 2 \cdot n) \cdot \pi \cdot \frac{y}{2 \cdot h}) \qquad (26)$$

$$n = 0, 1, 2, 3, \ldots \quad . \qquad (27)$$

Die rechte Seite der Gleichung (26) entspricht einer Reihenentwicklung. Ihre Koeffizienten lauten (zur Berechnung der Koeffizienten s. Aufgabe GA1):

$$\bar{A}_{2n} = \frac{(-1)^{1+n}}{(1 + 2 \cdot n)^3} \cdot \frac{16}{\pi^3} \cdot \frac{P \cdot h^2}{\nu} \qquad n = 0, 1, 2, 3, \ldots \quad . \qquad (28)$$

$\bar{A}_{2n}$ gemäß der Gleichung (28) in die Gleichung (25) eingesetzt, ergibt die folgende Lösung:

$$u(y,t) = \frac{P \cdot h^2}{2 \cdot \nu} \cdot \left(1 - \left(\frac{y}{h}\right)^2 + \frac{32}{\pi^3} \cdot \sum_{n=0}^{\infty} \frac{(-1)^{1+n}}{(1 + 2 \cdot n)^3} \cdot e^{-\nu \cdot c_n^2 \cdot t} \cdot \cos(c_n \cdot y)\right) \quad ,$$

mit $c_n = (\pi/2 + n \cdot \pi)/h$ und $n = 0, 1, 2, 3, \ldots$. Die Geschwindigkeitsprofile für verschiedene Zeitpunkte sind in der Abb. S2b dargestellt.

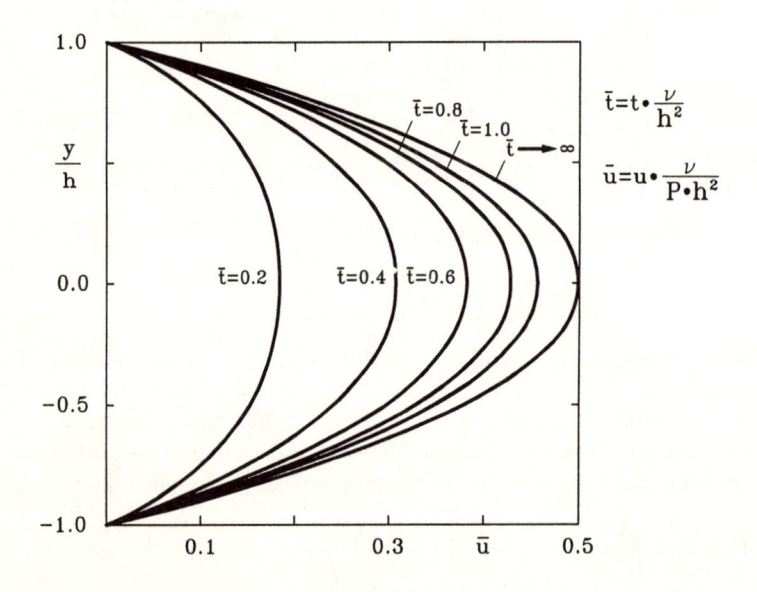

Abb. S2b: Analytische Lösung (Kanalanlaufströmung)

4.2 Numerische Methoden

4.2.1 Galerkin-Verfahren

Aufgabe GA1

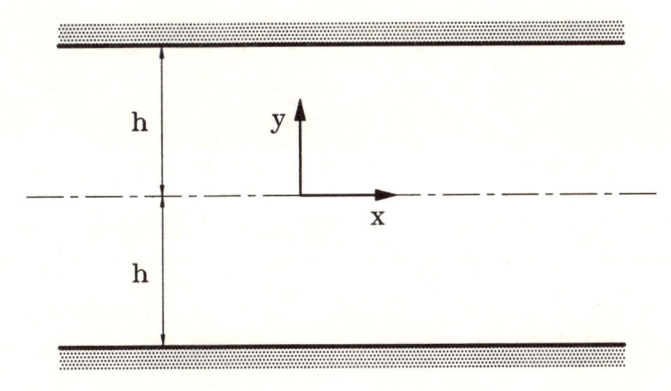

Abb. GA1: Flüssigkeit im Strömungskanal

Für eine stationäre, inkompressible Kanalströmung gilt die folgende Differentialgleichung

$$\frac{d^2 u}{dy^2} = -\frac{P}{\nu} \qquad P = -\frac{1}{\rho} \cdot \frac{dp}{dx} \quad , \tag{1}$$

die in der Aufgabe S2 analytisch gelöst wurde. In dieser Aufgabe soll die Lösung der genannten Differentialgleichung mit dem Galerkin-Verfahren numerisch ermittelt werden. Dazu soll wie folgt vorgegangen werden:

a) Wie lautet die Differentialgleichung für die dimensionslosen Größen $\bar{u} = u \cdot \nu / (P \cdot h^2)$ und $\bar{y} = y/h$? Wie lauten die zugehörigen Randbedingungen?

b) Welche trigonometrischen Funktionen sind als Ansatzfunktionen geeignet?

c) Es soll gezeigt werden, daß gilt:

$$\int_{-1}^{1} \cos\left([1+2\cdot i] \cdot \frac{\pi}{2} \cdot \bar{y}\right) \cdot \cos\left([1+2\cdot j] \cdot \frac{\pi}{2} \cdot \bar{y}\right) \cdot d\bar{y} = \begin{cases} = 1 & f\ddot{u}r \quad i = j \\ = 0 & f\ddot{u}r \quad i \neq j \end{cases}$$

d) Die Differentialgleichung soll mit dem Ansatz

$$\bar{u} \approx \tilde{u} = \sum_{i=0}^{N} C_i \cdot F_i \tag{2}$$

gelöst werden. F_i sind die ausgewählten Ansatzfunktionen und C_i die zu bestimmenden Koeffizienten.

Lösung:

a) Mit der folgenden Rechnung erhält man die Differentialgleichung mit den dimensionslosen Größen $\bar{u}$ und $\bar{y}$:

$$\frac{d^2\bar{u}}{d\bar{y}^2} \cdot \frac{P \cdot h^2/\nu}{h^2} = -\frac{P}{\nu} \quad \Longrightarrow \quad \underline{\frac{d^2\bar{u}}{d\bar{y}^2} + 1 = 0} \quad . \tag{3}$$

Die Randbedingungen lauten:

$$\bar{y} = 1: \quad \underline{\bar{u}(\bar{y}=1) = 0} \qquad \bar{y} = -1: \quad \underline{\bar{u}(\bar{y}=-1) = 0} \quad . \tag{4}$$

b) Es müssen Ansatzfunktionen F_i gewählt werden, die die Randbedingungen erfüllen. Die folgenden trigonometrischen Funktionen besitzen diese Eigenschaften. Sie lauten:

$$\underline{F_i = \cos\left((1 + 2 \cdot i) \cdot \frac{\pi}{2} \cdot \bar{y}\right)} \qquad i = 0, 1, 2, 3, \ldots \quad . \tag{5}$$

c) Für die Rechnung werden die folgenden Abkürzungen eingeführt. Sie lauten:

$$a_i =: (1 + 2 \cdot i) \cdot \frac{\pi}{2} \qquad a_j =: (1 + 2 \cdot j) \cdot \frac{\pi}{2} \quad . \tag{6}$$

Für das Produkt $\cos(a_i \cdot \bar{y}) \cdot \cos(a_j \cdot \bar{y})$ gilt (s. z.B. Bronstein/Semendjajew):

$$\cos(a_i \cdot \bar{y}) \cdot \cos(a_j \cdot \bar{y}) = \frac{1}{2} \cdot (\cos([a_i - a_j] \cdot \bar{y}) + \cos([a_i + a_j] \cdot \bar{y})) \quad . \tag{7}$$

Mit der Integration erhält man:

$$\int_{-1}^{1} \cos\left((1 + 2 \cdot i) \cdot \frac{\pi}{2} \cdot \bar{y}\right) \cdot \cos\left((1 + 2 \cdot j) \cdot \frac{\pi}{2} \cdot \bar{y}\right) \cdot d\bar{y} =$$

$$\int_{-1}^{1} \cos(a_i \cdot \bar{y}) \cdot \cos(a_j \cdot \bar{y}) \cdot d\bar{y} =$$

$$\int_{-1}^{1} \frac{1}{2} \cdot (\cos([a_i - a_j] \cdot \bar{y}) + \cos([a_i + a_j] \cdot \bar{y})) \cdot d\bar{y} =$$

$$\frac{1}{2} \cdot \left(\frac{\sin([a_i - a_j] \cdot \bar{y})}{a_i - a_j} + \frac{\sin([a_i + a_j] \cdot \bar{y})}{a_i + a_j}\right)_{-1}^{+1} =$$

$$\frac{\sin(a_i - a_j)}{a_i - a_j} + \frac{\sin(a_i + a_j)}{a_i + a_j} \tag{8}$$

$$a_i - a_j = (i - j) \cdot \pi \qquad a_i + a_j = (1 + i + j) \cdot \pi \quad . \tag{9}$$

Betrachtet man nun die Ausdrücke $a_i - a_j$ und $a_i + a_j$, so stellt man fest, daß sie für alle Paarungen i, j Vielfache von π sind. Deshalb sind die Zähler in dem Ausdruck (8) Null. Ist $i \neq j$ sind die Nenner in dem Ausdruck (8) von Null verschieden. Daraus folgt also:

$$\underline{\int_{-1}^{1} \cos\left((1 + 2 \cdot i) \cdot \frac{\pi}{2} \cdot \bar{y}\right) \cdot \cos\left((1 + 2 \cdot j) \cdot \frac{\pi}{2} \cdot \bar{y}\right) \cdot d\bar{y} = 0 \qquad \text{für} \qquad i \neq j} \quad .$$

4.2 Numerische Methoden

Für den Fall $i = j$ ist der rechte Summand des Ausdrucks (8) Null (Zähler= 0, Nenner≠ 0). Der linke Summand besteht aus einem unbestimmten Ausdruck 0/0. Wendet man die Regel von de l'Hospital an (der Zähler und der Nenner werden nach $a_i - a_j$ differenziert) erhält man:

$$\left(\frac{\sin(a_i - a_j)}{a_i - a_j} + \frac{\sin(a_i + a_j)}{a_i + a_j} \right)_{a_i = a_j} = \frac{\cos(0)}{1} = 1 \quad .$$

Es gilt also:

$$\int_{-1}^{1} \cos\left((1 + 2 \cdot i) \cdot \frac{\pi}{2} \cdot \bar{y} \right) \cdot \cos\left((1 + 2 \cdot j) \cdot \frac{\pi}{2} \cdot \bar{y} \right) \cdot d\bar{y} = 1 \qquad für \qquad i = j \quad .$$

d) Zur näherungsweisen Lösung der Differentialgleichung (3) wird mit den bereits ausgewählten Funktionen F_i der folgende Ansatz gemacht:

$$\bar{u} \approx \tilde{u} = \sum_{i=0}^{N} C_i \cdot \cos\left((1 + 2 \cdot i) \cdot \frac{\pi}{2} \cdot \bar{y} \right) \quad . \tag{10}$$

Durch zweimaliges Differenzieren des Ansatzes nach $\bar{y}$ erhält man die folgenden Ableitungen:

$$\begin{aligned}
\frac{d\tilde{u}}{d\bar{y}} &= -\sum_{i=0}^{N} C_i \cdot (1 + 2 \cdot i) \cdot \frac{\pi}{2} \cdot \sin\left((1 + 2 \cdot i) \cdot \frac{\pi}{2} \cdot \bar{y} \right) \\
\frac{d^2\tilde{u}}{d\bar{y}^2} &= -\sum_{i=0}^{N} C_i \cdot (1 + 2 \cdot i)^2 \cdot \left(\frac{\pi}{2}\right)^2 \cdot \cos\left((1 + 2 \cdot i) \cdot \frac{\pi}{2} \cdot \bar{y} \right) \quad .
\end{aligned} \tag{11}$$

Wird $d^2\bar{u}/d\bar{y}^2$ in der Differentialgleichung (1) durch die Näherung $d^2\tilde{u}/d\bar{y}^2$ ersetzt, so ist für einen festen Koeffizientensatz C_i die rechte Seite der Differentialgleichung von Null verschieden, also:

$$-\sum_{i=0}^{N} C_i \cdot (1 + 2 \cdot i)^2 \cdot \left(\frac{\pi}{2}\right)^2 \cdot \cos\left((1 + 2 \cdot i) \cdot \frac{\pi}{2} \cdot \bar{y} \right) + 1 \neq 0$$

oder

$$-\sum_{i=0}^{N} C_i \cdot (1 + 2 \cdot i)^2 \cdot \left(\frac{\pi}{2}\right)^2 \cdot \cos\left((1 + 2 \cdot i) \cdot \frac{\pi}{2} \cdot \bar{y} \right) + 1 = R \quad . \tag{12}$$

$$\tag{13}$$

R ist das *Residuum* bzw. der Fehler, das bzw. der durch das Einsetzen des Näherungsansatzes in die Differentialgleichung entsteht. Die Konstanten C_i sollen nun so bestimmt werden, daß das Residuum möglichst klein wird. Umso kleiner das Residuum wird, umso genauer entspricht der Näherungsansatz der Lösung der Differentialgleichung (3).

Um dieses zu erreichen, wird das Residuum mit den Funktionen F_j gewichtet und anschließend wird gefordert, daß das über den Definitionsbereich gemittelte gewichtete Residuum verschwindet. Es ist also zu fordern:

$$\int_{-1}^{+1} R \cdot \cos\left((1+2\cdot j) \cdot \frac{\pi}{2} \cdot \bar{y}\right) \cdot d\bar{y} = 0 \quad j = 0, 1, 2, 3, \ldots N$$

$$\int_{-1}^{+1} \left(-\sum_{i=0}^{N} C_i \cdot (1+2\cdot i)^2 \cdot \left(\frac{\pi}{2}\right)^2 \cdot \cos\left((1+2\cdot i) \cdot \frac{\pi}{2} \cdot \bar{y}\right) + 1\right) \cdot$$
$$\cdot \cos\left((1+2\cdot j) \cdot \frac{\pi}{2} \cdot \bar{y}\right) \cdot d\bar{y} = 0 \quad . \tag{14}$$
$$j = 0, 1, 2, 3, \ldots N$$

Die Gleichung (14) kann nun mit der nachfolgenden Rechnung vereinfacht werden. Dazu werden wieder die bereits bekannten Abkürzungen $a_i = (1+2\cdot i) \cdot \frac{\pi}{2}$ und $a_j = (1+2\cdot j) \cdot \frac{\pi}{2}$ verwendet.

$$\int_{-1}^{+1} \left(-\sum_{i=0}^{N} C_i \cdot a_i^2 \cdot \cos(a_i \cdot \bar{y}) + 1\right) \cdot \cos(a_j \cdot \bar{y}) \cdot d\bar{y} =$$

$$\int_{-1}^{+1} \left(-\sum_{i=0}^{N} C_i \cdot a_i^2 \cdot \cos(a_i \cdot \bar{y}) \cdot \cos(a_j \cdot \bar{y})\right) \cdot d\bar{y} + \int_{-1}^{+1} \cos(a_j \cdot \bar{y}) \cdot d\bar{y} =$$

$$\sum_{i=0}^{N} \left(-\int_{-1}^{+1} C_i \cdot a_i^2 \cdot \cos(a_i \cdot \bar{y}) \cdot \cos(a_j \cdot \bar{y}) \cdot d\bar{y}\right) + \int_{-1}^{+1} \cos(a_j \cdot \bar{y}) \cdot d\bar{y} =$$

$$\sum_{i=0}^{N} \left(-C_i \cdot a_i^2 \cdot \int_{-1}^{+1} \cos(a_i \cdot \bar{y}) \cdot \cos(a_j \cdot \bar{y}) \cdot d\bar{y}\right) + \int_{-1}^{+1} \cos(a_j \cdot \bar{y}) \cdot d\bar{y} = 0$$
$$j = 0, 1, 2, 3, \ldots N \tag{15}$$

Zur Lösung des linken Integrals wird das Ergebnis des Aufgabenteils c) benutzt. Das rechte Integral ist einfach zu ermitteln. Man erhält:

$$-\sum_{i=0}^{N} C_i \cdot a_i^2 \cdot \delta_{ij} + \frac{2\cdot(-1)^j}{a_j} = 0 \quad . \tag{16}$$

δ_{ij} ist das Kroneckersymbol. ($\delta_{ij} = 1$ für $i = j$, $\delta_{ij} = 0$ für $i \neq j$). Alle Summanden unter dem Summenzeichen sind gleich Null, außer der Summand mit dem Index "j". Also gilt:

$$-C_j \cdot a_j^2 + \frac{2\cdot(-1)^j}{a_j} = 0 \quad \Longrightarrow \quad C_j = \frac{2\cdot(-1)^j}{a_j^3} \quad j = 0, 1, 2, 3, \ldots N \quad . \tag{17}$$

Wird in Gleichung (17) a_j durch $(1+2\cdot j)\cdot \pi/2$ ersetzt, erhält man:

$$C_j = \frac{16\cdot(-1)^j}{(1+2\cdot j)^3 \cdot \pi^3} \quad j = 0, 1, 2, 3, \ldots N \quad , \tag{18}$$

so daß die Näherungslösung der Differentialgleichung (3) wie folgt lautet:

$$\bar{u} \approx \tilde{u} = \sum_{i=0}^{N} \frac{16\cdot(-1)^i}{(1+2\cdot i)^3 \cdot \pi^3} \cdot \cos\left((1+2\cdot i)\cdot \frac{\pi}{2}\cdot \bar{y}\right) \quad .$$

Aufgabe GA2 (Einführung der Finite-Elemente Methode)

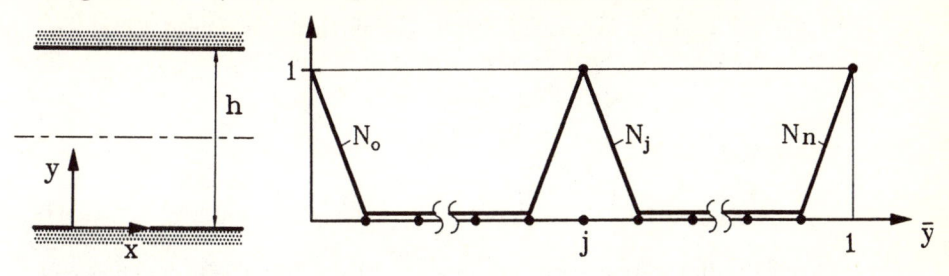

Abb. GA2a: Lineare Ansatzfunktionen

In dieser Aufgabe soll die in der Aufgabe GA1 gelöste Differentialgleichung

$$\frac{d^2\bar{u}}{d\bar{y}^2} + 1 = 0 \qquad \bar{u} = u \cdot \frac{\nu}{P \cdot h^2} \qquad \bar{y} = \frac{y}{h} \qquad P = -\frac{1}{\rho} \cdot \frac{dp}{dx} \qquad (1)$$

$$\bar{y} = 0: \quad \bar{u}(\bar{y}=0) = 0 \qquad \bar{y} = 1: \quad \bar{u}(\bar{y}=1) = 0 \qquad (2)$$

nochmals gelöst werden. Es soll wieder die Galerkin-Methode angewendet werden, diesmal jedoch mit den einfachen linearen Ansatzfunktionen $N_j(\bar{y})$ (s. Abb. GA2a). Das Geschwindigkeitsprofil $\bar{u}(\bar{y})$ soll mit dem folgenden Ansatz berechnet werden:

$$\bar{u} \approx \tilde{u} = \sum_{j=0}^{n} N_j(\bar{y}) \cdot \bar{u}_j \quad . \qquad (3)$$

$\bar{u}_j$ ist die dimensionslose Geschwindigkeit an dem Knoten j, die für alle Knoten mit der Galerkin-Methode zu berechnen sind. Die äquidistanten Intervalle zwischen einem Knoten j und $j+1$ werden als Elemente bezeichnet.

Im einzelnen soll wie folgt vorgegangen werden:

a) Der Ausdruck $d^2\bar{u}/dy^2$ soll in der zu lösenden Differentialgleichung (1) durch den Ausdruck $d^2\tilde{u}/d\bar{y}^2$ ersetzt werden (noch nicht die Summe der Ansatzfunktionen einsetzen). Anschließend soll die Galerkin-Methode angewendet werden. Als Gewichtungsfunktionen sind die Ansatzfunktionen N_k zu verwenden. Es soll eine partielle Integration gemäß $\int \alpha \cdot \beta' \cdot dy = \alpha \cdot \beta - \int \beta \cdot \alpha' \cdot dy$ durchgeführt werden. Was wird dadurch zunächst erreicht?

b) Welches Gleichungssystem ergibt sich, wenn der Lösungsansatz (3) eingesetzt wird?

c) Die Lösungen der einzelnen Integrale sollen in Abhängigkeit von der Elementlänge Δ (Länge der Intervalle) angegeben werden.

d) Wie lauten das Gleichungsystem und seine Lösung unter Berücksichtigung der Randbedingungen ? Die Lösung soll mit einem Computer ermittelt werden. Die Lösung ist mit der analytischen Lösung zu vergleichen.

Lösung:

a) Wird $d^2\bar{u}/d\bar{y}^2$ in der Differentialgleichung (1) durch $d^2\tilde{u}/d\bar{y}^2$ ersetzt und wird anschließend die Galerkin-Methode angewendet, erhält man:

$$\int_0^1 \left[\left(\frac{d^2\tilde{u}}{d\bar{y}^2} + 1\right) \cdot N_k\right] \cdot d\bar{y} = 0$$

$$\int_0^1 \left(\frac{d^2\tilde{u}}{d\bar{y}^2} \cdot N_k\right) \cdot d\bar{y} + \int_0^1 N_k \cdot d\bar{y} = 0 \qquad k = 0, 1, 2, \ldots, n \quad . \qquad (4)$$

Mit der partiellen Integration des linken Summanden der linken Seite der Gleichung (4) ergibt sich die folgende Gleichung:

$$\left(\frac{d\tilde{u}}{d\bar{y}} \cdot N_k\right)_{\bar{y}=0}^{\bar{y}=1} - \int_0^1 \left(\frac{d\tilde{u}}{d\bar{y}} \cdot \frac{dN_k}{d\bar{y}}\right) \cdot d\bar{y} + \int_0^1 N_k \cdot d\bar{y} = 0 \qquad k = 0, 1, 2, \ldots, n \quad . \qquad (5)$$

Der Vorteil der Integration besteht nun darin, daß die Gleichung (5) nur Ableitungen 1.Ordnung beinhaltet. Wären Ableitungen von höherer Ordnung als der 1. Ordnung in der Gleichung (5) enthalten, so wären die linearen Ansatzfunktionen N_j zur Lösung der Aufgabe unbrauchbar.

b) Durch Differenzieren der Ansatzfunktion (3) nach $\bar{y}$ erhält man:

$$\frac{d\tilde{u}}{d\bar{y}} = \sum_{i=0}^n \left(\frac{dN_j}{d\bar{y}} \cdot \bar{u}_j\right) \quad . \qquad (6)$$

$d\tilde{u}/d\bar{y}$ gemäß Gleichung (6) in Gleichung (5) eingesetzt, ergibt:

$$\left(\frac{d\tilde{u}}{d\bar{y}} \cdot N_k\right)_{\bar{y}=0}^{\bar{y}=1} - \int_0^1 \left[\frac{dN_k}{d\bar{y}} \cdot \sum_{j=0}^n \left(\frac{dN_j}{d\bar{y}} \cdot \bar{u}_j\right)\right] \cdot d\bar{y} + \int_0^1 N_k \cdot d\bar{y} = 0 \qquad (7)$$

$$k = 0, 1, 2, \ldots, n \quad .$$

Die Gleichung (7) wird wie folgt umgeformt:

$$\left(\frac{d\tilde{u}}{d\bar{y}} \cdot N_k\right)_{\bar{y}=0}^{\bar{y}=1} - \int_0^1 \left[\sum_{j=0}^n \left(\frac{dN_k}{d\bar{y}} \cdot \frac{dN_j}{d\bar{y}} \cdot \bar{u}_j\right)\right] \cdot d\bar{y} + \int_0^1 N_k \cdot d\bar{y} = 0$$

$$\left(\frac{d\tilde{u}}{d\bar{y}} \cdot N_k\right)_{\bar{y}=0}^{\bar{y}=1} - \sum_{j=0}^n \left[\int_0^1 \left(\frac{dN_k}{d\bar{y}} \cdot \frac{dN_j}{d\bar{y}} \cdot \bar{u}_j\right) \cdot d\bar{y}\right] + \int_0^1 N_k \cdot d\bar{y} = 0$$

$$\Longrightarrow \qquad \sum_{j=0}^n \left[\bar{u}_j \cdot \int_0^1 \left(\frac{dN_k}{d\bar{y}} \cdot \frac{dN_j}{d\bar{y}}\right) \cdot d\bar{y}\right] = \left(\frac{d\tilde{u}}{d\bar{y}} \cdot N_k\right)_{\bar{y}=0}^{\bar{y}=1} + \int_0^1 N_k \cdot d\bar{y} \quad . \qquad (8)$$

$$k = 0, 1, 2, \ldots, n \quad .$$

Das Gleichungssystem (8) besteht aus $n+1$ Gleichungen für die $n+1$ Unbekannten $\bar{u}_j$.

4.2 Numerische Methoden

c) Bevor die einzelnen Integrale berechnet werden, soll noch folgendes festgehalten werden:

1. Der Definitionsbereich $[0,1]$ ist in n Elemente (Intervalle) unterteilt.

2. Es müssen an $n+1$ Knoten die Geschwindigkeitswerte $\bar{u}_j$ berechnet werden. Da jedem Knoten mit dem Index "j" eine Funktion N_j zugeordnet ist, gibt es auch $n+1$ Funktionen N_j ($N_0, N_1, \ldots, N_n$).

Zur Berechnung der Integrale wird die Größe Δ eingeführt. Sie steht für die Länge eines Elements (bzw. Intervalls). Für Δ gilt: $\Delta = 1/n$.

Die Integrale der rechten Seite des Gleichungssystems (8) können mit der Größe Δ sofort angegeben werden. Für sie gilt:

$$\int_0^1 N_k \cdot d\bar{y} = \begin{cases} \frac{1}{2} \cdot \Delta & \text{für} \quad k = 0 \\ \Delta & \text{für} \quad k \neq 0 \quad k \neq n \\ \frac{1}{2} \cdot \Delta & \text{für} \quad k = n \end{cases} \quad . \tag{9}$$

Zur Berechnung der Integrale unter dem Summenzeichen der Gleichung (8) werden die drei Fälle ($k=0$), ($k=j, k \neq 0, k \neq n$) und ($k=n$) nacheinander betrachtet.

1. Fall ($k=0$):

$$\int_0^1 \left(\frac{dN_k}{d\bar{y}} \cdot \frac{dN_j}{d\bar{y}} \right) \cdot d\bar{y} = \begin{cases} \frac{1}{\Delta} & \text{für} \quad j = 0 \\ -\frac{1}{\Delta} & \text{für} \quad j = 1 \\ 0 & \text{für} \quad j > 1 \end{cases} \tag{10}$$

2. Fall ($k \neq 0, k \neq n$):

$$\int_0^1 \left(\frac{dN_k}{d\bar{y}} \cdot \frac{dN_j}{d\bar{y}} \right) \cdot d\bar{y} = \begin{cases} -\frac{1}{\Delta} & \text{für} \quad j = k-1 \\ \frac{2}{\Delta} & \text{für} \quad j = k \\ -\frac{1}{\Delta} & \text{für} \quad j = k+1 \end{cases} \tag{11}$$

Für den Fall ($j < k-1$) und ($j > k+1$) ist das betrachtete Integral gleich Null.

3. Fall ($k=n$):

$$\int_0^1 \left(\frac{dN_k}{d\bar{y}} \cdot \frac{dN_j}{d\bar{y}} \right) \cdot d\bar{y} = \begin{cases} \frac{1}{\Delta} & \text{für} \quad j = n \\ -\frac{1}{\Delta} & \text{für} \quad j = n-1 \\ 0 & \text{für} \quad j < n-1 \end{cases} \tag{12}$$

d) Setzt man die berechneten Integrale in das Gleichungssystem (8)

$$\sum_{j=0}^n \left[\bar{u}_j \cdot \int_0^1 \left(\frac{dN_k}{d\bar{y}} \cdot \frac{dN_j}{d\bar{y}} \right) \cdot d\bar{y} \right] = \left(\frac{d\tilde{u}}{d\bar{y}} \cdot N_k \right)_{\bar{y}=0}^{\bar{y}=1} + \int_0^1 N_k \cdot d\bar{y}$$
$$k = 0, 1, 2, \ldots, n$$

ein, erhält man:

$$\frac{1}{\Delta} \cdot \begin{pmatrix} 1 & -1 & & & & \\ -1 & 2 & -1 & & & \\ & -1 & 2 & -1 & & \\ & & \ddots & \ddots & \ddots & \\ & & & -1 & 2 & -1 \\ & & & & -1 & 2 & -1 \\ & & & & & -1 & 1 \end{pmatrix} \cdot \begin{pmatrix} \bar{u}_0 \\ \bar{u}_1 \\ \cdot \\ \cdot \\ \cdot \\ \bar{u}_{n-1} \\ \bar{u}_n \end{pmatrix} = \begin{pmatrix} \frac{d\bar{u}}{d\bar{y}}|_{\bar{y}=0} + \frac{1}{2} \cdot \Delta \\ \Delta \\ \cdot \\ \cdot \\ \cdot \\ \Delta \\ \frac{d\bar{u}}{d\bar{y}}|_{\bar{y}=1} + \frac{1}{2} \cdot \Delta \end{pmatrix}$$

Berücksichtigt man in dem Gleichungssystem, daß $\bar{u}_0$ und $\bar{u}_n$ gemäß der Randbedingungen gleich Null sind, so gilt:

$$\begin{pmatrix} 1 & -1 & & & & \\ -1 & 2 & -1 & & & \\ & -1 & 2 & -1 & & \\ & & \ddots & \ddots & \ddots & \\ & & & -1 & 2 & -1 \\ & & & & -1 & 2 & -1 \\ & & & & & -1 & 1 \end{pmatrix} \cdot \begin{pmatrix} 0 \\ \bar{u}_1 \\ \cdot \\ \cdot \\ \cdot \\ \bar{u}_{n-1} \\ 0 \end{pmatrix} = \begin{pmatrix} \frac{d\bar{u}}{d\bar{y}}|_{\bar{y}=0} + \frac{1}{2} \cdot \Delta \\ \Delta^2 \\ \cdot \\ \cdot \\ \cdot \\ \Delta^2 \\ \frac{d\bar{u}}{d\bar{y}}|_{\bar{y}=1} + \frac{1}{2} \cdot \Delta \end{pmatrix} \quad (13)$$

In diesem Fall können die erste und die letzte Zeile im Gleichungsystem (13) weggelassen werden, da durch $\bar{u}_0 = 0$ und $\bar{u}_n = 0$ die übrigen Gleichungen des Gleichungssystems nicht verändert werden (es wäre anders, wenn gelten würde: $\bar{u}_0 \neq 0$ oder $\bar{u}_n \neq 0$). Das zu lösende Gleichungssystem lautet also:

$$\begin{pmatrix} 2 & -1 & & & \\ -1 & 2 & -1 & & \\ & \ddots & \ddots & \ddots & \\ & & -1 & 2 & -1 \\ & & & -1 & 2 \end{pmatrix} \cdot \begin{pmatrix} \bar{u}_1 \\ \cdot \\ \cdot \\ \cdot \\ \bar{u}_{n-1} \end{pmatrix} = \begin{pmatrix} \Delta^2 \\ \cdot \\ \cdot \\ \cdot \\ \Delta^2 \end{pmatrix} \quad (14)$$

Das Gleichungssystem kann mit einfachen Computerprogrammen (z.B. mit dem Thomas-Algorithmus) gelöst werden.

In der Abb. GA2b ist die numerische Lösung für $n = 5$ Elemente und die analytische Lösung dargestellt. Obwohl für die numerische Rechnung nur fünf Elemente verwendet wurden, ist die Übereinstimmung der beiden Lösung schon so genau, daß in der graphischen Darstellung kein Unterschied zu erkennen ist. Die numerische Lösung stimmt natürlich umso besser mit der analytischen Lösung überein, umso mehr Elemente bei der numerischen Rechnung verwendet verwenden.

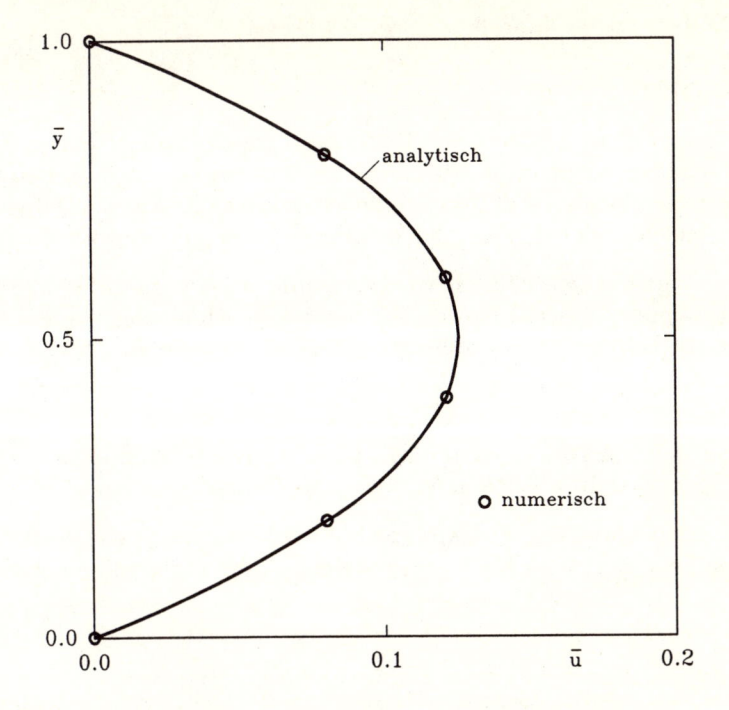

Abb. GA2b: Vergleich numerischer Lösung mit analytischer Lösung

4.2.2 Differenzenverfahren

Aufgabe DIF1

Beim numerischen Lösen einer Differentialgleichung mit einem Differenzenverfahren werden die Differentialquotienten der zu lösenden Gleichung durch geeignete Differenzenquotienten angenähert. Dabei entsteht ein numerischer Fehler, der möglichst klein gehalten werden muß.

Es soll gezeigt werden, daß ein Vorwärts- und Rückwärtsdifferenzenquotient zur Approximation der ersten partiellen Ableitung der Funktion $u(x,y)$ einen Fehler von 1.Ordnung beinhaltet. Von welcher Ordnung ist der Fehler bei der Approximation mit einem zentralen Differenzenquotienten?

Weiterhin soll ein Differenzenquotient zur Approximation einer zweiten Ableitung hergeleitet werden. Von welcher Ordnung ist sein Fehler?

Hinweis: Zum Lösen der Aufgabe soll die Funktion $u(x,y)$ von dem Punkt x_0, y_0 aus für $x < x_0$ und für $x > x_0$ jeweils in eine Taylorreihe entwickelt werden.

Lösung:

Zur Lösung der Aufgabe wird die Funktion $u(x,y)$ von der Stelle x_0, y_0 aus in die folgenden Taylorreihen entwickelt:

$$u(x_0 + \Delta x, y_0) = u(x_0, y_0) + \frac{\partial u}{\partial x}|_{x=x_0} \cdot \Delta x + \frac{\partial^2 u}{\partial x^2}|_{x=x_0} \cdot \frac{(\Delta x)^2}{2} + \ldots \quad (1)$$

$$u(x_0 - \Delta x, y_0) = u(x_0, y_0) - \frac{\partial u}{\partial x}|_{x=x_0} \cdot \Delta x + \frac{\partial^2 u}{\partial x^2}|_{x=x_0} \cdot \frac{(\Delta x)^2}{2} + \ldots \quad (2)$$

Formt man die Gleichungen (1) und (2) entsprechend um, erhält man:

$$\frac{u(x_0 + \Delta x, y_0) - u(x_0, y_0)}{\Delta x} = \frac{\partial u}{\partial x}|_{x=x_0} + O(\Delta x) \quad (3)$$

$$\frac{u(x_0, y_0) - u(x_0 - \Delta x, y_0)}{\Delta x} = \frac{\partial u}{\partial x}|_{x=x_0} + O(\Delta x) \quad . \quad (4)$$

$O(\Delta x)$ hat eine genaue mathematische Bedeutung und steht für die Ordnung des Fehlers F. Er kann z.B. für die Gleichung (3) unmittelbar angegeben werden:

$$F = \frac{\partial^2 u}{\partial x^2}|_{x=x_0} \cdot \frac{(\Delta x)}{2} + \frac{\partial^3 u}{\partial x^3}|_{x=x_0} \cdot \frac{(\Delta x)^2}{6} + \ldots \quad . \quad (5)$$

Da im Falle $\Delta x \longrightarrow 0$ die Größe des Fehlers F durch die Größe $(\Delta x)^1$ bestimmt wird, bezeichnet man F als einen Fehler 1.Ordnung. $O(\Delta x)$ sagt also nichts über die Größe des Fehlers, sondern nur etwas über sein Verhalten aus, wenn Δx sehr klein wird.

4.2 Numerische Methoden

Wird Gleichung (2) von Gleichung (1) subtrahiert und die daraus resultierende Gleichung entsprechend umgeformt, erhält man einen zentralen Differenzenqotienten zur Approximation der ersten Ableitung. Er lautet:

$$\frac{u(x_0 + \Delta x, y_0) - u(x_0 - \Delta x, y_0)}{2 \cdot \Delta x} = \frac{\partial u}{\partial x}\bigg|_{x=x_0} + O(\Delta x)^2 \quad . \tag{6}$$

Wird mit ihm eine erste Ableitung approximiert, so ist der dabei entstehende Fehler von 2.Ordnung.

Durch Addition der Gleichungen (1) und (2) und einer anschließenden Umformung erhält man schließlich einen Differenzenquotienten zur Approximation einer zweiten Ableitung. Er lautet:

$$\frac{u(x_0 + \Delta x, y_0) - 2 \cdot u(x_0, y_0) + u(x_0 - \Delta x, y_0)}{(\Delta x)^2} = \frac{\partial^2 u}{\partial x^2}\bigg|_{x=x_0} + O(\Delta x)^2 \quad . \tag{7}$$

Aufgabe DIF2

In der Aufgabe GA2 wird die Differentialgleichung der stationären Kanalströmung

$$\frac{d^2 \bar{u}}{d\bar{y}^2} + 1 = 0 \qquad \bar{u} = u \cdot \frac{\nu}{P \cdot h^2} \qquad \bar{y} = \frac{y}{h} \qquad P = -\frac{1}{\rho} \cdot \frac{dp}{dx} \tag{1}$$

mit den Randbedingungen

$$\bar{y} = 0: \quad \bar{u}(\bar{y} = 0) = 0 \qquad \bar{y} = 1: \quad \bar{u}(\bar{y} = 1) = 0 \tag{2}$$

mit dem Galerkin-Verfahren numerisch gelöst.

a) Welches zu lösende Gleichungssystem erhält man, wenn man die Differentialgleichung (1) mit dem Differenzenverfahren numerisch löst? Die zweite Ableitung soll zur Lösung der Aufgabe mit dem Differenzenquotient (7) der Aufgabe DIF1 approximiert werden. Dazu ist der Defintionsbereich in n-Intervalle zu unterteilen.

b) Wie lautet das zu lösende Gleichungssystem, wenn die Randbedingung für die Stelle $\bar{y} = 1$ wie folgt lautet: $\bar{u}(\bar{y} = 1) = 1$ (obere Kanalwand bewegt sich)?

Lösung:

a) Zur Lösung der Aufgabe wird der Definitionsbereich in n Intervalle der Länge $\Delta \bar{y}$ unterteilt. Also ist $\Delta \bar{y} = 1/n$. Für die Stelle $\bar{y}_j$ ($\bar{y}_j$ ist eine Intervallgrenze) wird in der Gleichung (1) der Differentialquotient $\partial^2 \bar{u}/\partial \bar{y}^2$ durch den Differenzenquotient

$$\frac{\bar{u}_{j+1} - 2 \cdot \bar{u}_j + \bar{u}_{j-1}}{(\Delta \bar{y})^2} \tag{3}$$

ersetzt ($\bar{u}_{j+1} = \bar{u}(\bar{y}_{j+1})$, $\bar{u}_j = \bar{u}(\bar{y}_j)$, $\bar{u}_{j-1} = \bar{u}(\bar{y}_{j-1})$). Man erhält also für die Stelle $\bar{y}_j$ die folgende Gleichung:

$$\frac{\bar{u}_{j+1} - 2 \cdot \bar{u}_j + \bar{u}_{j-1}}{(\Delta \bar{y})^2} + 1 = 0 \quad . \tag{4}$$

Werden die entsprechenden Gleichungen für die restlichen Intervallgrenzen $\bar{y}_1 \ldots \bar{y}_{n-1}$ aufgestellt und wird dabei berücksichtigt, daß gemäß der Randbedingungen für $\bar{y}_0$ und $\bar{y}_n$ gilt: $\bar{y}_0 = \bar{y}_n = 0$, so ergibt sich das nachfolgende Gleichungssystem:

$$\frac{1}{(\Delta \bar{y})^2} \cdot \begin{pmatrix} 2 & -1 & & & \\ -1 & 2 & -1 & & \\ & \ddots & \ddots & \ddots & \\ & & -1 & 2 & -1 \\ & & & -1 & 2 \end{pmatrix} \cdot \begin{pmatrix} \bar{u}_1 \\ \cdot \\ \cdot \\ \cdot \\ \bar{u}_{n-1} \end{pmatrix} = \begin{pmatrix} 1 \\ \cdot \\ \cdot \\ \cdot \\ 1 \end{pmatrix} \qquad (5)$$

Das Gleichungssystem (5) ist mit dem zu lösenden Gleichungssystem der Aufgabe GA2 identisch! Die Lösung ist in der Aufgabe GA2 bereits diskutiert worden.

b) Mit $\bar{u}_n = 1$ lautet die entsprechende Differenzengleichung für die Stelle $\bar{y}_{n-1}$:

$$\frac{1 - 2 \cdot \bar{u}_{n-1} + \bar{u}_{n-2}}{(\Delta \bar{y})^2} + 1 = 0 \quad . \qquad (6)$$

Berücksichtigt man sie in dem aufzustellenden Gleichungssystem, erhält man:

$$\frac{1}{(\Delta \bar{y})^2} \cdot \begin{pmatrix} 2 & -1 & & & \\ -1 & 2 & -1 & & \\ & \ddots & \ddots & \ddots & \\ & & -1 & 2 & -1 \\ & & & -1 & 2 \end{pmatrix} \cdot \begin{pmatrix} \bar{u}_1 \\ \cdot \\ \cdot \\ \cdot \\ \bar{u}_{n-1} \end{pmatrix} = \begin{pmatrix} 1 \\ \cdot \\ \cdot \\ \cdot \\ 1 + 1/(\Delta y)^2 \end{pmatrix} \qquad (7)$$

Die Lösung des Gleichungssystems ist für $n = 3$ in der Abb. DIF2 zusammen mit der analytischen Lösung dargestellt. Obwohl der Definitionsbereich nur drei Intervalle enthält, ist aus der Abb. DIF2 kein Unterschied zwischen der numerischen und analytischen Lösung erkennbar.

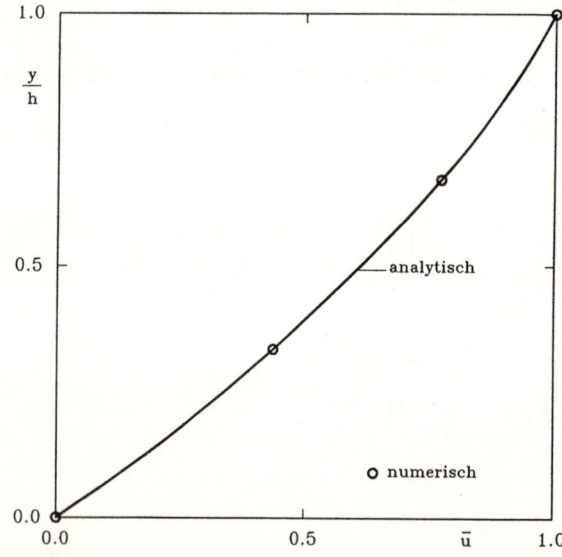

Abb. DIF2: Vergleich numerischer Lösung mit analytischer Lösung

Aufgabe DIF3

Die dimensionslose Differentialgleichung

$$\frac{\partial \bar{u}}{\partial \bar{t}} + \frac{\partial^2 \bar{u}}{\partial \bar{y}^2} = 1 \qquad (1)$$

mit

$$\bar{t} = t \cdot \frac{\nu}{h^2} \qquad \bar{u} = u \cdot \frac{\nu}{P \cdot h^2} \qquad \bar{y} = \frac{y}{h} \qquad P = -\frac{1}{\rho} \cdot \frac{dp}{dx}$$

beschreibt mit den in der Aufgabe S2 angegebenen Anfangs- und Randbedingungen den instationären Anlaufvorgang einer Kanalströmung. In der Aufgabe S2 ist dieser Vorgang analytisch berechnet worden.

In dieser Aufgabe soll der Vorgang nun numerisch mit der expliziten DuFort-Frankel Methode berechnet werden. Anschließend soll das Ergebnis mit der analytischen Lösung der Aufgabe S2 verglichen werden. Wird die DuFort-Frankel Methode zur Lösung der Differentialgleichung (1) angewendet, erhält man:

$$\frac{\bar{u}_j^{n+1} - \bar{u}_j^{n-1}}{2 \cdot \Delta \bar{t}} - \frac{\bar{u}_{j+1}^n - \bar{u}_j^{n+1} - \bar{u}_j^{n-1} + \bar{u}_{j-1}^n}{(\Delta \bar{y})^2} = 1 \quad . \qquad (2)$$

Der Index "n" steht für die Größen zum Zeitpunkt $\bar{t}_n$, der Index "j" kennzeichnet die Werte an den entsprechenden Knoten der Stellen y_j..

Im einzelnen soll wie folgt vorgegangen werden:

a) Warum ist das DuFort-Frankel Verfahren ein explizites Verfahren?

b) Warum stehen in dem Differenzenquotienten zur Approximation von $\partial^2 \bar{u}/\partial \bar{y}^2$ Größen zum Zeitpunkt t_{n+1} und t_{n-1}? Was muß bei der Auswahl eines numerischen Verfahrens immer beachtet werden?

c) Es soll für ein Computer ein Rechenprogramm zur Lösung der Differentialgleichung (1) mit der DuFort-Frankel Methode erstellt werden.

d) Es sollen drei Beispielrechnungen mit den folgenden Zeit- und Raumschritten durchgeführt werden:
1. $\Delta \bar{t} = 1/50$, $\Delta \bar{y} = 1/5$ 2. $\Delta \bar{t} = 1/50$, $\Delta \bar{y} = 1/10$
3. $\Delta \bar{t} = 1/50$, $\Delta \bar{y} = 1/20$.
Die Lösungen sollen mit der analytischen Lösung der Aufgabe S2 verglichen werden. Was stellt man fest?

Lösung:

a) Die Gleichung (2) beinhaltet nur die eine Unbekannte $\bar{u}_j^{n+1}$. Sie kann unmittelbar mit einer Umformung der Gleichung (2) ermittelt werden. Wird die Lösung mit einem impliziten Verfahren berechnet, müssen mehrere Größen $\bar{u}^{n+1}$ für verschiedene Knoten mit einem mehr oder weniger aufwendigen Gleichungssystem berechnet werden.

b) Würde der Differenzenquotient zur Approximation von $\partial^2 \bar{u}/\partial \bar{y}^2$ z.B. nur Größen zum Zeitpunkt t_n enthalten, so wäre das Verfahren <u>instabil</u> und nicht anwendbar. Der Begriff "Stabilität eines numerischen Verfahrens" ist in dem Lehrbuch von H. Oertel/M. Böhle erklärt. Bei der Auswahl eines numerischen Verfahrens muß darauf geachtet werden, daß das Verfahren stabil ist.

c) Das Computerprogramm ist einfach zu erstellen. Die Gleichung (2) kann unmittelbar nach $\bar{u}_j^{n+1}$ aufgelöst und entsprechend programmiert werden.

d) Das Ergebnis der ersten Rechnung ($\Delta \bar{t} = 1/50, \Delta \bar{y} = 1/5$) ist in der Abb. DIF3a, das der zweiten Rechnung ($\Delta \bar{t} = 1/50, \Delta \bar{y} = 1/10$) in der Abb. DIF3b und das der dritten Rechnung ($\Delta \bar{t} = 1/50, \Delta \bar{y} = 1/20$) in der Abb. DIF3c dargestellt.

Obwohl die erste Rechnung mit einem großen Raumschritt durchgeführt ist, stimmen die berechneten Werte sehr genau mit der analytischen Lösung überein (die Kurvenverläufe sind wegen der wenigen Aufpunkte eckig). Die zweite Rechnung unterscheidet sich ebenfalls nicht sichtbar von der analytischen Lösung [2].

Die dritte Lösung, die mit einem vergleichsweise kleinen Raumschritt erstellt ist, weicht erheblich von der analytischen Lösung ab. Es stellt sich also die Frage: Warum wird die Lösung falsch, obwohl die numerischen Fehler infolge der Verkleinerung des Raumschrittes abnehmen?

Das Verfahren wird ab einer bestimmten Grenze instabil, wenn der Raumschritt ohne gleichzeitige Verringerung des Zeitschrittes verkleinert wird. Bei expliziten Verfahren darf der Zeitschritt nicht unabhängig vom Raumschritt gewählt werden.

---

[2] gemeint ist: Legt man die Abb. S2b auf die Abb. DIF3b, so liegen die entsprechenden Kurven übereinander

4.2 Numerische Methoden

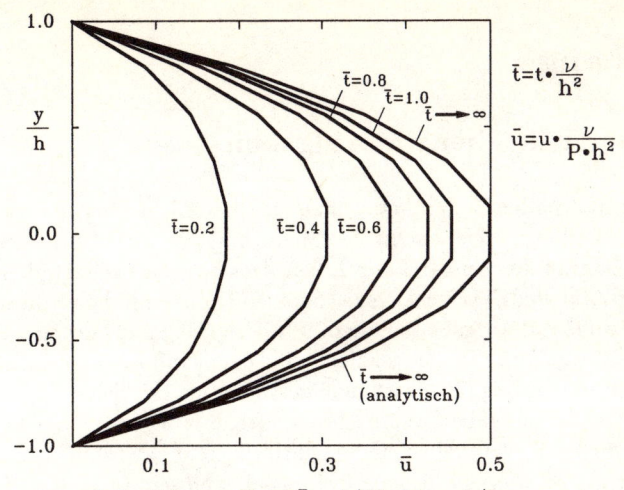

Abb. DIF3a: numerische Lösung für $\Delta \bar{t} = 1/50, \Delta \bar{y} = 1/5$

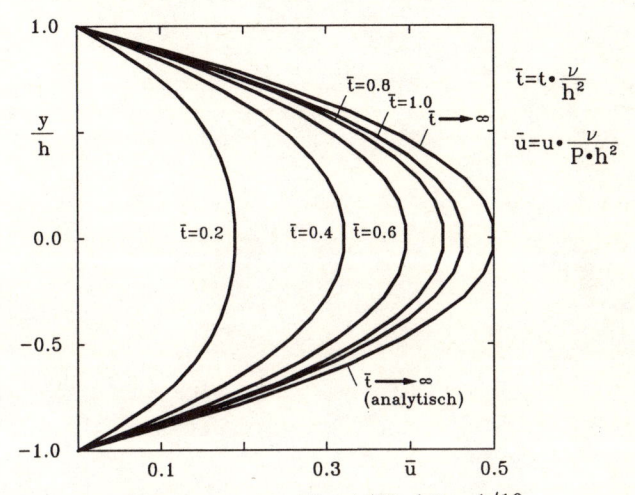

Abb. DIF3b: numerische Lösung für $\Delta \bar{t} = 1/50, \Delta \bar{y} = 1/10$

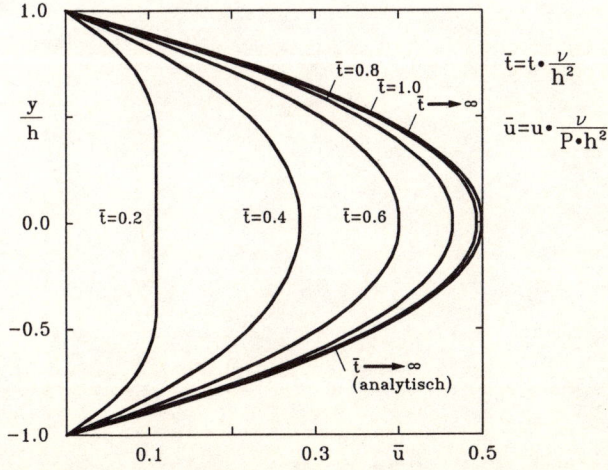

Abb. DIF3c: numerische Lösung für $\Delta \bar{t} = 1/50, \Delta \bar{y} = 1/20$

5 Anhang

5.1 Übersicht über die Aufgaben

Auf den nachfolgenden Seiten findet man eine Übersicht über die in diesem Buch zusammengestellten Aufgaben. In der Spalte mit der Überschrift "**SG** " ist der Schwierigkeitsgrad der Aufgabe angegeben. Der Schwierigkeitsgrad einer Aufgabe ist mit einer Zahl von 1 bis 4 gekennzeichnet. Aufgaben mit dem Schwierigkeitsgrad 1 sind leicht zu lösen; Aufgaben mit dem Schwierigkeitsgrad 3 besitzen ungefähr den Schwierigkeitsgrad einer Prüfungsaufgabe für eine Prüfung in Strömungsmechanik an der TU Braunschweig für Maschinenbaustudenten. Der Schwierigkeitsgrad 4 soll andeuten, daß die Aufgabe "weiterführend" ist, d.h. es wird eine Beispielaufgabe vorgestellt, die auch eventuell in einem Lehrbuch steht bzw. stehen könnte. Sie muß nicht unbedingt schwieriger als eine Prüfungaufgabe sein (also nur **Mut !!**) .

5.1 Übersicht über die Aufgaben

THEMA	AUFGABE	SG	BEMERKUNG
Hydrostatik	H1	1	
	H2	1	
	H3	2	
	H4	2	
	H5	2	
	H6	3	
	H7	3	
Aerostatik	A1	1	
	A2	2	
	A3	2	
	A4	3	
kinem. Grundbegr.	K1	2	
Inkompressible Strömungen	HD1	1	
	HD2	1	
	HD3	1	
	HD4	2	
	HD5	3	
	HD6	3	
Kompressible Strömungen	AD1	1	
	AD2	2	
	AD3	2	
	AD4	3	
	AD5	3	
Impulssatz	I1	1	
	I2	2	
	I3	2	
	I4	3	Rohreinlaufverluste
	I5	3	Plattenwiderstand
	I6	3	
Drehimpulssatz	D1	1	
	D2	2	
	D3	3	
Rohrhydraulik	R1	2	
	R2	3	
	R3	3	
	R4	2	
	R5	3	
	R6	3	

THEMA	AUFGABE	SG	BEMERKUNG
Umströmungs- probleme	U1 ✗ U2 ✗ U3	2 1 3	
Turbul. Strömungen	T1 ✗	1	
Navier-Stokes Gl. (laminare Ström.)	N1 N2 N3 N4 N5	2 3 3 3 3	 plötzl. bewegte Platte Zylinderspaltströmung
Reynolds- Gleichungen	RE1 RE2 RE3	1 2 3	Einführung
Grenzschicht- Gleichungen	G1 G2	3 4	Berech. d. Grenzschichtdicke Blasius-Grenzschicht
Potentialgl. (kompr. Strömung)	PK1 PK2	1 1	Einführung
linearisierte Potentialgleichung	PL1 PL2 PL3	1 2 3	 Plattenumströmung ($Ma > 1$) Profilumströmung
Potentialgl. (inkompressible Strömungen)	PIK1 PIK2 PIK3 PIK4 PIK5 PIK6	1 2 2 3 3 3	 Kreiszylinderumströmung Strömung mit Zirkulation
Dimensionsanalyse	DI1 DI2 DI3 DI4	1 1 3 4	 Stoß-Grenzschichtwechselwirk.
Linearisierung	L1 L2	3 4	Akustik-Gleichungen linearisierter C_p-Wert
Separationsansatz	S1 S2	3 3	(verleiht Übersicht) Kanalanlaufströmung

5.1 Übersicht über die Aufgaben

THEMA	AUFGABE	SG	BEMERKUNG
Galerkin-Verfahren	GA1	2	
	GA2	3	Einführung der FEM-Methode
Differenzen-	DIF1	1	
	DIF2	2	
	DIF3	3	

5.2 Nikuradse-Diagramm

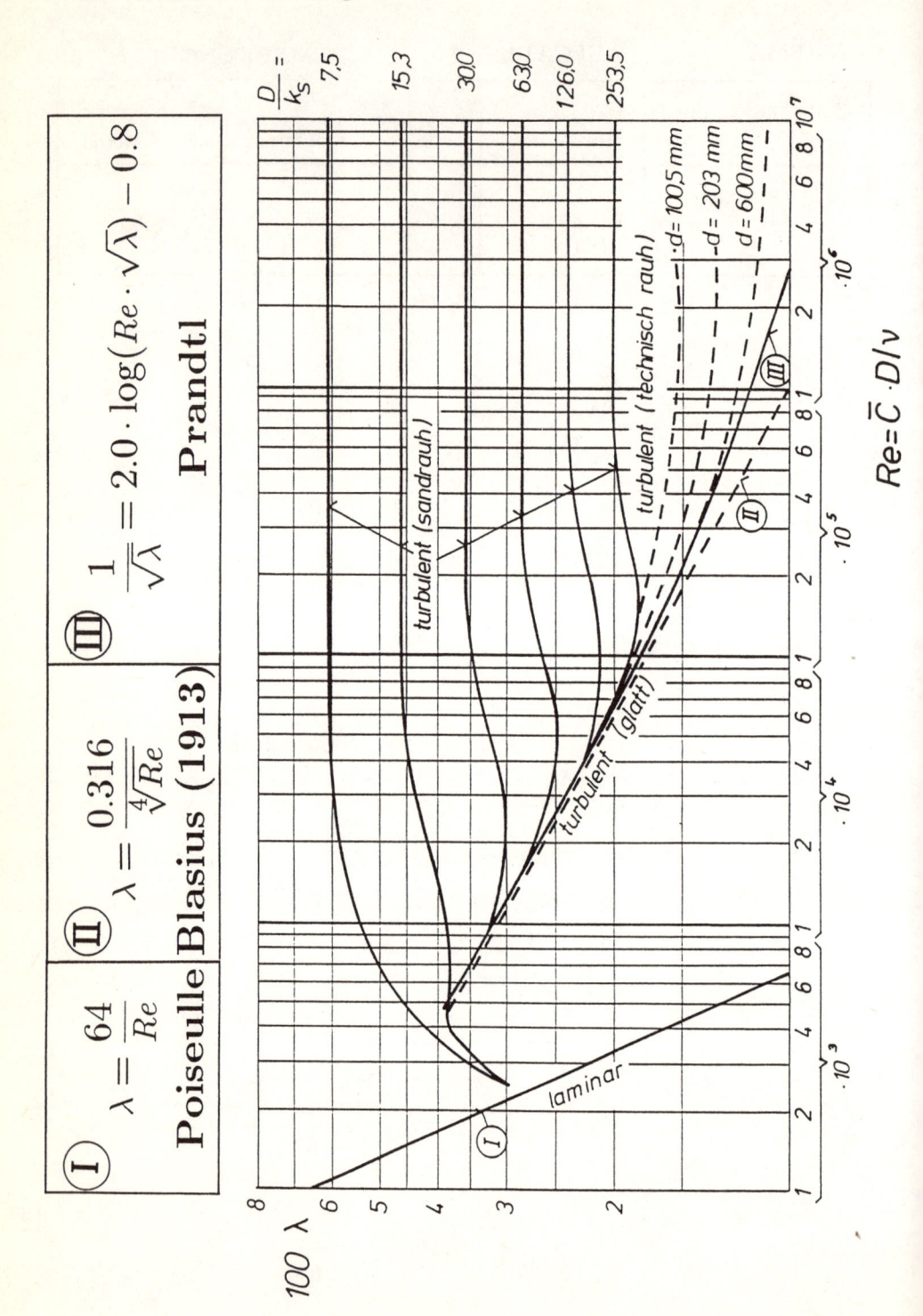

SACHWORTVERZEICHNIS

Ähnlichkeitsgesetz 88, 89
Aerodynamik 38-50, 119-127
Aerostatik 17-25
Akustikgleichungen 151-153
Anfangsbedingungen 157, 161, 162, 166
Ansatzfunktionen 167, 169, 171, 172
Anstellwinkel 123
Approximation 176
Atmosphäre
    -isotherme 19, 22
    -polytrope 19, 20, 23, 24, 25
Atmosphärendruck 19-21
Auftrieb
    -aerostatischer 22-25
    -hydrostatischer 8, 9
    -aerodynamischer 123, 124
Auftriebsbeiwert 123, 124
Außenströmung 117
Ausfluß 29, 31, 32, 33-37

Bernoulli, D. 28-37
Bernoulli-Gleichung
    -f. inkompressible Strömung 28-37
    -f. kompressible Strömung 38-50
Bewegungsgleichung
    -in kartesischen Koordinaten 96
    -in Polarkoordinaten 105
Blasius 93, 114, 115, 118
Blasius-Formel 114, 115

Charakteristik
    -linksläufige 121
    -rechtsläufige 121

Dichteänderung der Atmosph. 21
Differenzenquotient 176-179
Differenzenverfahren 177-180
Diffusor 36, 44
Dimensionsanalyse 143-150
Dipol in Parallelströmung 137-139
Drehimpulssatz 64-68
Drehung 28, 128
Drehungsfreie Strömung 28, 128
Drehtisch 14

Druck
    -hydrostatischer 3-16
    -Gesamtdruck 42, 45, 46, 49
Druckabfall in Rohren 69-85
Druckbeiwert 121, 139
Druckkraft 53-59
Druckverlust 69-85
Druckverteilung 126, 139, 142
Druckwiderstand 91
Düsenströmung 134-136
DuFort-Frankel-Methode 179, 180

Ebene Strömung 123, 125, 128-142
Eckenströmung 128, 129
Eigenwerte 160
Eigenfunktionen 160
Einlaufstrecke 58
Energiezufuhr 78-85
Euler 151
Eulersche Bewegungsgleichungen 151

Fehler
    -Ordnung eines Fehlers 176, 177
Flüssigkeitssäule 3, 5
Fourier
    -Fourierreihe 161
Freistrahl 69
Froude, W. 148
Froude-Zahl 148

Galerkin-Verfahren 167-175
Gas, ideal 17, 18, 38-50
Gasgleichung, ideale 18, 25, 39, 48
Gaskonstante, spezifische für Luft 19
Gasströmung 38-50
Gesamtdruck 42, 45-48
Gesamtdruckverlust 45, 49
Geschwindigkeitspotential 119-120, 128-129, 131-133
Grenzschicht
    -dicke 115, 116, 118
    -profil 115, 117
    -theorie 115-118
    -umschlag 93

Haftbedingung 96, 97, 117, 163
Halbkörper 130, 131
Hydraulisch glatt 72, 74, 85
Hydrodynamik 28-37
Hydrostatik 3-16
Hydrostatische Grundgleichung 3

Impulskraft 51-63
Impulsmoment 64-68
Impulssatz 51
Inkompressible
  Strömung 28-37, 69-85, 128-142
Instationäre Strömung 33-37, 93
Isentropenexponent 38-50

Kanalanlaufströmung 162-166
Kanalströmung (stationär) 167-175
Kennzahlen 144-146
Kessel (Ruhezustand) 38
Kompressible Strömung 38-50
Kontinuitätsgleichung 96, 105
Kontrollfläche 52-63, 64-69
Kontrollraum 52-63, 64-69
Kreiszylinderumströmung 137-139
Kritische Reynoldszahl 86
Krümmer 53, 64, 69-85
Kugelumströmung 90-92
Kugelwiderstand 92

Laminare Grenzschichtströmung 114, 116
Laminare Rohrströmung 58
Laval, C.G.P. 41, 44, 48
Laval-Düse 41, 44, 48
Luftwiderstand 89
Luftwiderstandsbeiwert 89

Mach, E. 38-50
Mach-Zahl 38-50
Massenstrom 39-41, 97, 98
Modellgesetz 88, 89

Navier, L. 96, 105
Navier-Stokes-Gleichungen 96, 105
Newton, I. 102, 104
Newtonsches-Reibungsgesetz 102, 104
Nikuradse-Diagramm 186

Ordnung eines
  numerischen Fehlers 176, 177

Parallelströmung 130-133, 137-142
Parabelprofil 125
Platte, angestellt (eben) 123
Plattengrenzschicht 60-61, 114-118
Polytropenexponent 20, 24, 25
Potentialfunktion 128-133
Potentialgleichung 119
  -f. inkompressible Ström. 120
  -f. kompressible Ström. 119
  -linearisierte 121
Potentialströmung 123-127, 128-142
Potentialwirbel 134, 135
Prandtl, L. 73, 93, 186
Prandtl-Formel 73, 186
Pumpe 78-82
Pumpenleistung 79, 82

Quasi-stationäre Strömung 31, 32
Quelle in Parallelströmung 130-133
Quell-Senkenströmung mit
  Translationsström. 132, 133
Querschnitt, engster 39-41

Randbedingung 96, 100, 102, 104, 106, 157-166
Rayleigh, J.W. 103, 104
Rayleigh-Stokessches Problem 103, 104
Reibungswiderstand 91, 92, 114, 115
Reynolds, O. 88, 89, 110-113
Reynoldsches Ähnlichkeitsgesetz 88, 89
Reynolds-Gleichungen 110-113
Rohrhydraulik 69-85
Rohrleitungssysteme 69-85
Rohrreibungszahl 69-85
Rohrverzweigung 29-30, 80-82
Ruhedruck (s. Gesamtdruck)

Sandkornrauhigkeit (mittlere) 71, 72, 74, 83-85
Separationsmethode 157-166
Separationsparameter 157-160, 162, 165
Schallgeschwindigkeit 40, 43, 45, 46, 50, 119, 1:
Schallwelle 151-153
Schlichting, H. 93, 94
Schnittufer 103, 104

Schubspannung 90-92, 102, 104, 114, 115
Schubspannungsterme, turbulente 113
Schwankungsgeschwindigkeiten 109-113
Stabilität eines numerischen Verfahrens 180
Stationäre Strömung 93
Staustrahltriebwerk 44-47
Stoß 45, 48, 49, 148-150
Stoß-Grenzschichtwechselwirkung 148-150
Stromfadentheorie 28-50
Stromfunktion 128-129, 132-142
Stromlinien 26, 27
Stromlinienbild 27, 129
Strouhal, V. 146
Strouhal-Zahl 146

Teilchenbahnen 27, 28
Torricelli, E. 66
Torricellische Formel 66
Tragflügelprofil 38, 148
Translationsströmung 130-134, 137-142
Triebwerk 44
Turbine 83-85
Turbulente Grenzschichtströmung 93
Turbulente Rohrströmung 71-74, 83-85

Überlagerungsprinzip 130-142, 161, 165-166
Überschalldüse (s. Lavaldüse)
Umschlag 93
Unterschicht, laminare 72, 74, 85
U-Rohr 3, 5

Verdichtungsstoß (s. Stoß)
Verlustbeiwert - Rohrhydraulik 69-85

Wand 27
Wandstromlinie 27
Widerstand 86-92, 93-94
Widerstandsbeiwert 86-92, 93-94
Wirbel 134-135, 140-142

Zirkulation 134-135, 140-142
Zustandsänderung
     -isentrop 38-50
     -isotherm 17, 18, 19, 22
     -polytrop 20, 21, 23-25
Zweidimensionale Strömung (s. ebene Strömung)
Zylinderumströmung mit Wirbel 140-142

J. Zierep, K. Bühler

Strömungsmechanik

1991. IX, 224 S. 120 Abb. (Springer-Lehrbuch)
Brosch. DM 39,– ISBN 3-540-53827-5

Dieses Lehrbuch gibt in erster Linie dem Studenten der Ingenieurwissenschaften eine komprimierte Fassung der **Strömungsmechanik** in die Hand, die ihm einen raschen Einstieg und klaren Überblick ermöglicht. Darüber hinaus liefert es dem in der Praxis tätigen Ingenieur ein Kompendium zur Behandlung technischer Anwendungen.

Das Buch unterscheidet sich von anderen Strömungsmechanik-Lehrbüchern durch die Orientierung des gesamten Stoffes an den Kennzahlen (Reynolds- und Mach-Zahl) als ordnende Größen. Dementsprechend behandeln die Autoren
– reibungsfreie und reibungsbehaftete Strömungen eines inkompressiblen Mediums und
– kompressible, reibungsfreie Strömungen (Gasdynamik).

In einem Schlußkapitel werden anhand von Beispielen Mach- *und* Reynolds-Zahl-Einflüsse und ihre Wechselwirkungen diskutiert.

Springer-Lehrbuch

J. Zierep

Grundzüge der Strömungslehre

5., überarb. Aufl. 1993. Etwa 180 S. 173 Abb. 1 Tafel. (Springer-Lehrbuch)
Brosch. DM 34,– ISBN 3-540-56385-7

Das erfolgreiche, didaktisch ausgereifte Lehrbuch eines Nestors der Strömungsmechanik erscheint in der fünften Auflage. Die Darstellung läßt die über zwanzigjährige Erfahrung des Autors in der Lehre erkennen. Der Leser erhält eine prägnant kurze, mathematisch verständliche und anwendbare Einführung in die Grundlagen. Sein Verständnis kann er durch Übungen im Buch überprüfen. Das preiswerte Lehrbuch richtet sich an Maschinenbaustudenten an Technischen Universitäten und Fachhochschulen.

Springer-Lehrbuch